新知图书馆
第一辑

上天下海的探索

OCEANOGRAPHY AND ASTRONOMY

【美】丽莎·杨特/著　刘　彭　郭红霞 等/译

上海科学技术文献出版社
Shanghai Scientific and Technological Literature Press

图书在版编目（CIP）数据

上天下海的探索 /（美）丽莎 · 杨特著 . 刘彭，郭红霞等译 .
—上海：上海科学技术文献出版社，2019
（新知图书馆）
ISBN 978-7-5439-7827-0

Ⅰ . ① 上…　Ⅱ . ①丽…②刘…③郭…　Ⅲ . ①科学技术—青少年读物　Ⅳ . ① N49

中国版本图书馆 CIP 数据核字 (2019) 第 020787 号

图字：09-2014-107

选题策划：张　树
责任编辑：王　珺　詹顺婉
封面设计：合育文化

上天下海的探索
SHANGTIAN XIAHAI DE TANSUO
[美]丽莎 · 杨特　著　刘　彭　郭红霞　等译
出版发行：上海科学技术文献出版社
地　　址：上海市长乐路 746 号
邮政编码：200040
经　　销：全国新华书店
印　　刷：常熟市人民印刷有限公司
开　　本：720×1000　1/16
印　　张：15.5
字　　数：278 000
版　　次：2019 年 1 月第 1 版　2019 年 1 月第 1 次印刷
书　　号：ISBN 978-7-5439-7827-0
定　　价：45.00 元
http://www.sstlp.com

目
录

前言

现代科学与发明的关键性进展建立在一些看似简单却具真知灼见的想法之上，那就是——科学技术与人们的生活息息相关。事实上，它们也正是我们探寻这个世界的秘密、重新塑造这个世界的一部分，也在某种程度上改变了人类的生活。

在一百多万年前，现代人类的祖先开始将石块制成工具，这样他们便可与周围的食肉动物竞争。大约在3.5万年之前，人类开始在岩洞的石壁上绘制精美的壁画并开始制作手工艺品，这些都表明技术已与人们头脑中的想象、与人们所讲的语言交融在一起，一幅崭新的生机盎然的文明世界的图景正在绘就。人类不仅在塑造着他们所处的世界，还用艺术的方式去表现它，用自己的头脑去思考，思考世界的本真及其含义。

技术是文化的基本组成部分。许多地方的神话传说中都有一个叛逆者的形象，他轻而易举地摧毁了既定的秩序，而代之以令人耳目一新的饱含颠覆性的可能。在许多神话里，都可提炼出这样一个例子：一个叛逆者，例如一只美国土狼或者乌鸦，从上帝那儿偷来了火种，并将它交到人类手上。所有的技术工具，无论是火、电还是锁在原子与基因中的能量，都如同一把双刃剑，仿佛从那个叛逆者手中接过来似的，它们具有的能量既可以治愈人类的创伤，又可以给人类致命的一击。

一个技术的发明者常常会从科学发现中寻找灵感。就像我们所知道的一样，当今的科学远比技术要年轻，回溯历史，便可发现它起源于大约500年前的文艺复兴时期。在那个时期，艺术家与思想家们开始系统地探寻自然的秘密；而现代科学家，例如列奥纳多·达·芬奇(Leonardo da

Vinci)与伽利略·伽利莱(Galileo Galilei),在一些器具的帮助下,通过做实验,拓展了人们对于物体空间位置的认识。紧接着,一场革命性的解放运动轰轰烈烈地展开了,最具代表性的则是以下几位天才:在机械制作与数学方面有着卓越贡献的艾萨克·牛顿(Isaac Newton);发现生物进化规律的查尔斯·达尔文(Charles Darwin);在相对论与量子物理方面有着开创性贡献的阿尔伯特·爱因斯坦(Albert Einstein)以及现代基因学的鼻祖詹姆斯·D.沃森(James D. Watson)和弗朗西斯·克里克(Francis Crick)。当今科技领域新出现的基因工程、微缩工艺以及人工智能等各领域都有着能够独当一面的主导者。

像牛顿、达尔文以及爱因斯坦这些鼎鼎大名的名字都能够紧密地与那些科技革命联系在一起,这些革命代表了现代科技中作为个体的人的重要性。本书遴选了在现代天文学、海洋科学方面作出杰出贡献的先锋者,并将目光集中在他们的人生与成就上。

本书的传记都按照一定的顺序排列,这种顺序反映了作为个体的研究者的重大成就的变化过程,但是他们的人生经历常常是枝蔓缠绕,不那么容易一下子看清。每个人的具体成就都离不开他们当时所处的环境,也离不开他们工作中的协作者以及给他们的研究提供帮助的外界力量。牛顿有一句名言:"倘若说我能(比其他人)看得更远,那是因为我站在巨人的肩膀上。"每一位科学家或发明家的成就都不是无源之水,而他们甚至要经过一个跟前人暗暗较劲的过程才能超越他们。作为个体的科学家与发明家也与他们实验室的其他同事乃至别处的人发生着种种联系,有时还得益于广泛的集体努力。科学家与发明家不但影响着经济、政治与社会,反过来也受着它们的影响。在本书所属的这个系列中,科学技术活动与社会发展之间的关系也是一个重要议题。

在传记之外,本书还备有扩展材料,在书中还插入了以下一些工具条,以便给我们提供一种更好的视角,从而更快地进入到那个由科学家与发明家共同构建的世界中去:

相关链接:揭示某些事件与科技发展之间的联系

亲历者说:提供发现与发明的第一手资料

争论焦点:对由发现与发明引起的科学或伦理问题的探讨

其他科学家:描述一些在这项工作中起到重要作用的人

相关发明:展示一些与之类似的或相关的发明

社会效应:提供有关发明创造对我们的社会或个人生活的影响的相关讯息

科学成果：解释了一名科学家或发明者如何应付一项具体的技术难题

在这本书中，我们讲述的是人类不断寻求真理、勇于探索、不懈创新的故事，我们也希望亲爱的读者能够被这些故事吸引、鼓舞，得到一种潜在的力量。我们希望能够为读者铸造一座桥梁，一起走进科学与发现、发明的世界，并且能够尽情游弋于这个广阔的世界中，在其中找到深刻的内心共鸣。

阅读提示

苍穹之问：未知的时空

在某些方面，天文学可能不像其他科学那样对人们的生活有着直接影响。许多天文学家的发现是几十亿年前地球形成以前就存在的。在这一学科上取得的突破甚至不曾喂饱过一个饥饿的孩子，治愈过一种疾病，或者阻止过一场战争。但是同时，可能没有其他学科能够如此深入，或者一而再、再而三地改变人们对自己在宇宙中的存在方式和宇宙本质的理解。

天文学提出了许多宗教提出的问题，比如：宇宙是什么？宇宙有多大？宇宙如何产生？宇宙会怎样灭亡？在宇宙中我们处于怎样的地位？我们是单独存在的吗？实际上，在历史的大部分时期，天文学是宗教的一部分。古代的天文学家通常是牧师。他们把太阳、月亮和星星看作神或者是神的居所。他们用观天象来决定举行宗教仪式或者种植和收获的最佳时机。

16世纪，当天文学开始从宗教范畴转向科学领域，第一个与宗教背道而驰的天文学发现诞生了。1543年，波兰天文学家哥白尼（Nicolaus Copernicus）声称，地球并不像教堂里教的那样，是宇宙的中心，被太阳、月亮和星星围绕着运转。意大利人伽利略（Galileo Galilei）半个世纪后提出，那些人们认为被神当作装饰品画在苍穹中的“星星”，实际上是随着时间运转和改变的实体。教堂的当权者们对于这些敢于挑战自己权威的先驱们毫不手软，将他们投入监狱，甚至不惜杀害。

20世纪的天文学避免了这种和宗教的痛苦冲突，但是它像哥白尼和伽利略的学说一样，深刻地改变了人们的思想。在20世纪初，乔治·黑尔（George Ellery Hale），本书介绍的第一位天文学家，制作了第一个大型望远镜。那时，人们认为太阳系毫无疑问位于宇宙的中心，就像在哥白尼的时代人们认为地球是宇宙的中心一样。20世纪初，人们知道太阳仅仅是银河系众多恒星中的一颗，却认为它是唯一一颗拥有围绕着自己运转的行星的恒星。与此类似，大多数人认为银河系是宇宙中唯一的星系。他们还确信，尽管行星和恒星可以移动，宇宙作为一个整体却不会随着时间而产生变化。

20世纪末，人们的观点已经完全改变了。天文学家们证明太阳只不过是一颗普通的恒星，位于银河系的一侧而不是中心。太阳系是数不清的恒星系统中的一个。同样的，银河系也仅仅是几十亿星系之一。这些星系，与围绕在它周围的广阔、无形而又成分不明的黑暗相比，也仅仅是九牛一毛般的存在。

与之前认为宇宙不变的观点相比，现在的天文学家认为宇宙源于一次大爆炸，而且从那以后一直在扩张。事实上，幸亏一种叫作暗能量的奇异力量，星系正在以持续增加的速率彼此远离。随着空间不断扩大，宇宙似乎注定变得越来越稀薄，直到最终烟消云散——除非，有一天宇宙开始反向运转，并且重新开始。就像天体物理学家罗伯特·柯什纳（Robert Kirshner）在其著作《奢华的宇宙》（*The Extravagant Universe*）中所言，“宇宙比我们想象的狂野，我们一直低估了它实际上到底有多么不可思议。”事实上，甚至连我们认为只有一个宇宙的观点也有可能在某一天像认为太阳系和银河系是唯一的一样成为过时的观念。

本书中介绍的科学家是这一领域的领军人物。比如埃德温·哈勃（Edwin Hubble）证明，银河系仅仅是不知什么原因一直在持续变大的宇宙中的一个星系。乔治·伽莫夫（George Gamow）认为，宇宙由一次大爆炸开始并一直在膨胀中。杰弗里·马西（Geoffrey Marcy）、保罗·巴特勒（Paul Butler）和他们的同伴证明，银河系（可能其他星系也如此）内有许多行星。弗兰克·德雷克（Frank Drake）促使人们严肃地思考这些行星上存在高智能生物的可能性。维拉·鲁宾（Vera Rubin）指出，宇宙中至少90%的物质会或者极有可能无法被任何望远镜观测到。索尔·珀尔马特（Saul Perlmutter）、布赖恩·施密特（Brian Schmidt）和他们的合作者证明，所有物质，包括鲁宾发现的暗物质，在更为神秘的暗能量的对比下显得极其渺小。

与伽莫夫这样提出关于宇宙的全新观点的理论家和鲁宾这样证明了这些观点的观测者同样重要的，是制造了天文观测工具的发明家们。像其他学科一样，天文学在理论、观察和科技这三条腿的支撑下前进。理论进行推测，观察进行证实。如果必须的观察在现有的科技条件下无法实现，观察者们会设计、启发或者借助某些新的科技。回过头来，新的科技经常会带来理论无法预测的全新发现。理论家们通过观察者们的报告修正自己的观点，进行新的推测，进而继续前进。这种发展方式在天文学产生的最初时期就有所体现。哥白尼的理论直到伽利略用一个新发明的望远镜进行观测并得到相关证据时，才得到证实。

改进的望远镜并非唯一促使天文学前进的科技设备。例如1835年，法国哲学家奥古斯特·孔德（Auguste Comte）宣称科学家将永远无法了解到恒星的化学构成，但是实际上，仪器可以帮助天文学家们进行关于恒星成分的鉴定。1815年，德国望远镜工匠约瑟夫·冯·弗劳恩霍夫（Joseph von Fraunhofer）让日光通过一个垂直的狭窄缝隙，然后通过一个透镜、一个棱镜，最后通过一个小型望远镜。这一装置制造出了一系列线性光谱。之后，1859年，德国科学家古斯塔夫·基尔霍夫（Gustav Kirchhoff）和罗伯特·本森（Robert Bunsen）发现了如何用弗劳恩霍夫的发明——分光镜来鉴定地球、太阳或者其他恒星的化学成分。

本书中介绍的好几位人物启发或者发明了新的仪器，这些仪器让天文观察在之前从未达到的高度上进行。格罗特·雷伯（Grote Reber）首次观察到可见光以外的电波，发现这种叫作无线电波的长波辐射也可以被用来探索天空中的未知领域。里卡尔多·贾科尼（Riccardo Giacconi）把观测带到了X射线领域（一种波长非常短的辐射）。赖曼·斯皮策（Lyman Spitzer）把望远镜带入太空，在那里望远镜可以形成不被地球大气发出的微光干扰的不失真的图像，并且捕捉到被大气反射的辐射。

始于哥白尼和伽利略时代的理论、观察和科技的相互作用，在现代天文学时代仍然在继续。黑尔在19世纪末20世纪初发明的望远镜比之前的更大、更好。这让哈勃观测出遥远的星系和宇宙的膨胀。哈勃的发现和爱因斯坦的相对论，让伽莫夫提出了宇宙起源于大爆炸的理论。雷伯创立的射电天文学让宇宙背景辐射（支持宇宙大爆炸理论的最有力证据）的发现成为可能。德雷克寻找其他星系生命痕迹的探索也要用到射电天文学。德雷克的研究又启发了巴特勒和马西对太阳系以外星系中行星痕迹的探索。鲁宾用黑尔帕洛马山天文台望远镜进行观测，解释了暗物质的存在，其他天文学家则从贾科尼的X光望远镜中得到了关于这种神秘物质的早期信息。珀尔马特和施密特用斯皮策太空望远镜来研究恒星爆炸，并最终发现了暗能量。

理论、观察和科技进步的相互作用必定会持续下去。理论家们正在论述多重宇宙和多维空间以及一些目前还属于未知的物质和能量。观察家们已通过一些方案捕获宇宙产生不久后恒星和星系发出的光。工程师和空间科学家们还在设计新一代地球和太空望远镜，这些设备会被用来采集和记录各种形式的辐射，而且比之前的设备更加灵敏，而新的电脑软件将被用来分析这些设备采集到的资料。

此后100年，科学家们很有可能揭示出一个与我们今天的想象完全不同的宇宙，就像我们目前想象的宇宙和黑尔时代理解的宇宙完全不同。正如维拉·鲁宾在2003年《天文学》杂志中所写："天文学有一个令人激动的、极有可能是无穷无尽的未来。"

深渊之探：无尽的宝藏

深海，即海下1 000英尺（305米）之下、阳光无法穿透的海洋部分。几乎覆盖了地球70%的表面，并且占据了地球97%以上的适宜生存空间。地壳于此生成，并最终在这里消亡。这里是许多奇异生物的家园，这里也可能是地球生命起源之所。但是，人类对这个神秘区域的了解远远少于对遥远的月球的认知。人类深海知识的缺乏并不难理解。除了无尽的黑暗和寒冷，水深使一切事物都处于巨大的压力之下。海洋最深处的压力是陆地大气压的1 200倍。

科学界探索深海的兴趣在19世纪中期才开始。在此之前，有一些生物学家对海洋进行了研究，他们认为在1 800英尺（540米）以下的海洋中没有生物可以存活。地理学家对大陆成型的过程进行了初步研究，但他们却将海底视作一块不变的荒原。

出于现实和哲学两方面的原因，人们对深海的好奇心从19世纪60年代开始逐步增长。从现实方面来讲，企业家和政府官员试图横穿大西洋海底在北美和英格兰之间架设通信电缆，因此他们需要知道电缆在海底会遭遇到何种情况。从更抽象的方面来讲，科学家和受过教育的大众希望，对深海生物学的了解能够解决达尔文在《物种起源》中提出的一些问题。一般认为，与大陆和浅海相比，深海一成不变的环境使进化的速度缓慢很多。因此，人们希望科学家能够在深海中发现一些浅海中早已灭绝的物种，并希望这些"活化石"能够显示进化是否发生、如何发生。

不断积聚的兴趣最终导致了世界上第一次大范围的海洋科学探险，在1872年到1876年间，6位科学家乘坐英国的HMS"挑战者"号进行了环球航行。以苏格兰生物学家查尔斯·怀韦尔·汤姆生（Charles Wyville Thomson）为首的科学家们，在全世界几百个地点对海洋的深度、温度和其他特征进行了系统的测量，海洋学也因此而建立。研究者打捞了难以计数的动物，对它们的研究并未能结束关于进化论的争议，但这些生物的存在毫无疑问地证伪了一个观点，即认为深海是"不毛之地"、无法孕育生命。

参与"挑战者"号探险的科学家，以及在19世纪末20世纪初进行类似航行的其他科学家，都只能从海面上获取全部的样本。想在原生态中看到鲜活的、健康的海洋动物似乎超出了人类的能力范围，这种情况直到20世纪30年代早期才得到改变。此时，威廉·毕比（William Beebe），用他称之为潜水球的窄小铁球下沉到了3 028英尺（约923米）以下的海里。在潜水球的发明者，奥蒂斯·巴顿（Otis Baton）的陪伴下，毕比观测到了能从自己身体内部发光的奇异的水下生物。毕比和巴顿的水下探险被广为传颂，他们达到的深度是之前人类所没有过的，这些壮举再次唤醒了科学界和公众对于深海的浓厚兴趣。

现代深海海洋科学开始于20世纪中期。作为扩大海军深海区域计划的一部分，美国海军研究办公室购买了由奥古斯特·皮卡尔（Auguste Piccard）和雅克·皮卡尔（Jacques Piccard）制造的深海潜水器"的里雅斯特"号，这是一个和毕比潜水球类似的球体，连接着一个巨大的、像飞艇一样的、用来装载汽油的浮舟。为了提高声望，1960年美国海军将"的里雅斯特"号放入海中的最深处。另外，美国海军研究办公室还赞助发明了小型的潜水器，与潜艇相比，这种潜水器能够潜得更深，而且比深海潜水器更容易操作。其中最有名的潜水器"阿尔文"号从1964年6月开始投入使用，在20世纪后期深海海洋学发展中，几乎处处可以看到它的身影。这个时期还出现了能够负载照相机和其他设备的自动装置，科学家坐在海上的船只中就可以对它进行远程控制。

在这项新技术不断进步的同时，海洋科学认识方面的革命正在悄然发生。以伍兹霍尔海洋学中心的科学家亨利·施托梅尔（Henry Stommel）为例，在20世纪50到60年代，他制作了新的洋流运动模型，揭示了风力、摩擦力和地球运动在地表洋流形成过程中的作用。他还首次证明了深海洋流的存在，并且论证了海面和深海海水的循环是由于温度和盐度的差异而形成的。

20世纪50年代初期，海底地图的绘制达到了史无前例的详细，在这个过程中，玛丽·萨普（Marie Tharp）、布鲁斯·希森（Bruce Heezen）和莫里斯·尤因（Maurice Ewing）的发现显得尤为重要。大西洋中脊是最早由"挑战者"号探险所确定的海底山脉，玛丽等人发现，在世界海盆中延伸着一条相对延续的山脉链，就像棒球上的接缝一样，而大西洋中脊只是其中的一部分。大洋中脊在纵向上依次被一系列地堑割裂开，就像陆地上我们所知的"东非大裂谷"。山脉–

裂谷体系的图式与有些大陆的轮廓相匹配，这个发现使地质学家开始重新考虑那个几乎不被人所接受的理论，即1912年由德国气象学家阿尔弗雷德·魏格纳（Alfred Wegener）所提出的大陆漂移学说。魏格纳曾提出，各大陆曾经属于一个完整的板块，但是之后相互分离，并且现在仍在缓慢移动。

1960年，海洋中心裂谷的存在和其他证据使地质学家亨利·赫斯（Herry Hess）和罗伯特·迪茨（Robert Dietz）深受启发，他们发现，当熔岩（岩浆）沸腾、从地幔穿过裂谷的缝隙到达地表时，就会形成新的地壳物质，这些物质将海床向两边推离，从而形成海脊的两边。两位科学家预言，当地壳在海底深邃的缝隙中，即海沟中，被推回到地幔时，这些地壳就会被破坏（更准确地说，是被回收）。20世纪60年代，各种不同的研究为海底扩张理论提供了证据。

通过对海底扩张理论的改进，一小群科学家提出了一个新的理论，即所谓的板块构造理论。事实上，这是从魏格纳大陆漂移理论衍生而来的。板块构造理论声称，地壳被分割为不同的坚硬的板块，这些板块在熔化的地幔上缓慢地移动。地震和火山喷发就发生在板块相互碰撞和摩擦的地方。起初，许多地球科学家并不愿意接受板块构造理论，但是，到20世纪60年代中期，压倒性的证据让他们不得不改变态度。对此，《深渊的剧变》一书的作者大卫·M.劳伦斯（David M. Lawrence）评价，板块构造理论的接受使“地球科学被迫发生了根本性的变革”。

在20世纪70年代期间，海洋科学家利用“阿尔文”号等航行工具来收集海底扩张和构造运动的直接证据，同时也得出了许多令人惊奇的发现。例如，1977年罗伯特·巴拉德（Robert Ballard）潜入到厄瓜多尔附近的一个裂谷，与此前所有的观测不同，他们在生物丰富的海底发现了很多热水（热液）出口。在1979年的又一次探险中，研究者发现所有的这些生物都直接或间接依赖于某种细菌，这是首次发现的不依赖太阳能的生物形式。1979年的另一次探险发现了另一种热液出口，即“黑烟囱”，这是因为硫元素将流出的过热的水染成了黑色。

科学家一直使用载人潜艇和机器人装置，常常两者兼用，以便从各个方面对深海进行勘测。利用这两种技术，罗伯特·巴拉德对海底失事船只的残骸进行发掘和勘测，其中就包括著名的豪华邮轮“泰坦尼克”号。海洋地质学家约翰·德莱尼（Jone Delaney）曾利用这种技术研究海底火山和“黑烟囱”。辛迪·凡多弗（Cindy van Dover）是第一个驾驶“阿尔文”号的科学家和女性科学家，她曾证明海底出口可以释放光线，而出口附近的一些细菌生物能够利用这些光线进行光合作用，在此之前，光合作用一直被认为是需要阳光才能进行的生物化学过程。

海洋研究所获得的公众和政府关注度远远不及太空探索。分析家认为，这种兴趣的缺乏是令人遗憾的。他们认为，与外太空相比，海洋更有可能拥有对人类至关重要的信息和资源（至少是在不远的将来）。现在，海洋已经在世界食物供给方面发挥了重要作用，并且深海中有可能存在着非常宝贵的矿物资源、能源以及可以挽救生命的药物。

聚集更多的光

——乔治·黑尔和大型光学望远镜

当19世纪行将结束的时候，天文学似乎走到了尽头——同时也预示着一个崭新时代的开始。新的仪器让天文学家们了解到诸如遥远恒星的构成这样他们曾经认为超出科学认知范围的事实。但在同时，天文学的传统仪器，望远镜，似乎遇到了发展的瓶颈。

20世纪世界最大的望远镜中，有3个是黑尔监制的。他同时还是太阳天文学家和天体物理学家的先驱（叶凯士[Yerkes]天文台资料照片）。

英国的罗斯伯爵（The third earl of Rosse）威廉·帕森思（William Parsons）1845年在自己的领地上建造的望远镜就对望远镜做了很好的诠释。罗斯的望远镜高达56英尺（17米），反射镜直径达72英寸（1.8米）。难怪人们为这个重达3英吨（2.7吨）的庞然大物起了一个《圣经》中巨大海怪的名字——列维亚森（Leviathan）。

罗斯建造的“列维亚森”是一种反射望远镜，它用一面大反射镜聚集光线，大反射镜又把光线汇聚到较小的镜面上，然后进入观察者的眼睛。在罗斯的时代，镜子是由金属制成的。人们难以随心所欲地对镜子的形状进行改造，而且金属镜很容易失去光泽。这些问题，加之大型望远镜操作上的不便，当时几乎不可能出现比“列维亚森”更大型的望远镜。

同时，另一种类型的望远镜——折射望远镜，也变得越来越大，几乎达到了发展的极限。折射望远镜用透镜而不是反射镜进行聚光。透镜越大，镜片就越厚；镜片越厚，就会阻止更多光线。此外，与反射望远镜的主镜不同，折射望远镜的主镜必须位于望远镜筒的顶端，由边缘支撑。由于透镜由玻璃制成，重力会使得透镜的中心向下凹陷，致使透镜的聚光性能大打折扣。1888年，利克天文台（Lick Observatory）建造了当时最大的折射望远镜，它装有一个直径36英寸（0.9米）的透镜。而当时大部分天文学家都认为比这更大的透镜会因为太过厚重而无法使用。

天文学新工具

当人们认为望远镜无法再继续发展下去的时候，让天文学家没有想到的是，两种新设备让望远镜的功能得到了增强。同时，这两种设备——照相机和分光镜迫切需要一种可以聚集更多光线的望远镜。

1840年，照相技术发明后的14年，美国化学家亨利·德雷珀（Henry Draper）拍下了第一张天文照片——月亮的照片。天文学家马上意识到照片对天空进行的永恒记录，可以成为天文学家们反复测量、研究并且分享的资料。照相技术将会给他们带来巨大的帮助。而且，安装在移动望远镜上的照相机可以跟随天空中的恒星移动，可以从这些恒星聚集几分钟甚至1小时的光。这样，那些由于光线太暗而无法直接被望远镜看到的景象就被魔术般的浓缩到了一张张照片上。

然而，为了获得更多的光并且让光线聚集得足够充分以获得昏暗恒星的图像，天文学家们还是需要更大、更好的望远镜。

分光镜也起着非常重要的作用，它提供的彩虹状光谱可以帮助天文学家们了解恒星的化学成分。每一种化学元素都有自己的黑色或者彩色光谱。在分光镜上安装照相机可以将恒星的光谱拍摄下来。不过，这些照片经常是暗淡或者模糊的，而且由于光谱中的线条太过接近，给后来的分析过程带来很大难度，而更大、更精确的望远镜可以帮助人们解决这些问题。

少年天文学家

当19世纪渐渐远去，20世纪行将来临的时候，一个学者给天文望远镜提供了更强的聚光能力。这个学者是乔治·黑尔（George Ellery Hale），他在对太阳进行研究的天文学领域作出了杰出的贡献。而最为人称道的成果，就是他建造的当时世界上最大的3个望远镜。目前，这些望远镜仍然是世界上大型光学望远镜（利用可见光来观测宇宙的望远镜）中的重要成员。

黑尔1868年生于芝加哥，是威廉和马丽·黑尔的孩子。威廉在黑尔出生的时候是个勤奋的工程师和销售员。在黑尔童年时，威廉为一栋新的大厦建造电梯，进而发家致富，这个大厦在当时是被用来取代在1871年芝加哥大火中毁灭的摩天大楼的。

黑尔是个体弱多病的孩子，忧心忡忡的父母对他投入了超出常规的关爱和呵护。当黑尔显示出对科学的兴趣时，他的父亲顺着他的兴趣为他购买了一些科学仪器。起先，黑尔想要显微镜，但是当他的一个邻居在他十几岁时向他介绍了天文学的时候，望远镜和分光镜就成为他的梦想。威廉为黑尔买了一个用过的4英寸（10厘米）折射望远镜（是指望远镜聚光端开口的直径）。黑尔把它安在自家屋顶上，用来观测太阳。

学生发明家

1886年，黑尔开始在麻省理工学院学习数学、物理和化学。这个大学没有开设天文学课程，黑尔出于兴趣在附近的哈佛大学天文台（Havard College Observatory）学习天文学。

在黑尔从麻省理工学院毕业前，他就发明了一个用来观测太阳的新设备。这种名叫太阳单色光照相仪的设备可以让太阳光线缓慢地通过一个带有狭缝的分光镜，这个狭缝只允许一道光线通过，对应于一种化学元素。结果就是，科学家利用这种设备捕捉到的太阳图像只能以这种元素的形式显示。

黑尔在1889年建造了第一台太阳单色光照相仪。他和他哈佛天文台的导师皮克林（Edward C. Pickering）一起在1890年证明了这一仪器的作用：他们第一次在白天用这一设备拍下了日珥（从太阳表面升起的舌头状燃烧气体的云）的光谱。太阳天文学家把太阳单色光照相仪看作是非常重要的仪器，而且目前它仍然是这一天文学分支的基础仪器。

先锋天体物理学家

1890年6月，黑尔从麻省理工学院毕业，获得物理学学士学位。两天后，他和13岁时就认识的年轻女子——依芙琳娜·康克琳（Evelina Conklin）完婚。后来，夫妻二人搬到了黑尔的家乡芝加哥。黑尔在一贯支持他的父亲的帮助下，建起了一个小型专业天文台。它被黑尔称为肯伍德物理天文台（Kenwood Physical Observatory），1891年成为伊利诺伊州的合法机构。它拥有1台12英寸（30厘米）折射望远镜和1台分光镜，还有一些其他天文学设备。

当时刚刚成立的芝加哥大学的校长威廉·瑞恩内·哈泼（William Rainey Harper）希望获得黑尔和他的天文台的帮助。哈泼允诺，如果黑尔捐献出自己的天文台，他将为黑尔提供大学教师的职务。

黑尔在1891年拒绝了这一提议，但是1892年，在见识过芝加哥大学聘用的科学家的素质后，他改变了自己的初衷。黑尔的父亲同意把肯伍德物理天文台捐献给芝加哥大学，前提是芝加哥大学必须在黑尔加入芝加哥大学2年内为黑尔建造更大的天文台。

哈泼和大学的理事同意了威廉的提议，1892年7月26日，黑尔加入芝加哥大学，成为世界上第一位天体物理学教授。天体物理学家研究天体和天文现象的物理和化学特征。弗洛伦斯·凯莱赫尔（Florence Kelleher）在一本传记体笔记中引用了黑尔的话说："我生来就是个实证主义者，而且我一定会找到物理、化学和天文之间的联系。"

激动人心的玻璃片

1892年夏末，一次谈话让黑尔认识到了可以决定他的天文台发展方向的关键所在。在一次美国科学促进会（American Association for the Advancement of Science）的会后晚宴中，黑尔听著名的光学仪器商阿尔万·G.克拉克（Alvan G. Clark）提到他在马萨诸塞州剑桥港的店中有两块42英寸（1.07米）的玻璃片。南加州大学（The University of Southern California，简称USC）曾经尝试把这些镜子制造成折射望远镜的透镜，这个望远镜计划被安置在威尔逊山天文台（the Observatory on Wilson's Peak），该天文台位于帕萨迪纳（Pasadena）市东北10英里（16千米）的圣加百利山（the San Gabriel Mountains）上。但是南加州大学在建造这个望远镜乃至天文台前，就已经用光了所有的资金。

黑尔意识到拥有这样尺寸透镜的折射望远镜将是世界上最大的望远镜。他马上赶回芝加哥告诉父亲这令人激动的消息。威廉与他的儿子同样激动，但

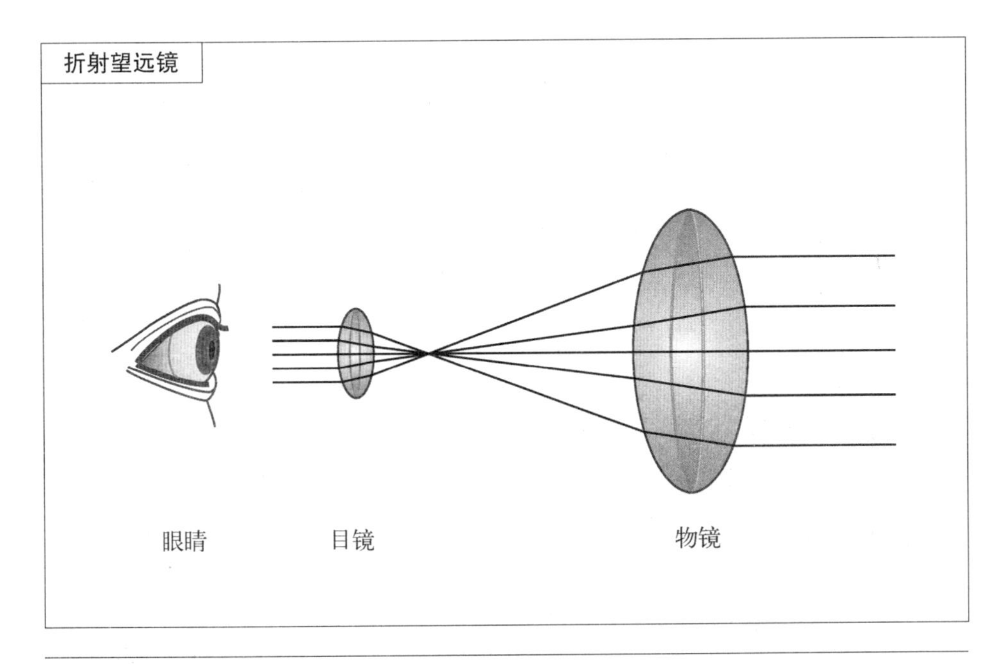

折射望远镜利用有弧度的玻璃——透镜，来折射光线并且把它们聚焦到一点。

是他却无法负担买下这两块玻璃片、制成透镜并且建造望远镜的费用。因此，黑尔第一次但远不是最后一次，不得不从一个天体物理学家变身成一个资金募集者，以获得他想要的望远镜。幸运的是，黑尔证实了他不仅是个出色的科学家，也是个出色的资金募集者。

建造天文台

经过几个月的努力，黑尔找到了愿意建造这台望远镜的人。这位慈善家是一位开发了芝加哥升降电车系统的富商查尔斯·泰森·叶凯士（Charles Tyson Yerkes），他在早年曾经因为挪用公款锒铛入狱。尽管城市主管者拒绝接受他这个人，但是叶凯士的资产显然比他的名声更让人印象深刻。黑尔和哈泼游说叶凯士一个镌刻着他名字的大型天文望远镜将会给他带来盼望已久的声誉。1892年，这位电车大亨同意给芝加哥大学100万美元用来在威斯康星州的威廉港建造望远镜，威廉港到芝加哥之间有非常便捷的火车连通。

40英寸(1.02米)的叶凯士天文台折射望远镜是世界上最大的折射望远镜(叶凯士天文台照片资料)。

天文台建造时,黑尔的职业生涯正处于顶峰。1894年,他获得了让桑奖章(Janssen Medal),这是法兰西科学院(the French Academy of Sciences)的天文学最高奖。1895年,他借助分光镜证明之前人们认为只存在于太阳中的氦也存在于地球上。此后黑尔获得了1904年美国国家科学院(National Academy of Sciences)的亨利·德雷珀奖(Henry Draper Medal)、1916年太平洋天文学会(Astronomical Society of the Pacific)的凯瑟琳·布鲁斯奖(the Catherine Bruce Medal)和1932年英国皇家学会(Britain's Royal Society)的科普利奖(Copley Medal),此外,他还获得了一些其他科学奖章和荣誉。

由克拉克的玻璃片制成的透镜被安置在一个长达63英尺(19米)的望远镜筒中,1897年,由这块透镜制成的40英寸(1.02米)折射望远镜被制造完成。目前它仍然是世界上最大的折射望远镜。叶凯士天文台也于1897年10月21日建成,年仅29岁的黑尔成为第一任台长。天文学家们立刻把这个同时还拥有一些小型望远镜、分光镜以及其他设备的天文台看作是当时世界上最好的天体物理实验室。

从折射望远镜到反射望远镜

19世纪90年代末,黑尔在他的新天文台忙于比较太阳和其他恒星的光谱。这些比较激发了他对恒星存在过程中产生的变化的兴趣。

为了进一步探索这一主题,黑尔知道他需

要比叶凯士望远镜所能提供的光谱更明显、更宽的光谱。

黑尔永远不满足于自己已有的设备，他总在寻找下一个。海伦·莱特（Helen Wright）在黑尔的传记《宇宙探索者》（*Explorer of the Universe*）中写道："聚集更多的光" 是天文学家们永久的呼声——而黑尔，像许多其他同时期的天文学家一样，意识到聚集更多的光就意味着必须从折射望远镜发展到反射望远镜。

与折射望远镜的透镜不同，反射望远镜的镜面可以直接聚集所有颜色的光。在19世纪末20世纪初的世纪之交，制镜技术的改进让制作比罗斯时代的"列维亚森" 更大、更好的反射望远镜成为可能。而与之前的金属镜不同，当时的镜子由喷射薄而平滑的银或者其他液化金属的玻璃制成。玻璃镜比金属镜更容易制造，而且他们不会失去光泽。

叶凯士天文台建立短短几年后，黑尔开始考虑建造一台大型反射望远镜。为了支持他，他的父亲在1894年购买了一块60英寸（1.5米）的玻璃片，并且把它运到了叶凯士天文台。那时，威廉曾经说过，如果芝加哥大学愿意建造另一个天文台来安放这面镜子，他愿意把它捐献给大学。可惜大学出不起钱，而叶凯士又不愿意再次提供资金。

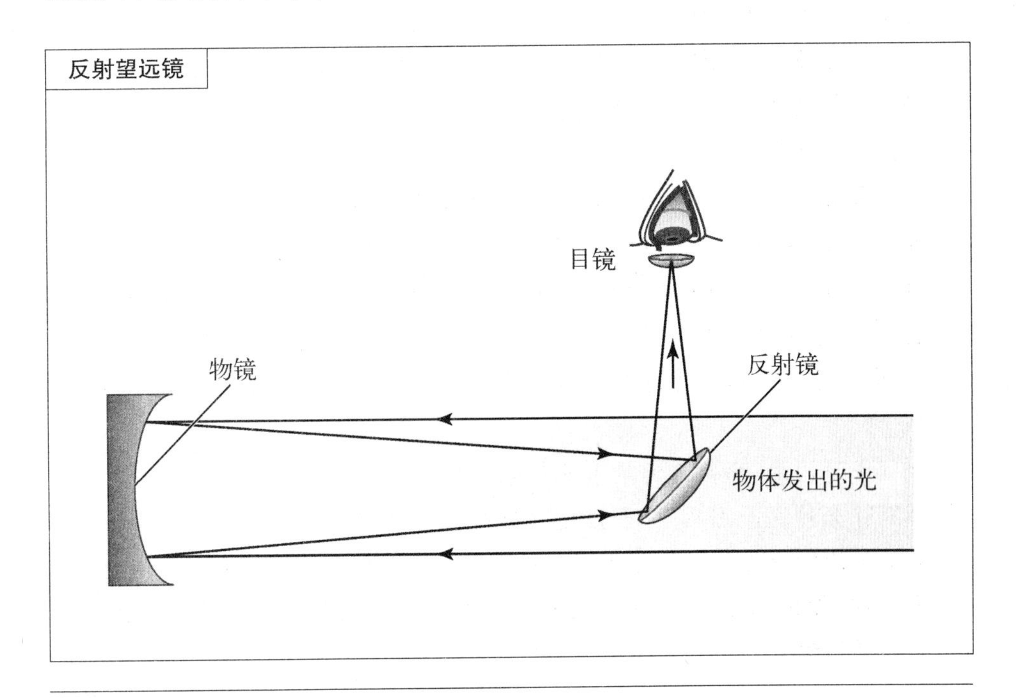

反射望远镜用镜子反射光从而把光线汇聚到一点。

亲历者说：差点发生的灾难

1897年5月28日晚，黑尔同几个天文学家首次使用了叶凯士大型折射望远镜。他们把周围的可升降地板升到最高点，以便可以把眼睛放到望远镜的目镜位置。当他们这么做的时候，一个科学家听到了一种奇怪的声响，但是却找不到原因。当他们在凌晨3点回家的时候，他们仍然让升降地板高高地搭在上边，因为第二天一个建筑工人会在下边工作。

莱特在他写的黑尔传记中写道，当这个建筑工人麦基（J. C.Mckee），几个小时后来到天文台的时候，他听到了可怕的轰隆声。

他跑到屋顶，爬上窗台，透过窗子向外看。大型升降地板在望远镜周围化作了一片废墟。麦基爬下屋顶，冲进了黑尔的房间。黑尔跳下床，披上长袍，冲到了天文台。一会儿，天文学家巴纳德（E. E.Barnard）也来到了天文台。他们一起静静地看着这片废墟。一个稍后到来的芝加哥官员说："看起来就像飓风刚刚席卷了这里一样。"

两根支撑升降地板的柱子已经明显地被破坏掉，使得地板向一侧倾斜。如果这些柱子早一些或者晚一些倒下，天文学家们或者建筑工人必定会死于非命。

黑尔和他的伙伴们不得不等到8月中旬地板修好后，才开始察看这次灾难是否破坏了望远镜的透镜。当他们看过望远镜的镜筒时，正如威廉·希恩（William Sheehan）和丹·科勒（Dan Koehler）引用巴纳德的说法那样："让我们担心的事情发生了，我们观测的每一颗明亮的星体都通过望远镜发出了巨大耀眼的光芒，这表明透镜坏了。"

幸运的是，当第二天黑尔亲自检查透镜的时候，他发现了形成这些耀眼强光的真正原因。"当望远镜被放在原地，安装新地板的时候，一只孤独的蜘蛛爬到了望远镜聚光的方向。"巴纳德写道："随着时间的流逝，蜘蛛慢慢饿死了，但是它的网却留下了。"当人们清扫掉蜘蛛网后，透过望远镜又可以清晰地看到天体了。

艰难的攀登

黑尔不得不再次为了自己的梦想担当资金募集者的角色。1902年10月，当他从报纸上看到一篇文章提到大钢铁资本家安德鲁·卡耐基捐献了1 000万美元用来建造支持科学研究的慈善组织时，他看到了获得资金的希望。两周后，他给卡耐基研究院（Carnegie Institution's）执行委员会写了一封信，陈述了自己关于望远镜和天文台的想法。

黑尔想把天文台建在威尔逊山上，也就是南加州大学放弃的地方。他认为加利福尼亚温暖的气候和晴朗的天空对天文学和他患有哮喘病的女儿马格丽特都大有裨益。1903年，在卡耐基研究院还没有对他的提议进行投票时，黑尔便独自前往加利福尼亚勘察威尔逊山。那时，前往山顶的唯一方式是骑毛驴，但是一直喜欢户外运动的黑尔却选择了徒步攀登，而且他非常享受这次经历。

勘察之后，黑尔认为威尔逊山的各个方面都像他预想的一样出色。他还非常喜欢山脚下的帕萨迪纳市。1903年，他乐观地把家搬到了加利福尼亚。12月他回到了加利福尼亚，尽管他已经得知卡耐基研究院拒绝了他的提议。

威尔逊山的发展

1904年年初，黑尔在威尔逊山建立了一个小型太阳研究所，开始在那里进行研究。他又向卡耐基研究院提出了申请，这次他的乐观得到了回报。研究院在8月给了他1万美元，并且允诺将在12月份提供一笔数额更大的资金。

黑尔备受鼓舞，他和拥有山上土地所有权的公司签订了一份99年的租约，开始为即将在这里工作的天文学家建造宿舍。建造宿舍和天文台的所有原料都是用毛驴和骡子拉到山顶的。人们把建成的宿舍称为“修道院”，因为那里不允许女士涉足。黑尔和卡耐基研究院认为所有来访的天文学家都会是男性。

像往常一样，黑尔冲在筹集资金的最前线。当他在12月20日得知卡耐基研究院已经投票决定给他30万元资金用于建造新天文台的时候，他终于松了一口气。1905年1月7日，他辞去叶凯士天文台台长一职，成为威尔逊山天文台的台长。

黑尔把威尔逊山天文台作为研究太阳的基地，同时也是研究星体演变的基地。在那里架起的第一台望远镜是黑尔和他的同事在1905年开始使用的雪号（Snow）太阳望远镜。在以后的很长一段时间，威尔逊山天文台都被认为是世界上最好的太阳天文台。2006年，该天文台仍然保存着关于太阳活动的最长纪录。

很快，威尔逊山天文台就吸引了研究夜空的天文学家的加入。随之而来的，不仅有1908年的60英寸（1.5米）反射望远镜，还有拥有100英寸（2.5米）主反射镜的胡克望远镜（Hooker Telescope）。胡克望远镜以洛杉矶商人约翰·胡克的（John D. Hooker）的名字命名，黑尔凭借他出色的口才从胡克那里获得了反射镜的购买资金，而卡耐基则支付了望远镜钱。1917年，胡克望远镜像叶凯士天文台的40英寸（1.02米）望远镜一样，成为天文台的宝贵财富。胡克望远镜在世界最大望远镜的位置上坐了足足30年，直到黑尔的另一件作品问世。尽管洛杉矶不断加重的空气和光污染使望远镜不再像黑尔时代那么好用，威尔逊山天文台仍然是一个非常重要的天文观测点。

太阳黑子

黑尔在威尔逊山天文台开始了对太阳的研究。例如，1905年，他拍到了世界上第一张太阳黑子光谱。太阳黑子是太阳表面的暗点。它们以11年为周

未来趋势：更大更好的望远镜

黑尔的每一个望远镜都比之前的更大、更好。随着望远镜的直径增大，它的聚光性能会成平方地增长。这意味着如果镜面直径是原来的2倍，望远镜就能聚集4倍的光，而不是2倍。以下是黑尔的4台望远镜的聚光性能。

望　远　镜	反射镜或透镜尺寸	与人眼相比的聚光性能
叶凯士折射望远镜	40英寸（1.02米）	35 000倍
威尔逊山小型反射望远镜	60英寸（1.5米）	57 600倍
胡克反射望远镜	100英寸（2.5米）	160 000倍
黑尔反射望远镜	200英寸（5.1米）	640 000倍

期出现和消失，但是人们却不知道更多关于它们的信息。黑尔发现太阳黑子光谱像实验室光谱一样趋向低温。因此，他推断太阳黑子比太阳中的其他位置温度低。

1908年，黑尔继续对太阳黑子的研究工作，并且完成了他科学生涯中的最大发现。通过研究太阳黑子光谱的分裂，他推断这些分裂是由塞曼效应（Zeeman effect）造成的，这一效应使得产生光谱的光在通过强磁场时形成分裂的光谱线。如果情况属实，他断定太阳黑子中一定包含强磁场。他和另一位科学家亚瑟·金（Arthur S. King）利用强力电磁石在实验室中复制了分裂的太阳

位于加利福尼亚威尔逊山天文台的200英寸（5.08米）的黑尔望远镜是20世纪70年代前世界上最大的光学望远镜（杰瑞特博士［Dr. T. H. Jarrett］加利福尼亚理工学院）。

黑子光谱，证实了自己的推断。之后黑尔在太阳黑子附近观测到急旋的氢气云，他猜想这些氢气云是形成磁场的原因。

最大的望远镜

1922年，失落、疲倦和其他精神方面的疾病让黑尔从威尔逊山天文台台长的职位上引退。不过，他仍然在帕萨迪纳市自己的私人太阳实验室继续工作。20世纪20年代末，他又计划建造一个新的天文台，这个天文台会建造一台比之前任何望远镜的聚光性能都更强的望远镜。这台梦想中的望远镜将拥有200英寸（5.1米）的主镜，是胡克望远镜主镜的2倍。

黑尔说服了曾经获得他帮助的位于帕萨迪纳的加利福尼亚理工学院（the California Institute of Technology）支持他的计划，作为对他帮助的回报。然而，像他建造的其他大型望远镜一样，他必须为了这台梦想中的望远镜寻求学院以外的大部分资金支持。这一次，洛克菲勒基金会提供了这一计划需要的650万美元——这是第一次黑尔不需要主动去找人要钱。1928年，在阅读了《哈泼斯杂志》（*Harper's Magazine*）中黑尔寻求资金援助的文章后，洛克菲勒国际教育组织主动提供了资金。

洛杉矶盆地浓厚的城市气息已经为威尔逊山天文台的观测带来了困难，所以黑尔希望新的天文台建在一个远离尘嚣的地方。1934年，黑尔选择了位于加利福尼亚州圣迭戈（San Diego）海拔5 600英尺（1 697米）的帕洛马山（Mount Palomar）。位于帕萨迪纳东南100英里（161千米）的圣迭戈在当时是一个小镇，对于天文学要求的晴朗夜空无法构成任何威胁。

同时，未来的大型望远镜的巨大反射镜也在制作中，纽约的康宁玻璃公司（Corning Glass Works）负责制作。公司决定用可以抵抗温度变化的耐热玻璃作为原料（玻璃形状上细微的改变都会造成望远镜看到的形象扭曲或焦点错位）。1934年，该公司将21英吨（19吨）的液化耐热玻璃浇铸到凹形蜂窝状的反射镜模具中。这种设计使反射镜不会像同尺寸的实心反射镜那样厚重。

人们花了10个月的时间来慢慢冷却这块巨大的玻璃，以免它发生弯曲或破裂。1936年，它被特别列车从纽约运到了帕萨迪纳。加利福尼亚理工学院的工人们把玻璃的前端着地，以便为它制造出反射镜需要的弧度，然后为镜子抛光，在这一加工过程中除去了重达1万磅（4 540千克）的玻璃。最后，他们在玻璃上喷上了比银更容易反光的铝。

黑尔在有生之年并没有看到他梦想中的望远镜制造完成。1938年2月21日，69岁的黑尔在帕萨迪纳死于心脏病。第二次世界大战致使帕洛马山天文台的建造暂时中止，直到1948年，该天文台才正式落成。而那座当时最大的，也是目前世界第二大的200英寸单镜反射望远镜，于同年6月3日建造完成。这台望远镜被命名为黑尔望远镜。

如今最大的光学望远镜与黑尔时代的望远镜大相径庭。与采用单反射镜的望远镜不同，而今的望远镜利用计算机把不同望远镜观测到的部分整合，这使得望远镜群的观测范围像所有单一的望远镜聚集在一起那么大。尽管这种现代望远镜在外形上不再像胡克和黑尔望远镜那样，它们仍然要感谢黑尔希望望远镜变得更大的想法以及他为了实现梦想而不断说服别人的努力。在黑尔死后30年，一篇有关黑尔的纪传体文章《太阳物理》（*Solar Physics*）面世，威尔逊山天文台和帕洛马山天文台的哈罗德·齐林（Harold Zirin）在文中写道："黑尔的所有成就和他建造的所有天文台，都是在他全面的才能和广泛的视野下成就的……黑尔最大的功绩是：世界上所有天文学家的成就都是在他建立的基础上取得的，并且在此基础上，人们对宇宙有了更加深刻的理解。"

大量星系

——埃德温·哈勃和膨胀的宇宙

400年前，意大利天文学家伽利略发明的望远镜推动了文艺复兴的进程。20世纪20年代，另一位天文学家埃德温·哈勃（Edwin Hubble）又一次同样深刻地改变了人们对宇宙的看法。像伽利略一样，哈勃也利用了当时最先进的科技手段——威尔逊山天文台的100英寸（2.5米）胡克望远镜。建造这台望远镜的黑尔，以私人名义邀请哈勃加入了威尔逊山天文台。

哈勃证明宇宙中包含很多星系，随着宇宙的膨胀而不断彼此远离（加利福尼亚理工学院档案）。

出身贫寒

黑尔并不是唯一一个对哈勃印象深刻的人。大多数认识哈勃的人都对他有很高的评价，包括哈勃自己。在《银河系大定位》（*Coming of Age in the Milky Way*）——这本关于人们理解宇宙历程的书中，提摩西·费瑞斯（Timothy Ferris）称哈勃是一个“高大、优雅、坚忍的人，在历史上发挥着非常重要的作用。”

哈勃可能不是那么谦卑，但是他却来自一个清贫的家庭。1889年12月20日，他出生在密苏里的马什菲尔德（Marshfield），是约翰和弗吉尼亚·哈勃的儿子。约翰是一名保险代理。1898年，哈勃一家搬到了伊利诺伊州的惠顿（Wheaton），哈勃在那里度过了自己的童年。他在高中时是个运动明星，特别是在橄榄球和田径上。16岁时，他凭借优异的成绩进入了芝加哥大学学习。

哈勃在大学学习了数学、化学、物理和天文学的课程。同时他还经常抽空进行篮球、田径和拳击运动。1910年，他获得物理学学士学位，不过他的父亲和祖父希望他能成为一名律师，而不是科学家。在一笔大额的罗德斯（Rohdes）奖学金的支持下，1910—1913年，他进入英国牛津大学王后学院（Queen's College）学习。他在英国学习的经历，让他此后的一生都带有英国腔和英国人的行为方式。

神秘的云团

当哈勃回到美国的时候，他的一家已经搬到了肯塔基（Kentucky），所以他也去了那里。大概有一年左右的时间，他在新奥尔巴尼（New Albany）的一所高中担任西班牙语和篮球教师。他可能还曾经在路易斯威尔（Louisville）做过律师。

他从事的这些职业没有一项与天文学有关，而且哈勃并不喜欢这些职业。1914年春，他请求一位芝加哥大学的教授帮助他回到大学读研究生。这位教授为他在叶凯士天文台，即黑尔为芝加哥大学在威斯康星州的威廉港建立的天文台，争取到了一份奖学金。

在叶凯士天文台，哈勃拍到了一种神秘云团——星云的照片。星云是夜晚天空中的暗色云团，不会随着时间的流逝而移动和改变。19世纪晚期的研究已经发现一部分星云是由气体构成的，但是其他类型的被称为旋涡星云（spiral nebulae）（由它们的旋涡形状而得名）的构成，人们却不甚了解。

哈勃的照片拍到了511种由于太暗而无法在之前的照片上看到的星云。他相信这些星云是因为离地球太远，才会显得如此暗淡。哈勃指出，这些星云可能位于银河系之外。像一些早期的天文学家，比如18世纪的威廉·赫歇尔（William Herschel）一样，他们推断有些星云，包括他们拍到的星云，可能位于银河系之外。1755年，德国哲学家伊曼努尔·康德（Immanuel Kant）称这些可能的其他系统为“岛宇宙”（Island Universes）。然而，大多数天文学家，包括哈勃时代的天文学家，还都认为宇宙中只包括银河系一个星系。

从战场到山顶

1916年10月，黑尔为哈勃提供了成为青年天文学家的机会。黑尔在哈勃还是一个大学生时就认识他，并且非常欣赏他。为了给即将完成的胡克望远镜寻找最出色的观测者，哈勃刚刚得到博士学位，黑尔就邀请他加入威尔逊山天文台。

哈勃接受了邀请。然而，在他还没有开始在天文台工作时，第一次世界大战就爆发了。考虑到国家荣誉比天文学更加重要，哈勃在1917年5月，获得博士学位3天后参军了。他接受了军官训练并且获得了少校军衔。1918年9月，他前往法国，但是在他进入战场前，战争就结束了。

1919年8月20日，哈勃从军队退役。一回到美国，还没脱下军装，他就前往威尔逊山天文台。

岛宇宙

在威尔逊山天文台，哈勃继续对星云进行研究。1923年10月5日夜晚，他用胡克望远镜和望远镜上的照相机拍下了一张在天文学星表上被称为M31——仙女座旋涡星云的长时间曝光照片。当哈勃分析照片的时候，他确信看到的是星云内的一颗颗的恒星——之前人们从未观测到。

哈勃在仙女座星云中看到了几颗非常明亮的恒星，起初他认为它们是新星或者由于周围的气体爆炸而突然变得明亮的星体。不过，他还是把这张照片和威尔逊山天文台档案中的60幅（最早的在1909年拍摄）同一星云的照片放在一起进行了比较。比较显示，照片上的星体会随着一定的周期变亮、变暗、再变亮。哈勃知道新星不会这样，可是另一种星——造父变星（Cephied）则会非常明显地产生这种变化。

能够在仙女座星云中发现可能是造父变星的星体，哈勃异常激动，因为在此10年前，科学家们就发明了一种把造父变星当作标尺来测量它和地球之间距离的方法。如果仙女座星云中真的存在造父变星，哈勃可以利用它们来计算出地球和仙女座星云之间的距离。哈佛天文台的台长哈罗·沙普利（Harlow Shapley）那时刚刚计算出（也是利用造父变星）银河系长30万光年，所以如果计算出地球到仙女座星云之间的距离，可以确定仙女座是否位于银河系之内。1光年是光按照每秒18.6万英里（30万千米/秒）的速度，一年所

M31，天文学星表上的仙女座星云，是第一个被证明存在于银河系之外的星系（叶凯士天文台照片G101）。

走过的距离，大约是6万亿英里（9.5万亿千米）。

1924年，在观察了这颗星1周之后，哈勃确信，根据它的明暗变化规律，它应该是一颗造父变星。利用这颗星作为标尺，他计算出仙女座星云距离地球大约有93万光年——是沙普利计算的银河系长度的3倍多。那么，仙女座星云一定是另外一个星系。

哈勃和沙普利无论从职业上还是私交上，彼此都没有什么好感（在沙普利就职于哈佛天文台前，他们曾经于1919年在威尔逊山天文台上见过面）。与哈勃不同，沙普利坚信银河系是宇宙中的唯一星系。1924年2月19日，像费瑞斯在哈勃传记中写到的那样，哈勃特意给他的对手写了一封意味深长的信："你会非常有兴趣听到我在仙女座星云中找到了一颗造父变星的消息。"

沙普利则把哈勃的信称作"一段时间以来我看到的最有娱乐意味的文章"。然而，当这位哈佛天文台台长把这封信给自己的一个朋友看的时候，沙普利却说:“这是一封毁灭我心中宇宙的信。”

星系分类

哈勃认为“银河系并不是宇宙中唯一星系”的说法在天文学界引起了巨大震动。1925年新年,天文学界在一次美国天文学会和美国科学促进会联合举办的会议论文上第一次看到了这一结论。之后,哈勃于1925年还陆续在《科学》以及其他一些杂志上陈述了自己的观点。这些论文包括他对仙女座星云中观测到的多种造父变星的分析以及另外一个旋涡星云——M33的资料。

哈勃确信宇宙中布满了星系。1926年左右,他制定了一套按照星云的形状来分类的方法。很多星系,(比如银河系)是旋涡状的,有一条旋臂从中央向四周旋转。还有少量奇怪的星系有两条旋臂从中间向两侧突出,然后向四周旋转,哈勃把它们称作棒旋星系。还有一些星系没有完整的旋臂,看起来是平的或者椭圆形的。

哈勃把他的星系分类画成了一个顶端分叉的图表,看起来像个叉子或者放倒的字母“Y”,他相信随着时间的变迁,星系会朝着两种可能发展变化的方向发展。

科学成果:繁星标尺

在计算机产生之前,女性是哈佛大学天文台的“计算机”。天文台台长皮克林(Edward C. Pickering)用非常少的工资雇用她们来进行单调乏味的有关天文学照片的工作。比如数照片中的星星数量和比较星星的亮度(星等)。其中有几位女性目前被看作先锋天文学家,其中有一位名叫莱维特(Henrietta Swan Leavitt),她发现了让哈勃证明仙女座星云存在于银河系以外的工具。

1907年,皮克林让莱维特测量天文台照片中星星的星等。莱维特注意到有些星星按照固定的周期变亮变暗,她开始记录这些“变星”。在大小麦哲伦星云(Large and Small Magellanic Clouds)(像仙女座星云一样，它们之后被证明是河外星系）中，她发现了2 400颗这样的星星，大多数在此之前不为人知。

小麦哲伦星云中的很多变星属于一种叫作造父变星的恒星。1912年，莱维特宣称造父变星的变化周期（变星变暗、变亮的周期）越长，星星的最大亮度越亮。星星在外观上的亮度同它与地球之间的距离有关，但是所有星云中的造父变星被认为位于同样遥远的距离。莱维特总结，她在笔记中所描述的关系和这些星体的真实亮度，或者说是绝对亮度有关。就好像装有10万瓦灯泡的灯塔1分钟亮1次，而装有20万瓦灯泡的灯塔2分钟亮1次。

莱维特本该继续她对变星的观察，可惜皮克林让她忙着测量星等。不过，其他天文学家认识到她的发现意味着如果变星的周期是已知的，那么就可以通过它测量星星的亮度。一旦变星的真实亮度被确定，把这种亮度和它外观上的亮度进行比较，这种比较将反映它距离地球的距离（光离观察者的距离越远，就显得越暗。从1英里以外看车头灯发出的光会比在半英里外看暗淡4倍）。把造父变星当作标尺，天文学家可以测量出任何包含造父变星的星群的距离。这在哈勃的时代已经成为一种计算天文距离的经典方法。

天文学家们仍然在采用这种分类系统，尽管他们已经不相信它真实地反映了星系的变迁。

改变的光谱

20世纪20年代末，哈勃开始利用胡克望远镜上的分光镜研究星系的另一个方面。天文学家们当时了解了奥地利物理学家克里斯蒂安·多普勒（Christian Doppler）在1842年发现的一种叫多普勒频移（Droppler shift）的现象，可以让他们通过恒星和其他天体的光谱来推断它们运行的方向和速度。哈勃就把多普勒频移用到了星系研究上。

多普勒注意到声音（例如说火车的汽笛声）会在声源靠近观察者时音量上

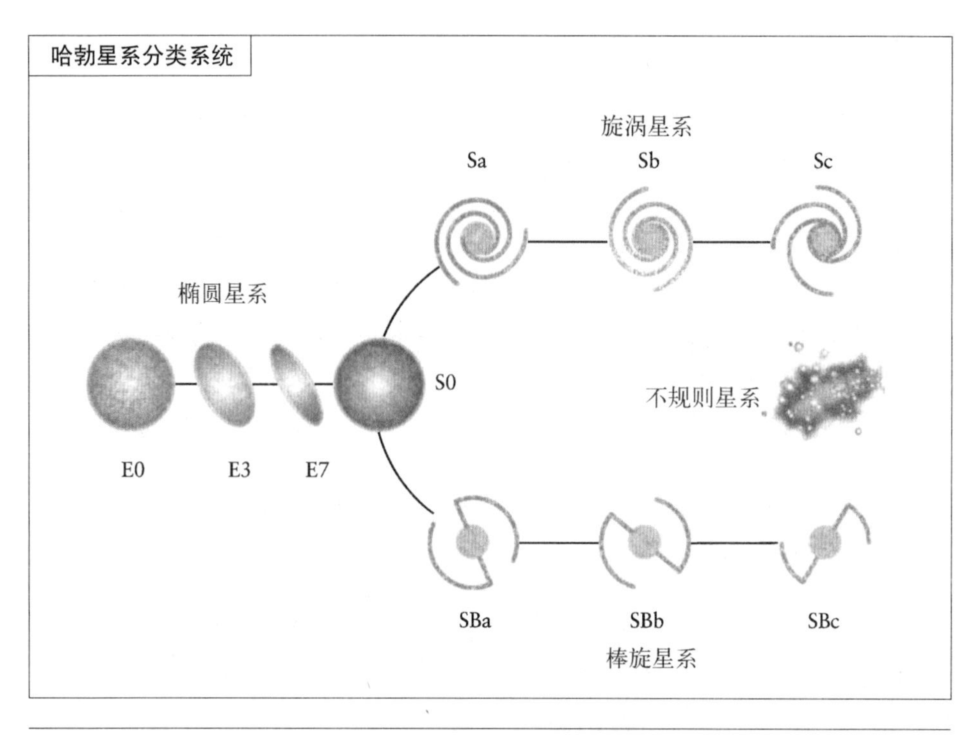

天文学家们仍然在采用哈勃根据星系的形状确定的星系分类系统，尽管他们已经不再相信它真实地反映了星系的发展变迁。

升，相反，当声源远离观察者时，音量会下降。物体运动速度越快，这种变化越明显。

光像声音一样也是一种辐射。英国天文学家威廉·赫金斯（William Huggins）在1866年推断，天体的光谱也会遵循多普勒频移。例如，如果一颗星向地球移动，与它相对地球静止不动相比，它产生的所有谱线都会向紫线靠近。其他谱线越靠近紫线，星体的运行速度越快。同理，当光源远离地球的时候，所有谱线都会向红线端靠近。赫金斯的推断被证明非常正确，在哈勃的时代，天文学家们经常利用多普勒频移测量银河系内星体的速度。

来自亚利桑那（Arizona）旗杆镇洛威尔天文台（Lowell Observatory）的天文学家斯莱弗（Vesto M. Slipher）早在1912年就在旋涡星云中验证了多普勒频移。他在仙女座星云（后来被哈勃证明是河外星系）中发现了蓝移，表明它正以每秒180英里（300千米）的速度向地球移动。1917年，斯莱弗分析了24个旋涡星系，发现它们与仙女座星云不同，似乎正在远离地球，因为它们的光谱都在向红线端偏移。

在20世纪20年代晚期，哈勃让威尔逊山天文台的米尔顿·赫马森（Milton L. Humason）拍摄特定星云的光谱，通过它们偏向红线端的程度计算出星系的速度。赫马森也计算出了一些斯莱弗得出的星系的速度。哈勃用造父变星标尺来决定这些星系离地球有多远。

在研究了二十多个星系后，哈勃在1929年推断，就像赫马森报告的那样，几乎他研究的所有星系都在远离地球。而且，似乎星系离地球越远，它们的移动速度越快。一些红移表明有些星系的速度高达每秒600英里（1 000千米）。这种速度和距离之间的比例关系被称为哈勃常数。

唐纳德·奥斯特布罗克（Donald E. Osterbrock）和他的合作者在提到哈勃公布自己发现的论文时写道："河外星系的距离和速度之间的关系，给天文学界带来了震荡波。"同时，阿兰·桑德奇（Allan Sandage）称这篇论文"写得如此具有说服力，大家马上就相信了它的结论"。

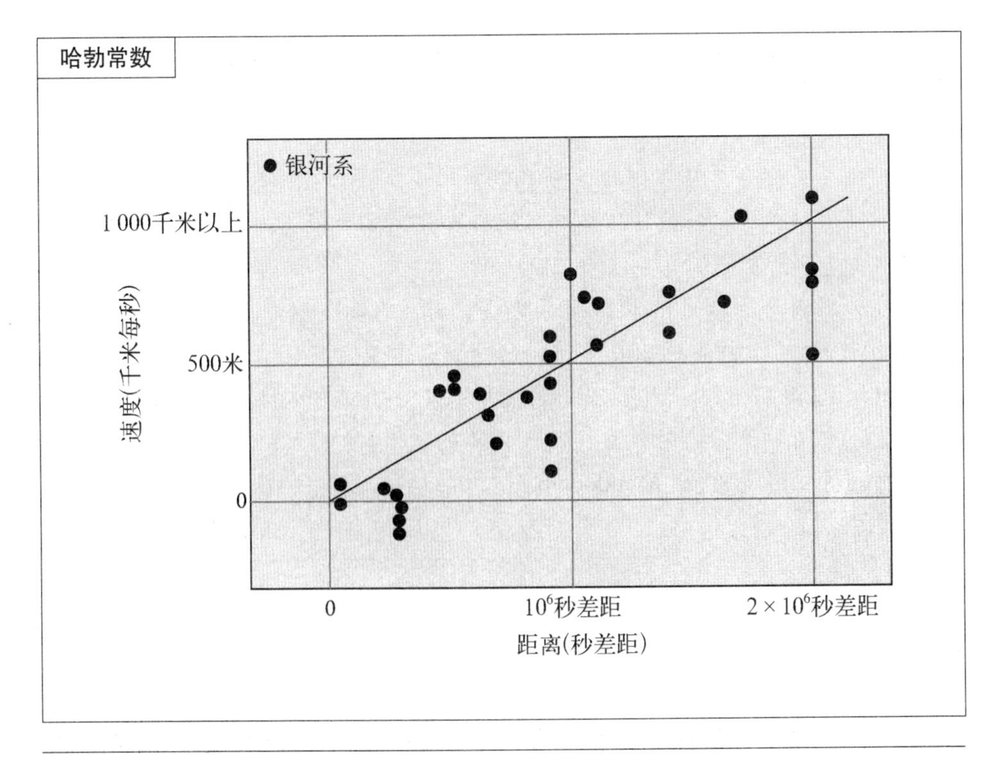

哈勃把星系的距离（以秒差距为单位，1秒差距约等于3.25光年）和它们远离地球的速度进行比较，发现两者之间存在着简单的关系：星系离地球越远，它移动的速度越快（图中的直线表示两者之间的关系，是单独星系中得来的平均值）。这种关系被称为哈勃常数，证明宇宙在不断膨胀。

其他科学家：米尔顿·赫马森（Milton L. Humason）

尽管在14岁以后就没有继续接受正规教育，赫马森还是成为了一个让人敬慕的天文学家。1891年8月19日出生在明尼苏达的道奇森特（Dodge Center）的赫马森，在十几岁时就去了威尔逊山天文台，一生都没有离开。1910年左右，他负责引导驴和骡子上下山，骡子上驮着用于修建天文台的木材和其他材料。1911年，他和天文台工程师的女儿结婚了。

之后，赫马森在一个亲戚的牧场工作了6年，但是远离天文台的他并不高兴。1917年他以看门人的身份回到了天文台。2年后，他成为天文台的夜间助理，开始帮助天文学家们做一些工作。黑尔发现赫马森拥有操纵分光镜和其他复杂的天文学设备的特殊才能，于是邀请他加入科学团队。其他的成员都表示反对，因为赫马森没有什么学位，可是黑尔不在意这些。

赫马森开发了从遥远暗淡的星系中得出可识别光谱的方法，这些星系是黑尔想要研究的。赫马森对照相机和分光镜的耐心和细心让黑尔发现宇宙是不断膨胀的结论成为可能。

赫马森不断制作和拍摄星系光谱，起初是用威尔逊山的胡克望远镜，后来用帕洛马山的200英寸（5.1米）黑尔望远镜，这样的工作他一直做到1957年退休。大部分逐渐远离地球的星系的运行速度来自他的测量。他同时还在研究新星和其他天体的光谱。1972年6月8日，他在加利福尼亚门多西诺（Mendocino）附近去世。

膨胀的宇宙

桑德奇写道，由于某些原因，哈勃“对他和赫马森的发现的意义保持了低调……不管是在私人会谈中，还是在他的著作中，他都不会对宇宙从原始的发展或者他的发现的重大意义进行讨论”。哈勃宣称在他一生中可以对别人有一些影响的成就，可能只是由星系光谱的红移反映的星系运动。

然而，其他科学家却立刻抓住了他的发现精髓。如果红移真的反映了星系的运动，那么宇宙应该是在不断膨胀的，就像被慢慢充气的气球一样。随着宇宙在不断膨胀，宇宙中的所有星系都在渐渐地彼此远离。反过来，宇宙不断膨胀表明这种膨胀必定从过去某一时刻的一个中心开始。

在这些科学家中，最热衷于哈勃研究的是爱因斯坦，1915年，他的相对论预测宇宙不是在膨胀就是在收缩。当时天文学家坚持认为宇宙是不变的，于是，在1917年，爱因斯坦在他的方程式中插入了宇宙常数（Cosmological Constant）这一概念，从而让自己的方程式与当时流行的宇宙不变观念吻合。在看到了哈勃的研究成果之后，爱因斯坦发现自己最初的结论是正确的，于是恢复了自己最初的方程式。在1931年一次前往威尔逊山天文台的访问中，爱因斯坦感谢哈勃让他去掉宇宙常数，从而纠正了自己一生中最大的错误。

天文学巨星

20世纪30年代，哈勃还在继续着他的工作，研究着红移，并且把它们扩展到离地球非常非常远的星系。为了研究比胡克望远镜可以看到的星系更暗的星系，他帮助黑尔建造帕洛马山新天文台，并且非常希望能够使用将在那里制造的200英寸（5.1米）望远镜。

30年代末，哈勃已经声名远播。他获得天文学的所有大奖，包括太平洋天文学会的布鲁斯奖（1938年），富兰克林科学研究所的富兰克林奖（1939年）和英国皇家天文学会（Royal Astronomical Society）金质奖章（1940年）。他的名声甚至扩展到天文学界以外。比如，他写的天文学科普读物——《星云世界》（*The Realm of the Nebulae*），在1936年就成为畅销书。

穿着剪裁得体的服装，满口英国腔，叼着烟斗，哈勃以一个卓著天文学家的形象出现在世人面前，人们都非常渴望能够见到他。他和他1924年完婚的妻子格蕾斯在20世纪30年代到40年代间频繁出席好莱坞宴会，并且成为查理·卓别林这样的影星的朋友。奥斯特布罗克和他的合作者写道，哈勃的“个性看起来更像在他的晚年和他成为好朋友的电影明星和作家，而不太像一个天文学家”。

在第二次世界大战期间，哈勃曾经中止过对天文学的研究，就像第一次世界大战期间一样。这一次他选择在马里兰州阿伯丁试验场（Aberdeen Proving Ground）的美国陆军弹道研究室（U. S. army's Ballistics Research Laboratory）工作，计算炮弹的飞行轨迹。战争结束后，1948年帕洛马山的200英寸（5.1米）望远镜终于投入使用，哈勃是第一位被允许使用它的天文学家。遗憾的是，哈勃在帕洛马山工作的时间并不太长。1953年9月28日，哈勃在加利福尼亚的圣马力诺（San Marino）死于中风。

就像黑尔留下了一个具有无法想象力量的望远镜一样，哈勃为使用这些望远镜的人们留下了很多待解之谜。通过证明宇宙是不断膨胀的，哈勃开辟了一片全新的天文学领域：观测宇宙学（Observational Cosmology）。在他之前，宇宙学——研究宇宙的起源、演变和结构的科学——更多是神学家和哲学家的研究领域。而哈勃证明宇宙的真相可以通过对宇宙中物理实体的观测得出。就像奥斯特布罗克和他的合作者在《科学美国人》（*Scientific American*）中写到的一样，“哈勃的活力、热情和出色的交际技巧让他成功抓住了宇宙的结构问题并且使之成为自己的独特领域”。

大耳朵

——格罗特·雷伯和无线电天文学

一个印度的民间故事讲了6个盲人第一次遇到大象时的故事。每个人都只摸到了这个庞然大物的一部分,他们都认为大象的样子就像他们摸到的那样。于是,每个人的心目中都有了大不相同的大象形象。比如,有个人摸到了大象的鼻子,于是认为大象像条蛇;另一个人撞到了大象的身体,于是认为大象像堵墙;还有一个人摸到了大象的耳朵,就理所当然地认为大象像把大扇子。

直到20世纪中期,天文学家们对宇宙的了解还只能像这些盲人摸象一样。黑尔望远镜和其他一些科学设备只能勘察到太空到达地球辐射的1%。所以,当时的天文学家所认识到的宇宙和宇宙的真相差得相当远。

格罗特·雷伯在1937年,拍下这张照片后的第二年制造出了世界上第一台射电望远镜(美国国家无线天文台提供)。

不可见光

科学家们在19世纪就已经知道不可见辐射的存在。在十九世纪六七十年代,英国数学家和物理学家詹姆斯·克拉克·麦克斯韦(James Clerk Maxwell)就预测光只是电磁辐射中的一种。德国物理学家海因里希·赫兹(Heinrich Hertz)在1888年证明了麦克斯韦推断的正确性。同年,赫兹在他的实验室里第

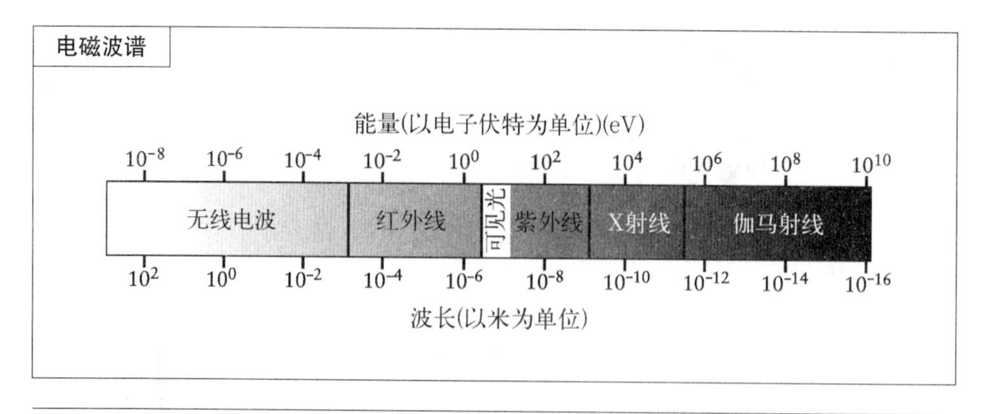

可见光只是电磁辐射中所有辐射或者波谱中的一小部分。

一次生成无线电波。

辐射可以用不同长度的电磁波或者粒子流来描述。从红光（波长最长的可见光）到紫光（波长最短的可见光）的可见光只占全频段电磁辐射中电磁波谱的2%。比可见光波长短的电磁波包括紫外线、X射线和具有非常高能量的伽马射线。比可见光波长长的电磁波包括红外线和无线电波。

刚一认识到电磁波谱的范围，科学家们就开始探索天体是否能够发出除了光以外的其他辐射。19世纪90年代，实验者们开始试图探测太阳发出的无线电波，但是他们的无线电接收器过于迟钝，无法接收到太阳发出的微弱信号。于是，大多数天文学家都得出了这样的结论：如果地球以外真的存在无线电信号，那么这些信号也无法被探测到。

央斯基的“旋转木马”

无线电波被证明在长途通讯中有着非常重要的作用。意大利发明家马可尼（Guglielmo Marconi）在1901年发明了第一台实用无线电通信系统。1925年，公司开始采用无线电来开拓大西洋地区的电话业务。1928年，为了进一步拓展和改进这一服务，贝尔电话实验室让刚刚开始为公司工作的央斯基找出什么干扰（噪声或者静电）可能阻止无线电波传输。

卡尔·央斯基（Karl Jansky）发明了很多用来完成这一任务的设备。1930年，他在新泽西州霍姆德尔的贝尔实验室附近架起了一个看起来像个驼背的100英尺（30米）长的天线。这个天线可以沿着圆形轨迹移动，可以让央斯基探测、比较来自不同方向的信号。央斯基把它叫作“旋转木马”。

1931年，央斯基在一天的不同时间记录下了来自天空不同部分的干扰。他把对这些结果的分析写进了1932年送到国际无线电科学联合会（International Scientific Radio Union）的论文《高频大气的直接研究》（Directional Studies of Atmospherics at High Frequencies）中。在这篇论文中，央斯基叙述了3种不同的干扰：在附近雷暴中产生的闪电造成的静电噪声，从更远的风暴中产生的静电噪声和“第三种声音”（由非常稳定的嘶嘶声构成的声音，来源不明）。

1932年，央斯基继续研究这种神秘的嘶嘶声，他发现这种声音在一天中会完成一次升降的循环。起初，他认为这种干扰无线电波可能来自太阳。几个月后，他发现电波来源最密集的地方和太阳的位置并不一致。细致的分析表明，这种电波的强弱周期是23小时56分，而不是24小时，这说明这种电波的周期与地球相对于其他恒星旋转的自转周期匹配，而与地球相对于太阳旋转的公转周期不匹配。这个事实暗示这种电波来自太阳系之外。

追踪这种电波最密集的时刻，央斯基发现它们与位于银河系中央的人马座关系密切，他推断这些电波很有可能就来自这里。他怀疑是恒星之间的电离气体放射出这些无线电波。在1933年国际无线电科学联合会的一次会议上，他发表了一篇名为《源于宇宙的明显电干扰》（Electrical Disturbance Apparently of Extraterrestrial Origin）的论文阐述自己的观点。

1930年，贝尔电话实验室工程师卡尔·央斯基在新泽西州霍姆德尔附近搭建了移动天线，并且取名“旋转木马”。利用它，央斯基探测到一种神秘的后来被证明是来自太阳系之外的无线电波（国家无线天文台［National Radio Astronomy Observatory］/AUI/美国国家科学基金会［NSF］）。

其他科学家：卡尔·央斯基

在物理和工程方面的出色技术让央斯基很自然地加入了贝尔实验室。1905年10月22日出生在俄克拉何马州（Oklahoma）诺曼（Norman）的央斯基是西瑞尔·M.央斯基（Cyril M. Jansky）的第三个儿子。西瑞尔当时是位于诺曼的俄克拉何马大学工程学院的院长。央斯基的大哥小C. M.央斯基后来也成为一名无线电工程师。

当央斯基3岁的时候，他们一家搬到了威斯康星州的麦迪逊（Madison）。西瑞尔进入了那里的威斯康星大学，1927年，央斯基在这里获得了物理学学士学位，1936年获得硕士学位。毕业不久，他就申请进入贝尔实验室，公司却因为央斯基从小就患上的肾病而不太愿意聘用他。幸运的是，央斯基的工程师哥哥认识贝尔实验室的工作人员，并且告诉他们央斯基一定会成为一个值得信赖的雇员。

在探测了他相信来自银河系的无线电波后，央斯基开始在业余时间学习天文学，以便推动他的观测工作。但是央斯基的领导却认为他发现的嘶嘶声太弱，无法干扰穿越大西洋的无线电传输，而且这就是他们想知道的一切。他们把央斯基派到了其他工作中，央斯基再也不能继续自己的天文学研究了。

1950年，央斯基在新泽西州的红河岸（the Red Bank）由于肾病突发去世，年仅44岁。在央斯基在世时，他没有因为发现宇宙射线而获得任何荣誉。但是在1973年，用于表示无线电的强度和流量密度的单位以他的名字命名。这种单位叫作央斯基，简称“央”（JY）。

第一台无线电望远镜

职业天文学家对央斯基发现的神秘嘶嘶声毫无兴趣，但是一个业余天文爱好者格罗特·雷伯（Grote Reber）却与他们的看法大不相同。1911年12月22日出生在芝加哥的雷伯，在1933年听说了央斯基的研究成果，像戴维·芬利（Dave Finley）在《水星》（*Mercury*）中引用的话那样，他称赞这是“一项基础的而且非常重要的发现”。

雷伯当时刚刚从伊利诺伊理工学院获得工程学学士学位，他希望在贝尔实验室找到一份工作，以便和央斯基一起工作。当时正处于美国经济危机时期，工作机会非常有限，贝尔实验室并没有聘用他。于是，雷伯来到了芝加哥一家工厂制造无线电接收器。但是在业余时间，雷伯仍然持续进行着对央斯基所做工作的研究。

1937年，在朋友的帮助下，雷伯在位于惠顿的家中后院建造了一个巨大的无线电接收设备，该设备最终成为世界上第一台无线电望远镜。而惠顿，正是哈勃度过自己童年的地方。这台设备花去了雷伯三分之一的年薪。雷伯的望远镜重达2英吨（1.8吨），并且有一个直径31.4英尺（9米）的电镀金属镜。就像黑尔的大型反射望远镜和现在许多家庭装置的卫星电视接收器一样，雷伯的望远镜镜面呈碟形。碟形的镜面会把所有电磁波汇聚到一点，不管它们的波长是多少。

雷伯的碟型镜面可以指向天空的不同位置，当无线电波射向镜子时，会发生反射并且汇聚到悬挂在镜子上方20英尺（6米）的金属筒中。金属筒中包含无线电接收器，接收器可以把微弱的无线电波放大几百万倍，让它们达到足以被探测到的强度。然后接收器会把无线电波转化成可以用墨水和纸张来记录的电信号。

射电（无线电）星图

1938年，雷伯制作的望远镜正式投入使用。由于白天汽车轰鸣的发动机吸收了天空中大量无线电波，雷伯的大部分数据是在黄昏前收集到的。在找到一种真正起作用的电波前，雷伯必须尝试使用3种接收器，转化成不同波长的电波。最终，在该年年底，雷伯在银河系中发现了央斯基找到的电波。

在20世纪40年代早期，雷伯把他通过系统观察的结果转变成了第一张天空射电星图。雷伯把电波画成了轮廓图，就像地质学家和测量者们用来表示地形和海拔的等高线图那样。不过，雷伯的地图体现的是无线电波的“亮度”或者强度，而不是高度。

和央斯基一样，雷伯发现最强的信号来自银河系中部的方向。雷伯还在天鹅座和仙后座中发现了强无线电波。从1941年开始，雷伯陆续在各种各样的天文学和工程学杂志上发表自己的星图，直到1944年绘制成完整的射电星图。

雷伯的工作起初并没有引起人们的注意。首先，他的工作是在第二次世界大战期间进行的，当时的科学家和大众都有更重要的事情要做。更重要的是，雷伯的研究涉及两个领域的学者——无线电工程学家和天文学家，而他们对对方的学科领域却一点都不了解。事实上，第一篇出现在天文学杂志上的射电天文学文章——1940年发表在《天体物理学杂志》（*The Astrophysical Journal*）上雷伯所写的《宇宙静电噪声》（Comic Statics），差点无法发表，而究其原因，只是因为当时编辑找不到一个科学家具备足够的知识来判定文章的正确性。

深谋远虑的预测

幸运的是，有些天文学家比其他人更富有想象力。尽管德国纳粹政府已经占领荷兰并且让这个国家在某种程度上处于与世隔绝的地位，莱顿天文台（Leiden Observatory）的台长扬·奥尔特（Jan Oort）在无意中看到了雷伯1940年发表在《天体物理学杂志》上的文章，并对此产生了浓厚的兴趣。奥尔特已经被遮蔽着银河系中部的厚厚星尘构成的黑云烦透了，这些黑云完全吸收了来自几千光年以外的星光。他认为无线电波可能可以穿透这些黑云，让银河系中部的形象展现出来。

奥尔特还认识到如果大量天体被证明可以发出特定波长的无线电波，在电磁波谱中产生相应的谱线，那么这些谱线将会符合"多普勒偏移"的规律，就像可见光那样。研究这些偏移可以让天文学家知道那些不发光天体的行动和距离，比如说那些黑云。奥尔特认为无线电波还可以提供一种可靠的方法，帮助人们得知银河系围绕它的中心旋转的速度以及银河系内星体的分布。

奥尔特让他的学生亨德里克·范·德·胡斯特（Hendrik van de Hulst）去寻找具备这种用途的无线电波。1945年，胡斯特预测宇宙中最普遍的原子——氢原子可以发射波长大约8英寸（21厘米）的无线电波。他建议天文学家们建造天线来接收这些信号。

早期成就

胡斯特的预测出现在第二次世界大战即将结束时。战争结束后，在战争中获得无线电和电子知识的科学家和工程师们迫切希望把这些知识应用到维护人类和平的目的上。与大多数天文学家不同，他们看到了射电天文学无限美好的前景。有些人建立了射电天文台，比如在英国曼彻斯特大学的乔德雷尔·班克天文台（Jodrell Bank Observatory）。

这些射电天文学家们的第一个成果就是证明了胡斯特预测的正确性。1951年3月25日，哈佛大学赖曼实验室（Lyman Laboratory）的哈罗德·尤恩（Harold Ewen）和爱德华·珀塞尔（Edward Purcell）首次记录下了来自银河系的大约8英寸（21厘米）氢辐射，他们使用的设备是一台由夹板和铜制成的绑在实验室4楼窗户上的尖角天线（按照国际惯例，无线电波长通常以厘米为单位）。这架天线是倾斜的，有个长方形向上的开口。不幸的是，这种形状和开口，让天线成为一个非常好的雨水漏斗，这致使实验室在暴雨中经常大水泛滥。过往的学生也喜欢把这里当作投掷雪球的目标。

像奥尔特建议的那样，天文学家们用氢辐射来确定银河系的形状。他们确定银河系是旋涡状的，就像仙女座星系和其他许多已知星系一样。他们还用这种新工具来完成大比例尺的星图。越来越多的天文学家开始认识到射电天文学可以解答许多过去的天文学无法解决的问题。

长寿的先锋

同时，雷伯仍然在继续推动着射电天文学的发展。1947年，他离开了制造工作，开始在华盛顿的美国国家标准局担任无线电物理学家，在那里他一直工作到1951年。在这期间，雷伯热衷于研究长波信号。1951年，在他的帮助下，夏威夷的毛伊岛建造了一台射电望远镜，用来接收这些信号。

1954年，雷伯搬到了澳大利亚南部的一个大岛塔斯马尼亚岛。塔斯马尼亚岛是世界上少有的几个长波辐射可以穿透地球大气层的地区，而且几乎是世界上唯一一个天文学家可以接收到来自银河系的长波辐射的地区。在新的居住地，雷伯设计并建造了一组直径3 520英尺（1 073米）的圆形天线。雷伯在塔斯马尼亚岛继续着自己的研究，直到2002年12月20日去世，这一天距他91岁生日还差两天。

与央斯基不同，雷伯非常长寿，这让他能够活着接受对他工作的种种表彰。1962年，他获得太平洋天文学会授予的布鲁斯奖和美国天文学会的罗素讲师资格（Henry Norris Russell Lectureship）。

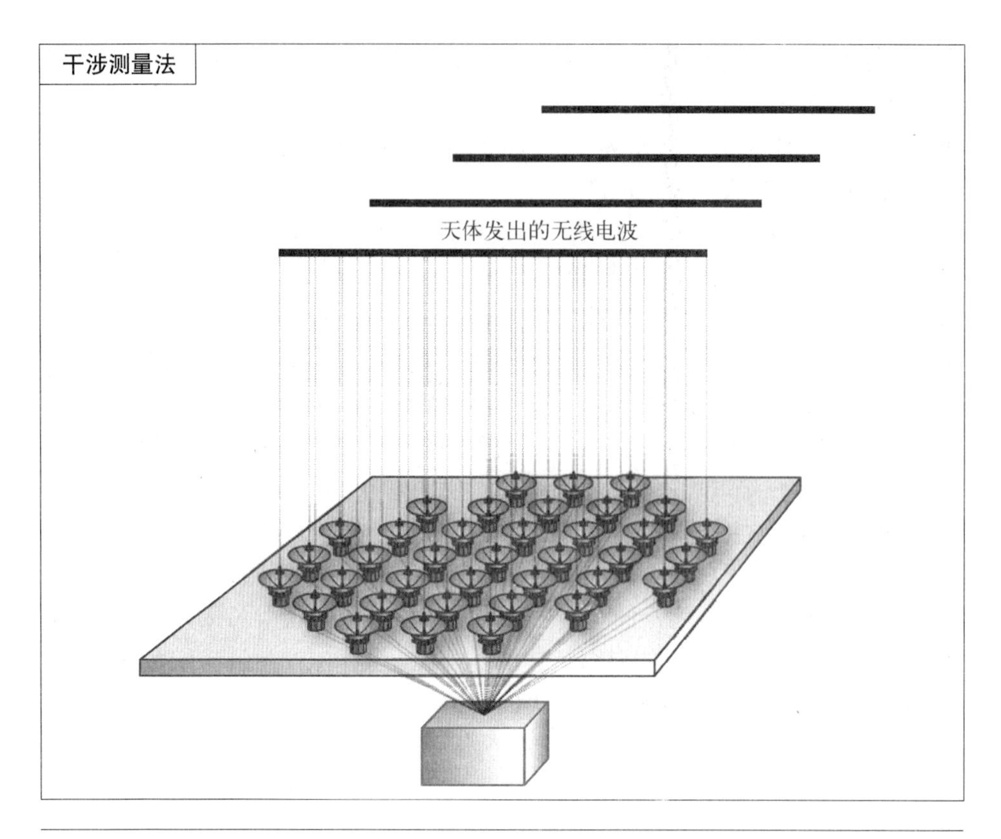

干涉测量法把许多射电望远镜的数据结合起来，创造出一个好像把所有望远镜放在一起一样大的“虚拟碟形天线”。电缆、微波和光纤把望远镜和计算机连接起来，把所有的望远镜数据转化成单独的信号。干涉测量法还可以调节望远镜的信号，使之聚焦于天空中的某一个特定天体。

科学成果：干涉测量法和“虚拟碟形天线”

为了增加射电望远镜的尺寸和准确度，天文学家们超越了单个的碟形天线。由于无线电信号可以在大范围内传输而不失真，射电天文学家们把位于不同地点的多个望远镜的信号连接起来，形成一个单独而巨大的“虚拟碟形天线”。所有单独的望远镜在同一时间记录来自同一星体的无线电波。这些记录被放在一起，形成干涉图样。之后，计算机会把干涉图样翻译成无线电来源星体的图像。

很多射电天文台有许多以单独的虚拟形态在一起工作的碟形天

线。最著名的就是位于新墨西哥索科罗古河岸附近的甚大阵射电望远镜（Very Large Array）。由美国国家广播电视天文观测所管理的射电望远镜矩阵包含27台可移动的碟形天线。每台碟形天线宽85英尺（26米），呈“Y”形分布。由于碟形天线挨得非常近，来自它们的信息可以被发送到一个单独的接收器并在记录中将这些信号组合在一起。

其他射电天文台采用甚长基线（Very Long Baseline）干涉测量法，把广泛分布在世界各地的望远镜发出的信号联系起来。望远镜之间由于距离太远，无法实现信号实时混合。因此，每台望远镜的数据被记录在现场的录像带上，原子钟会对这些记录进行精密的计时。当观察结束后，天文学家把所有场地的录像带拿到一个中心位置，以百万分之几秒的时间误差进行同步，把这些录像带同时播放，从而形成计算机可以分析的单独的数据。

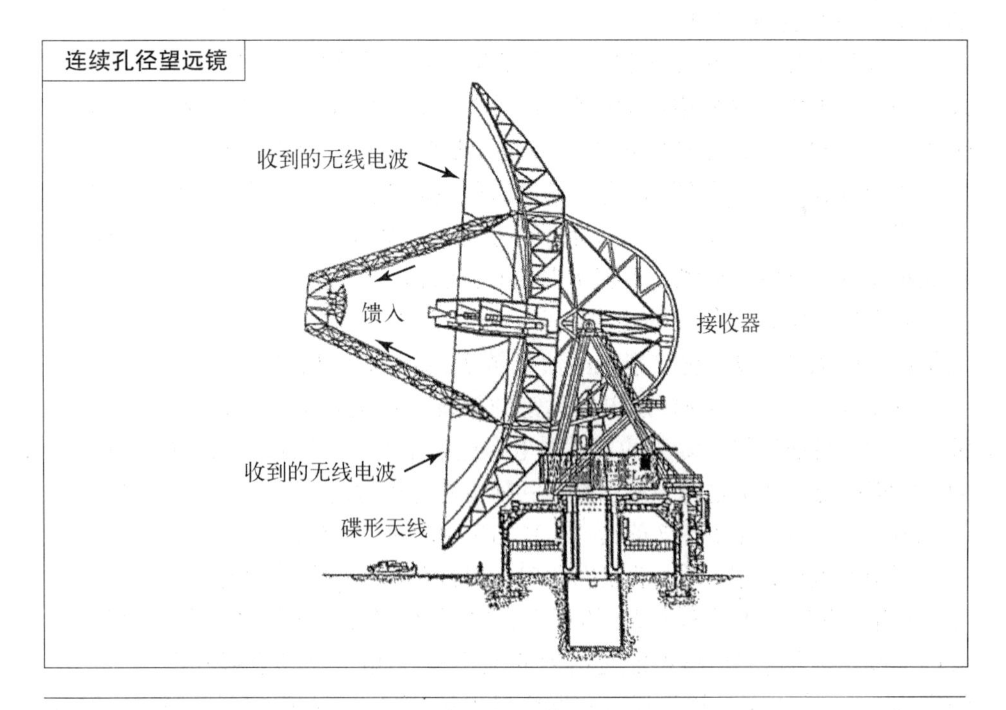

在连续孔径望远镜——最常用的射电望远镜中，来自太空的无线电波发射到大型曲线（碟形）镜面上。电波从大镜面上反射，集中到镜面上的小型天线上，这一过程称为馈入。馈入反过来把声波通过电缆传到接收器中，接收器通常位于主镜的后方。接收器会放大、加强和记录无线电信号。

1963年，雷伯获得富兰克林研究院授予的克莱森奖章。1975年，他获得美国国家射电天文台授予的央斯基奖（Jansky Prize）。1983年，他获得英国皇家天文学会的最高荣誉杰克逊·吉威尔特奖章（Jackson-Gwilt Medal）。位于哥伦布的俄亥俄州立大学——美国最早支持射电天文学发展的学校，在1962年授予他名誉博士学位，称他为“在这一全新领域最杰出的先锋”。

射电望远镜的今天

尽管有时候射电望远镜被叫作“大耳朵”，但它们不能像央斯基那样把无线电波转化成声音。射电望远镜会直接记录信号并且把它们发送到计算机进行演算和分析。使用合适的软件，计算机可以把无线电波转化成可视图像。位于地球的射电望远镜可以接收通过大气时几乎不会失真的、波长0.4~0.8英寸（1~21厘米）之间的电波。不过，大气上层充满电荷的电离层会阻碍长波辐射的传播，或者让它们失真。

如今最常用的射电望远镜——连续孔径望远镜和雷伯后院的碟形望远镜差别并不是很大。这种望远镜有个用来收集无线电波的大型碟形天线，还有一个用来强化和记录信号的接收器。与雷伯的碟形望远镜不同，现代的连续孔径望远镜的接收器位于下部，并且在碟子的后边而不是上边。碟形天线把无线电波汇聚到碟子上的一个小型天线上，称为馈入。而馈入会把无线电波通过电缆传到接收器。有些望远镜还有多重馈入和接收器。

射电望远镜捕捉信号的能力取决于天线的尺寸。就像光学望远镜一样，射电望远镜的天线越大，它收集到的信息越多，对微弱的信息也越敏感。由于宇宙中的无线电波非常微弱，射电望远镜的天线必须比最大的光学望远镜的反射镜还要大。目前世界上最大的单体射电望远镜是位于中国贵州的500米口径球面射电望远镜。其次是位于波多黎各的阿雷西博望远镜，覆盖着39 000层铝，直径1 000英尺（305米），167英尺（51米）高，占地面积20亩（810平方米）。

利用射电望远镜，天文学家们发现了以往几乎不可能发现的天体。包括脉冲星（由大爆炸产生的密度大、体积小、急速旋转的星体）和类星体（和恒星类似的无线电波辐射源，很可能是遥远的星系）。射电天文学家揭开了一个狂暴的宇宙，一个充满了冲撞的星系和爆炸星体的宇宙。芬利引用了美国国家射电天文台台长鲁国镛（Fred Lo）2002年说过的话：“射电天文学使我们对宇宙的理解发生了深刻的改变。”

四

宇宙烟花

——乔治·伽莫夫和宇宙大爆炸

哈勃确定星系在宇宙中四处逃散，就像一群逃避灾难的人。但是什么是星系逃散？什么让星系开始彼此远离？

哈勃从来没有给出过这些问题的答案，但是其他科学家却做出了回答。1922年，在哈勃和赫马森公布宇宙膨胀证据之前，俄国气象学家和数学家亚历山大·弗里德曼（Alexander Friedmann）认为宇宙源于一场爆炸。比利时天文学家、数学家和牧师乔治·亨利·勒梅特（Georges Henri Joseph é duard Lemaitre）在1927年提出了相似的观点。

俄裔美国科学家伽莫夫，核物理学、基因科学和天体物理学先锋。让宇宙源于一个单一的密度无限大的点的大爆炸观点广为人知。这一提法被称为宇宙大爆炸理论（乔治·华盛顿大学）。

弗里德曼和勒梅特的结论都建立在爱因斯坦相对论的基础上，相对论推断宇宙要么在膨胀，要么在收缩（直到1917年爱因斯坦改变了相对论的规则）。勒梅特用斯莱弗和哈勃早期的银河系光谱红移标尺表明膨胀是最有可能的选择。爱因斯坦最初的理论让弗里德曼和勒梅特推断在遥远的过去的某一时刻，宇宙的所有物质和能量是汇集在一点的——爱因斯坦把这叫作奇点。由于未知的原因，奇点发生爆炸，勒梅特称之为“无法想象的美丽烟花”。

起初很少有宇宙学家知道弗里德曼和勒梅特的观点，不过，在20世纪40年代晚期和20世纪50年代，出生在俄国的科学家乔治·伽莫夫（George Gamow）让他们的理论广为人知并且可以被实验证明，他还做了大量工作使这一理论被人们接受。伽莫夫是一个知识渊博的人，他在核物理学、基因科学和天文学、宇宙学领域都作出了杰出贡献。他是第一个把当时对原子内部的发现和星体本质以及宇宙起源联系起来的科学家。

量子天才

伽莫夫于1904年3月4日出生在当时俄罗斯的敖德萨（Odessa），是吉奥吉·伽莫夫的儿子。他的父母都是老师。伽莫夫在小时候就对数学和科学产生了浓厚的兴趣，后来当他父亲在他13岁生日时给了他一个小型望远镜后，他的兴趣里又增加了天文学。

1922年，年轻的伽莫夫在敖德萨的诺卧罗萨大学（the Novorossia University）学习数学。1923年，他转到列宁格勒大学，即现在的圣彼得堡大学，在那里他的课程包括物理、宇宙学和数学。他在列宁格勒大学学习到1929年，不过可能没有获得学位。

1928年，在德国哥廷根大学（the University of Gottingen）的一次夏季课程让伽莫夫接触到核物理学的伟大发现，其中就包括量子力学。伽莫夫立刻把这些新知识应用到原子通过放射性自然衰变的理论。量子力学之前也曾经被用来描述原子的结构，但是伽莫夫却是第一个把它应用到原子核层面的科学家。

1928—1929年，对这个俄国年轻人印象深刻的著名丹麦物理学家尼尔斯·玻尔（Niels Bohr）安排伽莫夫在丹麦哥本哈根大学的理论物理研究所工作。伽莫夫对能量的计算需要用质子轰击原子核使其裂变，这样的研究为后来的科学家对核裂变和核聚变的研究打下了基础。他还开始研究太阳和其他恒星内部的高热原子核反应。他的一些研究成果后来被用于氢弹开发和致力于和平的核能研究领域。

作为洛克菲勒的合作伙伴，伽莫夫接下来的几年（1929—1930年）与另一位著名的物理学家欧内斯特·卢瑟福（Ernest Rutherford）在英国剑桥大学的卡文迪许实验室（Cavendish Laboratory）共事。在卢瑟福的指导下，伽莫夫设计的一个实验为爱因斯坦的物质能量守恒定律提供了强有力的支持。加上这一早期成果，就像依曼·哈珀（Eamon Harper）在2000年年初在《乔治·华盛顿大学学报》上写到的一样，伽莫夫"在自己的25岁生日前把自己排入了核物理领军人物的行列"。

伽莫夫在哥本哈根大学又度过一年之后，苏联政府为他在列宁格勒大学提供了一份教师职务。从1931年起，伽莫夫在列宁格勒大学教了几年物理。1933年10月他和他的妻子柳波娃·沃明泽娃到布鲁塞尔参加国际索尔韦理论物理会议，离开了苏联，并且再也没有回去。

从原子到恒星

伽莫夫在巴黎皮埃尔·居里研究所（Pierre Curie Institute）和英国伦敦大学简短停留一段时间后，1934年来到了美国。他进入了乔治·华盛顿大学，在那里度过了他职业生涯的大部分时间。1939年，伽莫夫成为美国公民。

在乔治·华盛顿大学的第一年，伽莫夫继续对核物理的研究。1936年，他和匈牙利裔美国物理学家爱德华·特勒（Edward Teller）提出了描述β衰变的理论：一个原子核会释放出一个高速的电子（β粒子）。这是伽莫夫对核物理所作出的最后一个重要贡献。

之后伽莫夫开始把他对核物理的专业知识应用到天文学上——一个被哈伯称为在当时大胆至极的决定。伽莫夫和少数几个天文学家在当时开始相信化学元素是由太阳和其他恒星炽热的内部发出的高热原子核反应产生的，但是他们无法确定这一过程是如何实现的。首先，被认为构成恒星内部的质子非常强烈地相互排斥（因为它们带有同属性的电荷）着，因此无法相互融合成比氢重的元素。不过，在伽莫夫早期解释放射性自然衰变的“核势垒隧道效应”理论中，伽莫夫认为，根据量子力学，质子可以非常频繁地穿越电子势垒而完成聚变，完美地解答了这一问题。

在1938年和1939年，在伽莫夫的启示下，著名德裔物理学家汉斯·贝特（Hans Bethe）和曾经做过伽莫夫学生的美国物理学家查尔斯·克里奇菲尔德（Charles Critchfield）提出了一系列反应，通过这些反应，氦以下的轻量元素可能在恒星内部形成。同时，伽莫夫自己也叙述了在称为超新星的爆炸星体中可能发生的核反应。1942年，伽莫夫再度与特勒合作，伽莫夫用他早期的一些核物理成就发展出预测红巨星内部结构的理论。

元素的产生

在20世纪30年代，地球化学家们已经用已知的地球元素图来推算在宇宙中哪些元素可能会比较丰富（科学家们推断宇宙中物质分布的多寡是均衡的，所以来自太阳和其他附近星体的数据可以被应用到更加遥远的星体）。结果表明，最多的物质是氢和氦。而所有的重元素只占到元素总数的1%～2%。

伽莫夫后来在他的回忆录《我的世界线》（*My World Line*）中写道："我们可以很容易地假定，我们观察到的宇宙化学元素并不源于单个星体内部的核合成。"他认为，至少有些轻量元素是由弗里德曼和勒梅特提到的大爆炸产生的，他相信这是宇宙膨胀的缘起。

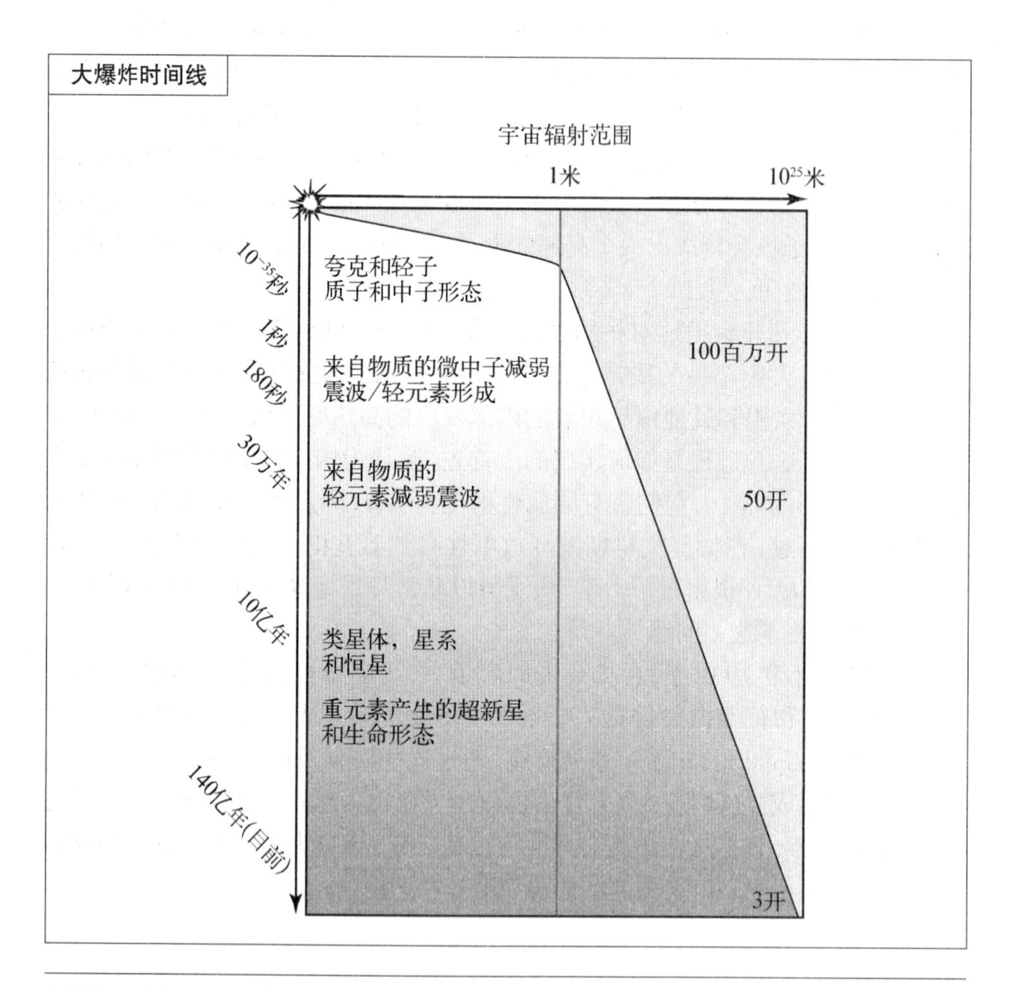

大爆炸后的最初几秒，宇宙就像一碗让人难以置信的亚原子热汤。轻量原子核在大约180秒后产生，但是这碗热汤需要30万年冷却到原子可以形成的温度。一旦氢原子产生，热量就从物质中散发出来，光芒开始照耀宇宙。类星体、星系和恒星在大爆炸后10亿年左右开始形成。大概在宇宙大爆炸140亿年以后的今天，大爆炸发出的宇宙辐射已经冷却到3开。

伽莫夫和这些早期科学家相信宇宙最初是无限小、热度极高、密度极大的。起初，当所有的物质和能量（包括空间自身）从中间这一点向外爆炸的时候，只有大量的自由电子、质子、中子和辐射像巨大的浓稠的热汤般存在。伽莫夫把这些物质称为伊伦（ylem），这是一个希腊单词，用来表示宇宙演化论中所假设的最原始物质。最近科学家们则称之为等离子体（plasma）。随着膨胀的继续，伊伦变薄并且逐渐冷却，形成原子核并在之后形成原子。

在一个博士项目中，伽莫夫让他的学生拉尔夫・亚舍・亚法（Ralph Asher Alpher）来推算伊伦产生化学物质的反应（至少是轻量元素的反应，从氢到锂）。亚法于是把推断的反应和宇宙中的实际元素进行了比较。

亚法得出的结论是，首次发生的化学反应是质子和中子反应产生氘原子核。随着冷却过程继续，氦的同位素和锂的同位素产生。所有的这些反应都发生在大爆炸后的最初几分钟。亚法的预测与已知的轻量元素的数量分布十分吻合，特别是宇宙中氦气的数量。

伽莫夫和亚法把亚法的研究成果写成一篇著名的论文——《化学元素的起源》（The Origin of the Chemical Elements），该论文于1948年4月1日发表在《物理评论》（*Physical Review*）上。以幽默著称的伽莫夫，情不自禁地把贝特加入作者名单，尽管我们从多方得知，贝特对这篇论文所研究的课题没有一点贡献。这么做让伽莫夫制造了一条双关语：他把作者的名字按亚法、贝特、伽莫夫排列，读起来就像希腊字母的前三个——阿尔法、贝塔、伽马。

竞争的理论

伽莫夫和亚法的论文引起了人们对宇宙大爆炸起源理论的广泛关注。不过，并不是所有的宇宙学家都相信有这样一次大爆炸发生。有些人更相信另一种观点，该观点是由英国天体物理学家阿瑟・高德（Arthur Gold）和弗雷德・霍伊尔（Fred Hoyle）以及澳大利亚裔数学家赫尔曼・邦迪（Hermann Bondi）在1948年伽莫夫和亚法的论文发表的同一年提出的。邦迪、高德和霍伊尔认为宇宙没有起源也不会终结，而是以一种稳定的状态存在。他们承认宇宙在逐渐膨胀，但是他们认为星系的向外运动是由新物质的自然产生造成的，这些自然产生的新物质形成新的星系取代那些渐渐消亡的星系。

伽莫夫和霍伊尔都有出色的文笔，既能够向普通民众解释他们的观点，也能让科学家接受他们的理论。20世纪50年代的读者通过霍伊尔的《宇宙本质》

(*The Nature of the Universe*)(1950年)和伽莫夫的《宇宙产生》(*The Creation of the Universe*)(1952年)读到了他们针锋相对的宇宙论。伽莫夫和霍伊尔还在广播节目中宣扬自己的理论，其中就包括1949年在英国广播公司的节目中，霍伊尔把勒梅特–伽莫夫理论称为宇宙大爆炸理论。霍伊尔本想通过把伽莫夫的理论称为“大爆炸”臆想来嘲笑自己的对手，不过大家发现这个名字可以很恰当地形容这种理论，于是这个名字反而被沿用下来，成了伽莫夫理论的名称。

可检验的预测

许多天文学家感觉宇宙大爆炸理论和稳恒态宇宙理论就像无神论者怀疑宗教创世观那样无法检验。1949年亚法和罗伯特·赫尔曼(Robert Herman)根据伽莫夫的主意，提出了一种可以证明或者至少可以强烈支持大爆炸理论的方式发表在《自然》杂志上。

亚法和赫尔曼认为大爆炸不仅产生了物质，还产生了光子形态的电磁辐射。这种辐射，就像物质一样，在向外的过程中逐渐冷却。其中的光子在亚原子粒子云内部扩散，直到氢原子云冷却到电子可以附着到质子上，形成第一个氢原子时，辐射才能从氢原子云中逃逸出来。之后，光子会离开氢原子云，向宇宙的各个方向发散开去，使得宇宙第一次变得清朗。

亚法和赫尔曼宣称，在宇宙大爆炸30万年后，辐射会冷却到大约5开(−450℉)。向外移动产生的红移，同时也会把光波辐射向波长更长的微波(电磁波谱中无线电波的一部分)推移。亚法和赫尔曼声称，探测这种辐射并且证明它拥有他们预测的特性将会为宇宙大爆炸理论的正确性提供强有力的证据。

其他科学家：霍伊尔

伽莫夫和霍伊尔对宇宙有着截然相反的学术主张，但是两个人却有很多相似点。比如，他们两人都以他们的幽默著称，都对提出有争议的主张无所畏惧。

霍伊尔1915年6月24日出生在约克郡(Yorkshire)的宾利(Bingley)。他学习了数学和核物理(与伽莫夫的兴趣相同)，后来又在剑桥大学学习天文学，在1939年获得天文学硕士学位。1945年他成为剑桥大学的教师并且一直在那里工作，直到1972年退休。1972年，他获封爵位。之后，在1977年，他获得了克拉福德奖（Crafoord），这个奖项被认为和诺贝尔奖具有同等价值。2001年8月20日，霍伊尔在英国伯恩茅斯（Bournemouth）去世。

霍伊尔不会轻易地改变自己的想法，即使新的发现让许多宇宙学家在1964年放弃了宇宙稳恒状态论后，霍伊尔还在继续攻击他看到的竞争理论的弱点。同时，其他科学家也对宇宙大爆炸理论进行了修正，有部分是符合霍伊尔的想法的。

这并不是唯一一次霍伊尔和伽莫夫对同一个问题给出不同的答案。伽莫夫、亚法和赫尔曼提出最轻的化学元素可能在宇宙大爆炸的最初产生，但是他们不能解释重元素的产生过程。霍伊尔和威廉·福勒（William Fowler）以及夫妻天文学家杰弗里（Geoffrey）和玛格里特·伯比奇（Margaret Burbidge）在1953年发表的著名论文《恒星中元素的合成》（Synthesis of the elements in stars）中提出，这些物质是在超新星爆炸消亡的过程中产生的。

像伽莫夫一样，霍伊尔是一个著名的科普工作者。他在著作《宇宙本质》（1950年）中叙述宇宙稳恒状态理论；在《天文学前沿》（*Frontiers of Astronomy*）（1955年）中面向广大民众普及了天文学知识。此外，他还创作了像《黑云》（*The Black Cloud*）这样的畅销科幻小说。

很多天文学家没有觉得亚法和赫尔曼的提议有多么大的意义。寻找两人提到的辐射需要射电望远镜，但是在那时，射电望远镜仅仅停留在雷伯家后院那台望远镜的水准。射电天文学在20世纪50年代取得了突飞猛进的发展，但是在那时，亚法和赫尔曼的想法已经被遗忘了。

宇宙大爆炸理论的回应

在20世纪60年代早期，普林斯顿大学射电天文学家罗伯特·迪克（Robert

Dicke）独立得出了与亚法和赫尔曼一样的结论。迪克和几个同伴开始搭设一台天线来搜索预测的微波辐射。然而，在他们的天线完成前，他们得知在1964年年末，新泽西霍姆德尔的两个射电天文学家阿诺·彭齐亚斯（Arno Penzias）和罗伯特·W.威尔逊（Robert W. Wilson）已经在一次偶然的机会中发现了这种辐射。

在伽莫夫的回忆录《我的世界线》中，他把彭齐亚斯和威尔逊的发现称为"一个让人兴奋的惊奇"。就像亚法和赫尔曼预测的那样，微波辐射被证明在天空各个部分都拥有同样的强度。同时，微波的温度也基本符合这两名早期科学家预测的温度（大约3.5开，尽管不是他们所说的5开），并且拥有一些他们提到的其他特性。宇宙背景微波辐射的发现让很多宇宙学家开始相信宇宙大爆炸理论基本上是正确的。目前，这种辐射的存在仍然是这种理论最强有力的证据。

1964年，贝尔实验室的天文学家彭齐亚斯和威尔逊站在探测到宇宙背景辐射的天线前，这是对宇宙大爆炸理论的回应（朗讯技术公司[Lucent Technologies]/贝尔实验室）。

才华横溢

伽莫夫的思想太过活跃，以至于他不能让自己安分地停留在某一个科学领域。1953年，在詹姆斯·沃森（James Watson）和弗朗西斯·克里克（Francis Crick）合作的描述基因的分子结构——DNA（脱氧核糖核酸）的论文公布后不久，伽莫夫就从天文学转到基因科学的研究。在1953年年中写给克里克的一封信中，伽莫夫第一次提到了DNA分子结构中应该包含一种决定蛋白质（生物细胞的基本组成部分）生成的遗传密码。伽莫夫的这种想法后来被证明是完全正确的。

20世纪50年代中期，伽莫夫仍然继续科普书籍的写作，比如在1939年出版的《汤普金斯先生在仙境》（*Mr. Tompkins in Wonderland*）。他写作的著名书籍有《太阳的产生和灭亡》（*The Birth and Death of the Sun*)(1940年)和《一到无穷》(*One Two Three...Infinity*)(1947年)。联合国教科文组织在1956年授予伽莫夫卡林加奖(Kalinga Prize),以表彰他在科学普及方面所做的工作。

伽莫夫入选了许多科学组织,包括美国国家科学院(1953年)。1956年他离开乔治·华盛顿大学进入博尔德的科罗拉多大学,在那里他度过了他剩余的职业生涯。同年,他和妻子离婚。1958年,他和剑桥大学出版社的前出版经理芭芭拉·珀金斯结婚,后者出版了伽莫夫的很多书籍。1968年8月19日,伽莫夫64岁时在博尔德去世,可能是死于肺病。

就像数学家斯塔尼斯拉夫·乌拉姆(Stanislaw Ulam)所说的那样,凭着在科学领域的广泛兴趣,伽莫夫成为"可能是凭借业余爱好在科学领域作出杰出贡献的典范"。哈勃还引用了泰勒评价伽莫夫的话,伽莫夫"充满幻想,有时对,有时错,错的时候占了大多数。总是兴趣盎然……不过当他的想法正确的时候,那么这个想法就不仅仅是正确的,而且是全新的。"

相关发明:两个偶然的发现

彭齐亚斯(1933年出生于德国)和威尔逊(1936年出生于得克萨斯州的休斯敦)对宇宙背景辐射的发现与奠定射电天文学基础的发现(央斯基在20世纪30年代中期对银河系中部无线电波的探测)有很多相似之处。

像央斯基一样,彭齐亚斯和威尔逊为位于新泽西霍姆德尔的贝尔实验室工作。与央斯基一样,这两位科学家并不是为了寻找来自太空的信号才开始工作。他们所用的天线是用来探测早期通讯卫星上的信号的。后来这个天线不再用于这个目的,他们就把它改装成了用于射电天文学的天线。

在工作的过程中,彭齐亚斯和威尔逊想要找到可能干扰天线作为射电望远镜工作的信号源。像央斯基一样,他们探测到了几种干扰,但是有一种稳定的低水平嘶嘶声他们无法解释。他们排除了机械故障、来自纽约的信号,甚至是在喇叭形天线的20英尺(6米)高的位置上筑巢的鸽子掉落的可能。

彭齐亚斯和威尔逊发现的嘶嘶声像央斯基发现的一样神秘,直到一个同事建议他们联系普林斯顿大学的迪克。在访问了霍姆德尔并且浏览了彭齐亚斯和威尔逊的数据后，迪克发现他们已经找到了自己试图寻找的宇宙背景辐射。根据一篇美国公共广播公司（Public Broadcasting System）的文章，迪克回到普林斯顿后，伤心地告诉他的研究团队："我们晚了。"在1965年发表在《天体物理学杂志》上的先后两篇文章中，彭齐亚斯和威尔逊描述了他们探测到的辐射，迪克的团队从宇宙大爆炸理论的角度解释了这种辐射的重要性。1978年，彭齐亚斯和威尔逊因为该发现同时获得了诺贝尔物理学奖。

五

那里有生命吗

——弗兰克·德雷克和寻找地球以外星体生命

从远古时代开始，人们就开始怀疑在其他星体上是否有生命存在。比如，希腊哲学家梅特罗多勒斯（Metrodorus）在公元前4世纪就写道："认为地球是唯一有生命居住的星球就像断言一片土地上只能生长一种谷物一样荒谬。"很久以后，当望远镜得到改进后，一些天文学家甚至认为他们看到了这些生命存在的证据。在1877年，意大利天文学家乔范尼·夏帕雷利（Giovanni Schiaparelli）声称他在火星上看到了运河。大约15年以后，美国天文学家帕西瓦·罗威尔（Percival Lowell）声称他不仅确定了夏帕雷利看到的运河的位置，而且看见运河周围长有蔬菜。但是，这些说法后来被证明是荒谬绝伦的。

在20世纪初，很少有科学家认为生命可以在地球以外的星球上存在，因为如果这些生命存在的话，科学家们应该可以探测到他们。

但是这种想法越来越受到怀疑。尽管仍然有少数名副其实的天文学家和科学家为了寻找来自遥远星系的无线电波或其他信号而在不懈努力，但是目前搜寻地外文明（SETI）的工作已经吸引了包括美国国家宇航局、私人基金甚至数以百万的计算机用户的力量。造成人们态度发生这么大改变的是射电天文学家德雷克。

1960年，大约在这张照片拍摄的时候，德雷克第一次进行了对地球以外星体生命的搜索（国家无线电天文台/AUI/美国国家科学基金会［NSF］）。

智能生物之梦

弗兰克·德雷克(Frank Drake)曾提到当他8岁的时候就开始怀疑其他星球上是否存在智能生物。德雷克1930年5月28日出生在芝加哥,是化学工程师理查德·德雷克(Richard Drake)和威妮弗蕾德·汤普森·德雷克(Winifred Thompson Drake)的儿子。小时候参观芝加哥科学与工业博物馆及阿德勒天文馆时,他就萌发了对科学的兴趣,他和他最好的朋友喜欢玩电动机、无线电和化学设备。

在后备军官训练队奖学金的支持下,德雷克在1949年进入纽约伊萨卡的康奈尔大学学习航行器设计。不过,很快他就对电子产生了兴趣,转到了工程物理的学习。在大三时,他听著名的天体物理学家奥托·斯特鲁维(Otto Struve)在一次讲座中提到银河系中的一半恒星可能拥有行星系统,而这些行星中有些可能有生命体存在。"真是一个令人兴奋的时刻",德雷克在他的自传《那里有生命吗?》中写道:"我不再是孤单一个人了,这个卓越的天文学家,敢于大声地说出我儿时的梦想。"

1952年,德雷克在康奈尔大学获得学士学位,作为偿还奖学金的代价,他在美国海军工作了3年,担任甲板电子工程师。1955年,当他的军事使命完成后,他开始在哈佛大学读研究生。他本打算学习光学天文学,但是一次射电天文学的工作让他转向了射电天文学这一天文学分支。在1958年获得博士学位后,德雷克加入了刚刚在西弗吉尼亚的绿岸(Green Bank)成立的国家射电天文台。不久他就做出了重大发现,包括在木星周围找到与地球周围相似的辐射带。

寻找无线电信号

还在哈佛的时候,德雷克就认为无线电波是传送遥远星际信号的最经济的方式。而探测这种信号的最理想的工具就是一台射电望远镜。1959年春,最初仅仅是为了好玩,他计算出国家射电天文台全新的85英尺(25.9米)望远镜可能探测到的与在地球上产生的信号一样强的星际信号的最远距离,得出了12光年这个数字。有几颗类似太阳的恒星位于这一位置,所以德雷克和国家射电天文台的其他几个天文学家开始计划一个项目,以寻找可能来自围绕这些恒星运转的行星上的生命。德雷克认为这些信号将会有非常窄的带宽、常规的循环重复以及一些其他的特征,这些特征会使它们易于识别。

同年9月,德雷克和其他的天文学家在科学杂志《自然》上读到了一篇让他们感到震惊的文章:《寻找星际信息》。两位康奈尔大学的物理学家菲利普·莫里森(Philip Morrison)和朱塞佩·可可尼(Giuseppe Cocconi)在这篇文章中提到了利用射电望远镜寻找星际生命体,就像德雷克希望的那样。他们推荐用21厘米(大约8英寸)波长——单个氢原子自然发射出的微波来进行寻找。他们指出氢是宇宙间最充足的元素,它们的波长自然是寻找星际信息的不二选择。德雷克在他发表在《宇宙探索》(*Cosmic Search*)(一本早期搜寻地外文明的专业杂志)的一篇回忆文章中写道,莫里森和可可尼的文章"让我们感觉非常棒,因为现在关于我们做的事有了进一步的讨论"。国家射电天文台的台长答应了德雷克的团队就这一问题继续展开研究。

奥兹玛工程

德雷克把他的研究称为奥兹玛工程(Ozma,以奥兹玛莱曼·弗兰克·鲍姆的小说中统治OZ国的公主的名字命名)。他在《那里有生命吗》中写到,他之所以选择这个名字,是因为他认为想象中的外星生物的居住地,像OZ国一样,是"一个遥远的、难以到达的、奇怪生物居住的地方"。

奥兹玛工程在1960年4月8日寒冷的黎明前开始,持续了两周。除了望远镜,德雷克还把一台窄带射电接收器调到了氢的波长,同时还使用了一台叫作参量放大器的新设备,这种设备可以在不增加噪声(干扰)的情况下有效地增强信号。他从附近两个类似太阳的恒星——波江座的天苑四(EpsilonEridani)和鲸鱼座的天仑五(TauCeti)寻找信号。

除去一个来自路过行星的明显信号外,德雷克的工程没有探测到任何不同寻常的信息。不过,他还是把奥兹玛工程看作一项历史性的事件,因为这是人类历史上第一次严肃地搜索地球以外的文明,这是一项旷日持久的,可能需要花掉几十年甚至几世纪的工程。德雷克在《那里有生命吗》中写到,奥兹玛工程"把搜索地外文明当作一项合理可行的科学努力,展现在了其他科学家和世界的面前"。

德雷克方程

在1961年11月,德雷克和美国国家科学院空间科学委员会(National Academy of Science's Space Science Board)的军官皮特·佩尔曼召集了第一次"搜寻地外文明”会议。会议在国家射电天文台举办，在会上，德雷克提出了一个后来闻名于世的方程：

$$N=R\times f_p\times n_e\times f_l\times f_i\times f_c\times L$$

德雷克方程的目的是得出N——可以探测到的太空文明的数量。在德雷克的方程中，“N”代表的是在我们的银河系里面可以沟通的文明的数量，它取决于很多因素。“R”代表在银河系中“合适的”恒星形成的速度。“f_p”代表有行星的恒星的比例。“n_e”代表在每个恒星的行星中存在着合适的生物圈的恒星数量。生物圈是指在恒星的一定范围之内的，并且适合于生命形成的环境。离恒星太近，就会太热；而离恒星太远，就会太冷。“f_l”代表那些能够让生命发展的行星的比例。“f_i”代表那些能够让生物向智慧生命进化的行星的比例。“f_c”代表那些行星上的智慧生命能够达到一定的科技并且试图和外界交流的行星的比例。“L”代表智慧的、可交流的文明所存在的时间的长短。“搜寻地外文明会议”的成员在会上讨论方程式中的变化可能，推断在银河系中大概存在10千万到100千万的高等文明。在1992年出版的《那里有生命吗?》中，德雷克把这一数字改为了10 000。

德雷克方程为搜寻地外文明提供了目前仍在使用的框架。方程中的许多字母是多变的，所以它看起来相当精确。不过当时和以后的批评家认为，这些变量值，除了R和可能的f_p，其余的都是完全未知的。批评者们说，没有数值填充进去，德雷克的方程式等于零。

进入新职业生涯

只有10个天文学家参加了德雷克的会议。德雷克认识到很少有天文学家愿意冒着职业风险来公开支持貌似不切实际的做法，虽然这种做法并非完全不科学。他知道如果想继续自己射电天文学家的职业，就必须把工作重心放在有较少争议的事情上。所以，在20世纪60年代早期，他开始从事研究金星的无线电辐射的工作。他证明热造成了行星发出信号并且计算出金星表面温度大约在890℉（477℃），比大多数天文学家预想的要高。空间探测器后来证明了这一数值的正确性。

德雷克1964年以助理主任的身份进入康奈尔大学射电物理和空间研究中心，并且一直在这个岗位上工作到1975年。两年后，他成为康奈尔大学的阿雷西博电离层天文台（Arecibo Ionosphere Observatory）的台长。

争论焦点：我们是独一无二的吗

从梅特罗多勒斯到德雷克，认为其他星体存在生命体的支持者的理论基础是宇宙中存在着众多的星体，在所有星体中，除了太阳系外一定还有适于生命生存的行星。对这种观点的间接支持在20世纪90年代晚期出现，几组天文学家找到的某些特定的恒星确实存在着围绕它们运转的行星。地球上的生物学家也发现生物可以在人们认为它们无法存活的条件下生存。比如，生态系统在海底排放出废气和热水，远不是人们最初想象的氧气和日光。不过，高温和化学污染这些可能伤害到其他生物的条件对海底生物却没有什么伤害。

然而，并不是所有的科学家都同意生命（不管是不是智能生物）在其他行星系统里存在。著名的进化论生物学家恩斯特·迈尔（Ernst Mayr）在2000年告诉《时代》杂志记者弗雷德里克·戈尔登（Frederic Golden）："这种'生命产生'发生几次的概率非常非常小，不管宇宙中有多少百万的行星。"与他类似，古生物学家皮特·华德（Peter Ward）和天文学家唐纳德·布朗李（Donald Brownlee）在2000年出版的《罕见的地球》（*Rare Earth*）中声称，尽管微生物这样的简单生命可能在其他恒星存在，复杂生命形态却非常罕见。高温、强烈的辐射和与彗星或者小行星的碰撞经常会在生命发展前毁灭掉它们。华德和天文学家布朗李主张智能生物只在地球上存在，是独一无二的。

在阿雷西博工作两年后，德雷克在1968年回到美国接任康奈尔大学天文系主任。1970年到1981年，他担任了主管阿雷西博天文台的国家天文学与电离层研究中心的主任。1976年到1984年，他成为康奈尔大学天文系戈尔德温·史密斯（Goldwin Smith）教授。

先锋板

德雷克在康奈尔大学时，没有时间寻找来自太空的信息，但是在20世纪70年代，他获得了几次对太空发出信息的机会。第一次在1972年，他和卡尔·萨根（Carl Sagan，天文学家、知名的科普工作者和忠实相信地球以外存在文明的科学家）设计一个将要被放到美国国家宇航局先锋10号无人太空飞船上的板子。先锋10号是第一艘计划深入太空的飞船，它的主要目的是发回木星和它的卫星的图片，但是先锋10号受木星引力场影响最终也会让自己冲出太阳系。

当德雷克在国家射电天文台的时候，德雷克和萨根就通信讨论过关于金星温度的问题。在1969年12月，当时已经在国家宇航局为先锋号工作的萨根兴奋地告诉德雷克，宇航局要在飞船上携带可以被地球以外文明找到的信息。这些信息将被雕刻在一块小板上。萨根请德雷克帮助决定要在这块板上雕刻什么，德雷克很高兴地接受了请求。

德雷克和萨根最后决定用赤裸的男人和女人站在先锋号前的图像。他们提出的图像还包括太阳系图、飞船离开地球的图像和地球在银河系位置的图像。根据他们的意图，萨根的妻子琳达画出了将要雕刻的图案的线条。

在1972年3月2日先锋10号启动并且携带这些图像进入太空的时候，有些人因为图中的裸体人形对此提出了批评。德雷克和萨根对反对意见很

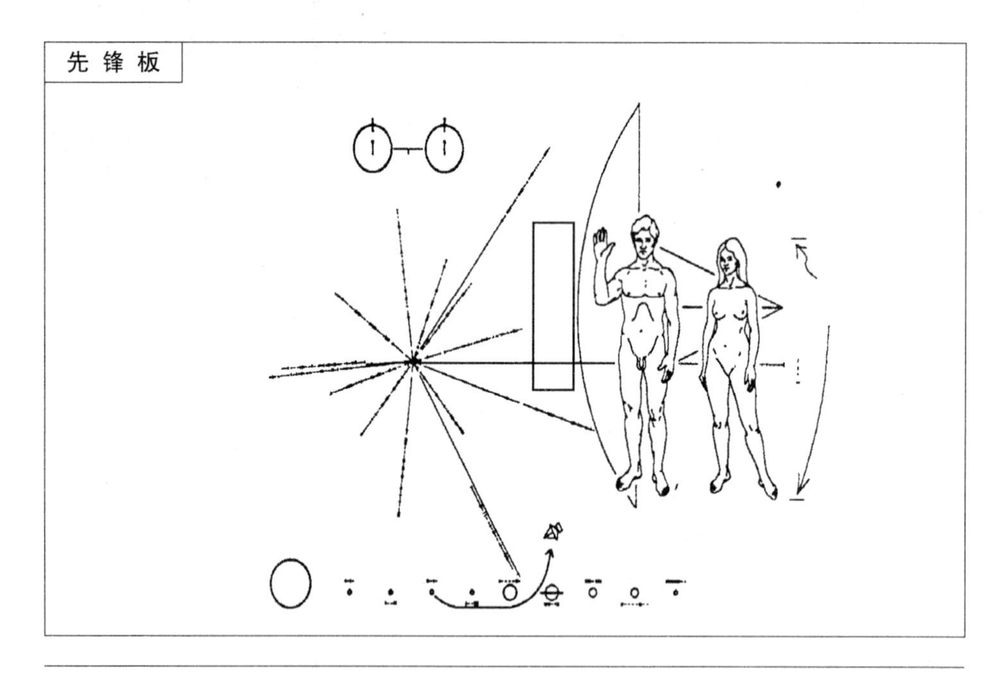

萨根和德雷克设计了这块在20世纪70年代先后被放在先锋10号和11号太空飞船上的雕刻板。先锋10号和11号是第一次试图离开太阳系的太空飞船，而飞船上的这块板是人类第一次试图对地球以外文明发出信号的尝试。板上包括男人和女人站在飞船前的图像、太阳系的图像、飞船离开地球的图像和地球到附近其他脉冲星距离的图像。

欢迎，因为它让大众关注到他们试图和地球以外文明交流的努力。1973年4月5日，同样的图像又被先锋11号带到了太空中。

送到太空的更多信息

1974年11月16日阿雷西博天文台建成期间，德雷克获得了第二次对太空发出信息的机会。作为天文台建立纪念仪式的一部分，天文台对武仙座（Hercules）星系团（拥有至少300 000颗恒星，距离地球25 000光年的星群）播放了3分钟无线电信号。这是第一次针对星际交流特意发出的无线电信号。

德雷克把阿雷西博天文台发布的信息用二进制编码。二进制把所有数字用1和0，或者说用“开”和“关”表示。信息包括地球上的生命体需要的5种分子（氢、碳、氮、氧和磷）的分子图；DNA构成的化学方程式，地球生命的基因物质和DNA双螺旋结构图；太阳系图；人和射电望远镜的简图。

最后，在1977年，德雷克和萨根以及其他同事为国家宇航局设计了第二套星际信息图。这次的信息是用铜制留声机记录，放在太空飞船旅行者1号和旅行者2号上的。这些记录的铝制封面上雕刻有留声机的操作方法。封面上还有一些先锋板上使用过的图像——但是没有裸体的人了。

记录本身包含着一个半小时来自各种文化的音乐，用60种语言讲的问候语，地球上从人的心跳到座头鲸歌唱以及雷鸣电闪的声音，还有115种编码过的世界各地的电视图像。其中涉及的演讲者包括美国时任总统吉米·卡特（Jimmy Carter），他说：“这是来自一个遥远的小小世界的象征着我们的声音、我们的科学、我们的形象、我们的音乐、我们的想法和我们的感觉的信息。我们正在我们的时代生存，并且试图进入你们的时代。我们希望有一天，我们解决了目前我们遇到的问题，融入星际文明的大家庭。目前的记录……是我们在广大的宇宙中的美好愿望。”

争论焦点：外星人会访问地球吗

在1974年德雷克发出阿雷西博信息后，英国皇家天文学家马丁·赖尔（Martin Ryle）就批评德雷克对地球以外文明公布了人类存在的信息。赖尔害怕德雷克这样做会把地球放到外星人入侵的危险中。

德雷克则回应地球以外文明威胁或者发动行动的可能性非常小。他还指出现在想把人类存在的信息保密为时已晚。从20世纪50年代电视信号进入太空开始，人们就通过这种方式对太空发布了太多的信息。

德雷克经常说，即使比地球先进得多的文明，要进行星际旅行也会花费大量的精力和时间，因此，这样做并不值得。他提到，大多数星体距离地球好几千万光年远。即使飞船可以达到光速，也要花千年来完成这段旅程。所以，德雷克不相信不明飞行物（飞碟）是来自地球以外文明的说法。“外星人传送东西不像传送信息那么快。”他在《那里有生命吗？》中这样写道。

从“金羊毛”到国家重点项目

除了先锋板和旅行者号上的记录，美国国家宇航局在20世纪60年代到70年代对与地球以外文明的沟通没有表现出太多的兴趣。不过，一些由其他机构支持的搜寻地外文明的项目在这几年成立。比如，苏联就在20世纪60年代进行了大量的搜寻地外文明的尝试。萨根在1979年建立的用于支持美国政府不愿意投资的太空研究项目的大学和行星协会（University and the Planetary Society），在20世纪70年代支持了美国很多搜寻地外文明的项目。

议会对搜寻地外文明的项目表现得比国家宇航局还要不感兴趣。议会态度的一次低潮体现在1978年2月16日，威斯康星州参议员威廉·蒲克斯迈尔（William Proxmire）为国家宇航局的一项搜寻地外文明项目颁发了声名狼藉的金羊毛奖（Golden Fleece，金羊毛奖是被颁给国会认为浪费纳税人钱财的政府项目的特殊奖项）。更糟的是，1982年，蒲克斯迈尔说服政府通过了一项修正案，不再给未来的搜寻地外文明项目提供任何支持。

不过，好日子在后头。首先，经过一个小时的会谈，萨根说服蒲克斯迈尔撤销自己对搜寻地外文明基金的反对意见。于是，1983年，又有有限的资金用到了国家宇航局搜寻地外文明的项目上。

萨根还起草了一封支持搜寻地外文明项目的信，并且说服了72位科学家（其中包括几位诺贝尔奖获得者）在信上签名。这封信发表在1982年10月29

日美国知名杂志《科学》上。大约在同一时间，一部分享有盛誉的国家科学研究委员会委员推荐把搜寻地外文明项目作为国家重点项目。

同时，德雷克决定把自己的大部分时间投入到搜寻地外文明项目中。在1984年11月，在加利福尼亚州山景城（Mountain View）建立了搜寻地外文明研究所（SETI Institute）——一个把所有精力都用于搜寻地外文明的私人研究组织。德雷克在研究所担任了很多年所长，之后，他成为理事会的主席。

也是在1984年，德雷克进入了加利福尼亚大学圣克鲁斯（Santa Cruz）分校，在那里他教授天文学和天体物理。1984年到1988年，德雷克担任加利福尼亚大学自然科学学院主任。从1989年到1990年，他担任大学促进会副主任。

浴火重生

经过几年的计划，美国国家宇航局在1988年启动了一项专门搜寻地外文明的项目。项目预期在20世纪90年代一直进行下去。它对科学家认为可能存在行星的1 000颗星体进行搜寻地外文明的“目标搜索”和“全天调查”，反复探索外太空，寻找任何种类的宽频信号。项目计划雇用100人，获取加利福尼亚、西弗吉尼亚和波多黎各、法国和澳大利亚射电望远镜的信号。

不幸的是，1993年9月22日，议会取消了给国家宇航局的项目资金。德雷克和他的同伴不愿意放弃，于是转向了寻求私人资金支持。就像黑尔为了他的大型望远镜做的那样。像黑尔一样，他们成功了，他们说服了基金会以及像微软创办者保罗·艾伦（Paul Allen）这样的富豪投入750万美元来维持这项前国家宇航局的项目。

1995年2月，“目标探索”部分被命名为“凤凰计划”，纪念项目像浴火重生的凤凰一样重新起飞。这一系统利用阿雷西博、绿岸、新南威尔士（New South Wales）和澳大利亚的望远镜来探测附近的700颗星体。德雷克在1997年说，他在“凤凰计划”中使用的仪器比在奥兹玛工程中使用的要灵敏100万亿倍。

当天文学家如杰弗里·马西（Geoffrey Marcy）、保罗·巴特勒（Paul Butler）在20世纪90年代中期发现其他恒星确实周围有行星存在时，德雷克和其他搜寻地外文明的狂热支持者备受鼓舞，即使这些行星上看起来不可能有生命。他们也被大众对搜寻地外文明的热情所激励。比如，在1999年5

月，加州大学伯克利分校发布屏幕保护程序——SETI@home，程序允许计算机用户利用业余时间分析阿雷西博望远镜收集到的信号。一年内，有将近200万人下载了软件。

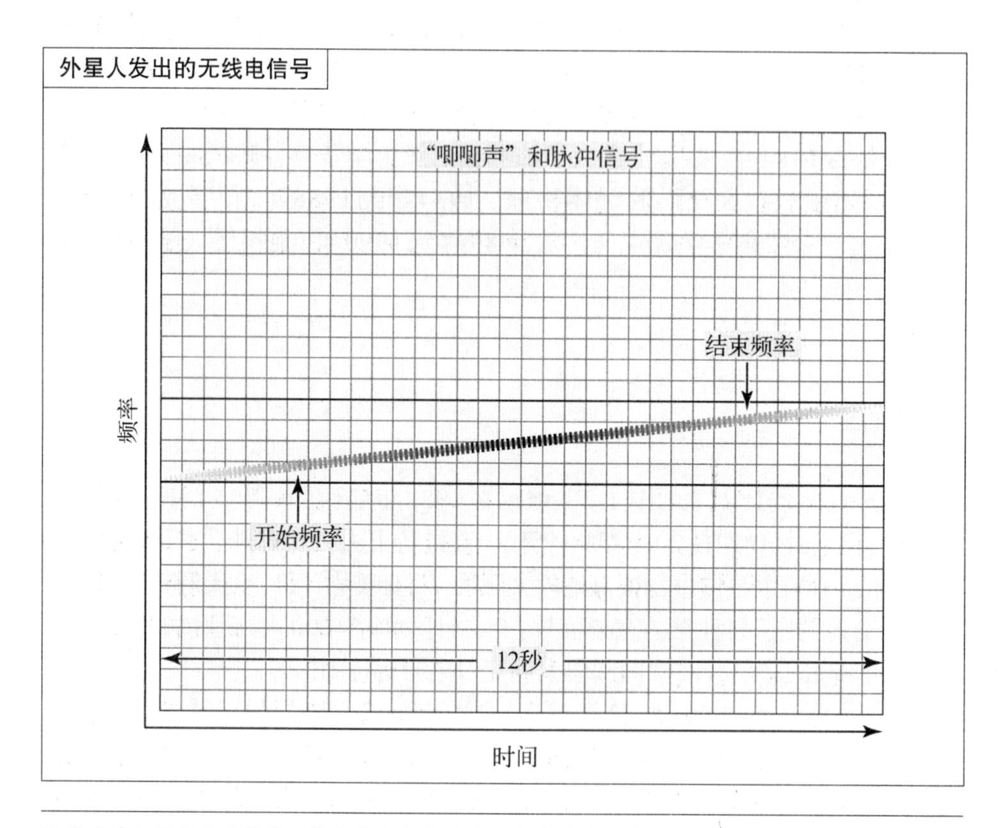

地球以外文明发出的信号可能会在几个方面体现与自然的无线电信号不同。地球以外文明有意发出的信号很可能带宽很窄（由同样波长度的电波构成）；它们应该更像脉冲（快速开关）而不是持续的信号；并且因为它们可能来自围绕恒星运转的行星，多普勒效应会让它们在频率上有轻微的改变，或者在短期探测过程中发出"唧唧"声。

科学成果：SETI@home

在所有的无线电噪声中寻找特意发出的地球以外的生命信号，就像德雷克在《那里有生命吗》中写到的，"像在尺寸大得不可思议的干草堆中寻找一枚针一样"。在一定波长范围的无线电波中寻找强信号并不难，但是当任务变成寻找各种频率的信号以及弱信号时，就变成几乎不可能完成的任务了。“需要超级大的计算机才能完成这个工作”，朗·西普施曼（Ron Hipschman）在SETI@home网站上的《SETI@home 怎么工作》中写道。

搜寻地外文明的研究组织无法担负这样巨大的计算机的费用。幸运的是，西普施曼说：“这些数据可以很容易被分成可以同时单独分析的小部分。”在20世纪90年代，加州大学伯克利分校的搜寻地外文明团队认识到，阿雷西博天文台的海量数据可以分配给普通家庭电脑来进行分析，这就是SETI@home的目的。

想要参加SETI@home的计算机用户可以从网上下载并安装SETI@home的软件。软件会定期从网上下载阿雷西博天文台的部分数据。当计算机开机并且机主没有使用时，软件就会开启并且开始分析数据。机主可以在任何时刻重新操作计算机，SETI@home数据分析会在以后继续进行。当分析完成后，分析结果会被上传到网上，进入数据库并且和已知的无线电干扰源进行比较。之后，另一部分数据又会被发送到个人电脑上。

搜寻地外文明之父

凤凰计划在2004年3月结束，但是搜寻地外文明工作仍在继续，并且在计划着几项新项目。一项是为了感谢提供了一半原始资金的保罗·艾伦而设立的艾伦望远镜数组（Allen Telescope Array）项目，将在加州大学伯克利分校搭建几百台20英尺（6.1米）的射电望远镜。这些望远镜可以像一台单独的大型望远镜一样移动，用于搜寻地外文明和大学开展的常规射电天文学工作。望远镜数组中的第一组望远镜在2006年投入使用。搜寻地外文明研究所和行星协会也支持了几项光学搜寻地外文明项目，这些项目的目的是搜寻地外文明发出的光信号。

同时，德雷克仍然相信地外文明的存在，并且继续担任搜寻地外文明的代言人，1992年，他写道：“承诺回答我们是谁和我们在宇宙中的地位这样的深奥问题。”1996年，他从加州大学圣克鲁斯分校退休，不过他仍然担任那里的名誉

位于加利福尼亚北部的艾伦望远镜数组由350台这样的天线组成。每台天线直径达20英尺(6.1米)。数组搜寻地外文明的优势在于可以全时段进行搜寻地外文明的工作,并且立刻对准某些特定星系。数组也将成为常规天文研究的强有力工具(塞斯·肖斯塔克[Seth Shostak]/搜寻地外文明研究所)。

教授、搜寻地外文明研究所理事和搜寻地外文明研究中心主任。他是美国国家科学院、美国艺术与科学学院(American Academy of Arts and Sciences)和许多其他科学学会的成员,近年来,他赢得了多项大奖。比如在1999年,国家射电天文台授予他一年一度的央斯基讲师资格(Jansky Lecture)——对宇宙无线电波研究做出突出贡献的科学家作出的奖励。

德雷克的想法远远超越了目前基于地球的搜寻地外文明的尝试。比如,他希望有一天阿雷西博射电望远镜可以搭设在月亮暗面的环形山上。他指出,因为月亮总是把一侧朝向地球,相反的一侧会遮蔽来自行星的无线电信号。在那里搭设射电望远镜可以接受全波段的信号,包括被地球大气所阻挡的那部分。这样的望远镜会比地球上任何望远镜都大,因为月亮的引力小,不会使望远镜的材料变形,而且望远镜需要足够大才能在月球上稳定在某一位置。月亮上也没有风,因此望远镜的镜面和其他设备也不会受到损害。

1997年,加州大学圣克鲁斯分校记者杰西卡·葛尔曼引用搜寻地外文明研究所的肖斯塔克评价德雷克的话,“他是搜寻地外文明之父……像探险家刘易斯和克拉克那样探索着我们的宇宙”。2004年,历史学教授劳伦斯·斯奎里(Lawrence Squeri)写道:“如果有一天人们真的发现了地外文明,未来的历史学家会把德雷克当作搜寻地外文明的先锋人物。”

六

X射线超人

——里卡尔多·贾科尼和X射线天文学

当德国物理学家伦琴(Wilhelm Rontgen)在1895年发现X射线时,他发现这种神秘的射线能穿越阻挡光线传播的物质,产生人眼之前无法看到的图像。比如,在发现这种射线后,他用射线照出了他妻子的手骨图。

X光线穿越太空中的黑云就像穿越伦琴妻子的手指一样容易。因此,对20世纪的科学家来说,搜寻X射线制造的图像的望远镜就像20世纪初的科学家对制造出人骨图像的X射线一样奇妙。X射线望远镜的发明者以及制造这种望远镜的推动者,是出生在意大利的天体物理学家贾科尼。

贾科尼发明了X射线望远镜并且坚持不懈地说服国家宇航局启动发射了可以为科学家提供"X射线影像"的卫星。2002年他与别人分享了诺贝尔物理学奖(霍普金斯大学)。

追踪来自太空的射线

1931年10月6日出生在热那亚的里卡尔多·贾科尼(Riccardo Giacconi)在米兰长大,他的母亲爱尔莎·卡尼·贾科尼是高中数学和物理老师。当贾科尼非常小的时候,他的父母就离婚了,是妈妈和继父安东尼奥·贾科尼把他抚养大。但是贾科尼却对上学不感兴趣。他总是麻烦不断,有时候是因为逃课,有时候是因为他指出老师的错误。

虽然他对上学并不很积极,但是在1950年,他的成绩却足够让他跳级进入米兰大学学习。他主修物理学，在1954年获得博士学位。之后，他开始专门研究宇宙射线——来自太空的质子以及其他亚原子粒子。在20世纪50年代后期原子粉碎机发明以前，物理学家就通过观察宇宙射线和射线与地球大气层的相互反应来认识亚原子粒子的运动。

贾科尼在米兰大学获得博士学位后，在学校担任了两年助教。1956年，他获得傅尔布莱特奖学金，开始在布卢明顿（Bloomington）的南印第安纳大学继续研究宇宙射线。在那里的时候，他和高中时就认识的米莱拉·马奈拉完婚。1958年到1959年，他在普林斯顿大学宇宙射线实验室进行了更深入的研究。

当时，和贾科尼共同参与一个项目的同事把他介绍给位于马萨诸塞剑桥的一个小型私人研究机构美国科学工程公司（American Science and Engineering Inc.）的总裁。为了获得美国国家宇航局的合同，这家公司的经理让贾科尼为他们开展一项太空研究计划。贾科尼厌倦了宇宙射线研究的缓慢步伐，希望接受新的挑战，所以他接受了这个要求。1959年9月，他成为该公司太空科学研究的领头人。

新型望远镜

在贾科尼加入美国科学工程公司后不久，一次会议上的谈话给了他开发什么样计划的启示。美国科学公司理事会的主席布鲁诺·罗西（Bruno Rossi）和这次会议的主办方，建议贾科尼研究X射线天文学。罗西告诉他国家科学院空间科学所最近宣称这一领域有一定的研究前景。

贾科尼没有找到什么可以调查的。射电天文学作为一个前景广阔的领域加入了天文学大家庭，但是X射线天文学看起来不可能步其后尘，因为地球大气阻挡了X射线和其他高能电磁辐射。只有当探测器位于距离地面100英里（161米）以上的山上或者气球上时，从太空发出的X射线才能被探测到。这种探测器在落回地面前只能工作几分钟。

贾科尼了解到，只有一组天文学家对X射线进行了比较充分的利用。在1949年9月，赫伯特·弗里德曼（Herbert Friedman）和他在美国海军研究实验室的同事们发射了一颗携带着修正盖革计数器的德国V-2火箭到太空中捕捉X射线。计数器确定这种射线来自日冕——太阳表面的高热气环。不过，太阳的X光辐射比它的光辐射要强100万倍，所以大多数天文学家认为来自其他星体的X射线将无法被探测到。

然而，贾科尼被罗西的提议激起了兴趣。他认为，如果用一台真实的望远镜，而不是计数器，到太空中捕捉X射线，那么能够接收到的X射线可能会对天文学家更有帮助。贾科尼知道X射线望远镜与光学望远镜大不相同，因为X射线会穿过普通光学望远镜的镜面。不过，如果X射线像子弹擦过墙壁一样滑过镜子的表面，它们就可以被反射镜聚集在一起。

在二十世纪四五十年代，德国物理学家汉斯·沃尔特（Hans Wolter）曾证明，用一面抛物面镜和一面双曲面镜组合在一起，可以显示出X射线图像。镜子必须和接收到的X射线处于几近平行的角度。X射线擦过一面镜子，反射到另一面，然后被汇聚到一起。沃尔特试图制造X射线显微镜，可惜失败了。不过贾科尼认为制造更大的用于望远镜的镜子相对容易一些。

贾科尼认识到，一面可以汇聚X光的镜子，应该看起来或多或少像一个圆筒，就像饮料罐那样。罗西建议把几面圆筒镜子一个套一个地放在一起，以增加收集射线的镜面总面积。在20世纪60年代，贾科尼和罗西设计了X射线望远镜并且在一篇科学论文中对其进行了描述。那一年，贾科尼成为美国公民。

X射线星

几年间，贾科尼没有找到把望远镜放到太空中的机会。不过，他说服了空军研究所的负责人同意他把一台探测器安放在一架火箭上来捕捉月球反射的X射线。1962年6月18日，他的实验在新墨西哥州南部的白沙导弹基地启动。

在探测器扫描天空的350秒中，没有发现来自月球的X射线。不过，他们却有了两个更加令人震惊的发现。首先，他们发现整个天空被一种低水平X射线辐射笼罩。这种辐射不仅范围广，而且非常均匀，应该是来自银河系以外。其次，他们发现天蝎座发出了强烈的束状X射线。未知的星体产生了这些射线，贾科尼把它称为Sco X-1，这是人类发现的第一个天文X射线源，不过这个射线源却不是太阳。

Sco X-1 "是一个令人惊奇的新型天体"，贾科尼2002年在他的诺贝尔演讲中说。弗里德曼在1963年4月证明了这种天体的存在。1966年，贾科尼和其他科学家在X射线源的位置发现了一颗黯淡的星体。星体黯淡是因为它距离地球非常远，但是实际上它比太阳还要明亮1 000倍。那时，没有人知道这颗星怎

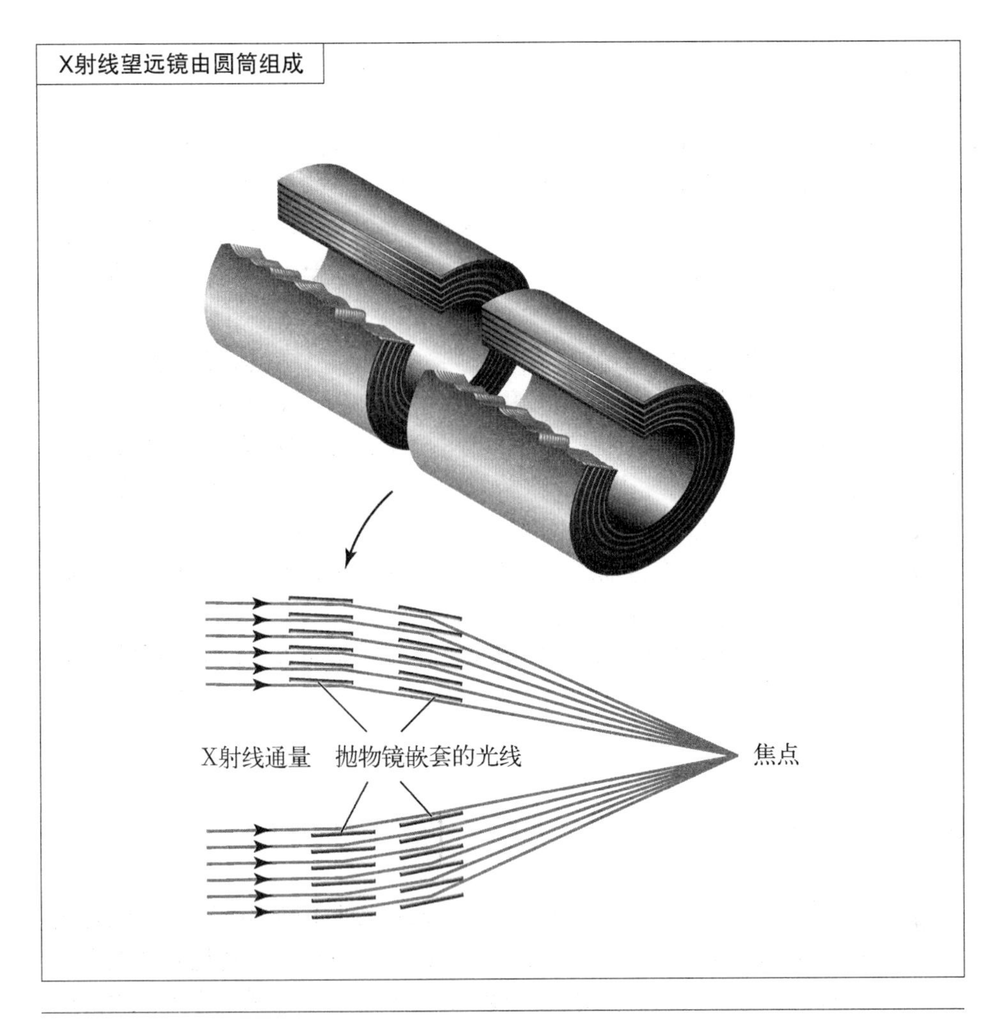

X射线望远镜由嵌套的圆筒构成，就像不同大小的罐子套在一起一样。在圆筒中的第一组镜子是抛物线形的，第二组是双曲线形的。X射线擦过镜子，在望远镜的末端聚焦。

么能产生这么多的能量。

1962年的实验让贾科尼确信X射线图将会对天文学家们非常有帮助。他们可以揭示大爆炸和其他产生高能物质的事件发生的场所。

在1963年9月25日，贾科尼和他的同事赫伯特·古斯基（Herbert Gursky）向国家宇航局提出了一项X射线天文学研究计划，最终宇航局发射了一台直径4英尺（1.2米）的X射线望远镜。贾科尼认为这一计划会在20世纪60年代结束。不过，他一错就是30年。

“乌呼噜”

20世纪60年代，贾科尼继续在美国科学工程公司工作，并且在1969年成为该公司的副总裁。在1963年10月他第一次把一台X射线望远镜发射到太空中，在1969年，他帮助国家宇航局研制了用于太空实验室任务的X射线望远镜。在这10年中他和大多数X射线天文学家的研究重心是太阳，尽管他们发现了很多其他X射线源。

在20世纪60年代，所有的X射线天文学实验都在火箭或者热气球上进行，贾科尼计算出，它们总计只能维持短短的一小时的观测时间。他感到只有当X射线探测器可以在太空中的卫星上停留几年的时候，才意味着这一领域真正的进步。在与其他天文学家和国家宇航局官员长达10年的争论后，最终在1970年12月12日肯尼亚独立日，世界上第一颗X射线观测卫星在东非的肯尼亚发射成功后，贾科尼才实现了自己的愿望。贾科尼把第一颗X射线卫星命名为“乌呼噜”（Uhuru），即斯瓦希里语中“自由”的意思。

“乌呼噜”在太空中工作了两年多，最终在1973年3月坠入大气层并且烧毁。当时，“乌呼噜”第一次在天文学家面前展示了他们从未体验过的宇宙的力与美。

不平等的伙伴

感谢“乌呼噜”，有了它，天文学家们第一次可以长时间地研究单个X射线源，并且了解射线源的辐射模式如何随时间流逝发生变化。贾科尼和其他人发现，一些星体放射出类似脉冲的X射线，就像时开时关的灯一样。星体发出的X射线光束的强度也是不同的，有的以稳定的方式，有的以看似随意的方式。有时星体会停止放射X射线几天，之后又重新开始放射。

把“乌呼噜”的数据和其他光学望远镜联系起来，贾科尼和其他科学家最终推断，许多X射线星，包括贾科尼最初发现的Sco X-1在内，实际上是两颗星构成的整体。它们被称为双星系统——一对沿着轨道互相围绕着运转的星体。天文学家们认定，在大多数情况下，其中的一颗星是正常类型的，另一颗星则是前所未知的小型的称为中子星的星体。

一颗比太阳大10倍的恒星在一次超新星大爆炸后，就会产生中子星。爆炸会让恒星的大部分物质消散在宇宙中，只留下直径大约12英里（20千米）的高度磁化、快速旋转的核心，不过它们却拥有和太阳一样大的质量。中子星密度非常大，所以其内部的大部分电子和质子被挤压在一起形成中子。一颗糖罐大小的中子星都重达9.07亿吨。

亲历者说："乌呼噜"的发射

经过几次延迟后，"乌呼噜"卫星的发射被排上了1970年12月12日的日程。卫星将从肯尼亚海岸的一个改造的钻井平台中发射。像热心的父母关心自己的孩子一样，贾科尼在卫星发射前夜守护在这个属于意大利某公司的平台上。贾科尼告诉华莱士和塔克"那里很冷，我开始发抖，寒冷和激动让我无法入睡。意大利的一位工作人员把他的衣服脱给了我，这样我才能睡几分钟"。

黄昏来了又去了，但是仍然存在着阻碍发射的问题。由于太阳升得很高，平台上的温度也非常高。贾科尼担心潮湿的热空气会毁坏太空飞船上的探测器，但是他还是决定把卫星发射上天。

塔克写道，最终在午后，火箭把"乌呼噜"带到了轨道中。之后贾科尼担心的另一个问题产生了：探测器在工作吗？他对塔克回忆道：

"我必须知道，我无法等到马里兰绿带的航天中心告诉我它的情况的时刻。我说服国家宇航局'乌呼噜'项目的主管马乔里·汤森不要拘泥于规矩，在一个半小时后卫星第一次通过肯尼亚的时候瞄一眼。我们跳上一艘橡皮船冲回3英里外的营地。很快，我们赶到了为探测器提供高压电的控制车，打开它，看它是否在工作，结果它在工作。太好了，我们又把它关上。当时，我们像孩子那样激动。"

双星系统中大重力、强磁场的中子星会从比它大一点的同伴的表面剥离下一股气流。当这些气体围绕着中子星旋转，形成圆盘状，并旋转到中子星的表面的时候，气体的移动将加速到接近光速。这种加速会让周围的气体急剧升温而放射出X射线。当正常恒星从中子星前方通过时，会阻挡天文学家的探测器接触到X射线，这时在探测器上X射线会暂时消失。

第一个黑洞

贾科尼和其他天体物理学家推断，当双星系统放射的X射线不符合常规时，是由于正常星上的气体被比中子星更奇异的天体——黑洞所吸引。理论家们在20世纪30年代就预测到黑洞的存在，但是许多天文学家怀疑这种天体的存在，或者至少怀疑它们能否被观测到。不过，在1974年，贾科尼和其他科学家利用“乌呼噜”上的X射线源——天鹅座X-1的数据，第一次向世人展示了黑洞存在的证据。

科学家认为，恒星级黑洞的产生是由于质量超过太阳10倍以上的巨星耗尽了它的能量而崩溃产生的。这些恒星就像产生中子星的小型恒星一样，在超新星爆炸中耗尽了它们大部分的质量。不过，这些恒星的消失没有产生中子星，而是产生了密度更大（体积并不比中子星大，但是质量却是中子星的3倍）的天体。黑洞的质量是如此之大，以至于它会让自身的空间扭曲。这种扭曲就像旋涡，会把周围的所有物体和能量吸收进黑洞中。没有什么能逃脱它们的控制，包括光。就像双星系统中包含中子星一样，像天鹅座X-1这样的黑洞双星系统

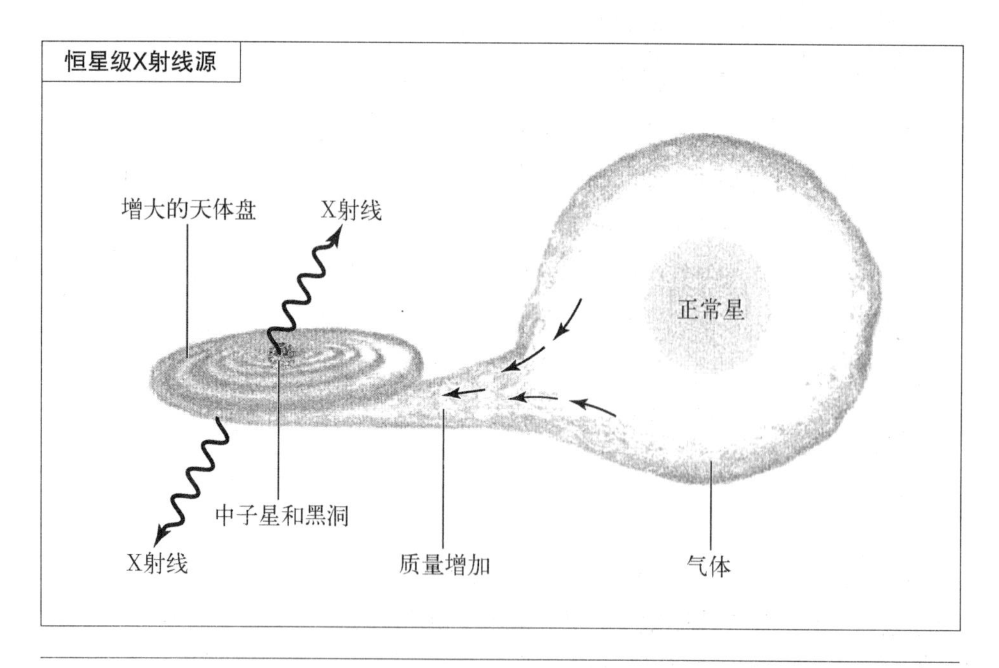

许多恒星级X射线源是双星系统中不均衡的彼此围绕运转的天体。其中一个天体是非常小、密度非常大的中子星甚至黑洞。中子星或黑洞的强大引力吸引正常星表面的气体。当气体围绕中子星或黑洞旋转时，会加速并且变成高热气体。结果，X射线就产生了。

中的黑洞也会吸引正常星上的气体。当气体在被吸入黑洞前围绕黑洞运转时，它们会高热快速移动并且放射出X射线。

双星系统放射X射线的发现大大地增加了人们在中子星和黑洞方面的知识。它提供了一种天体通过吸引其他物质到有强大吸引力的地区而激发能量的新方式。贾科尼在2002年他的诺贝尔颁奖典礼演讲中提到，这种方式可以产生的能量是核聚变反应产生能量的50倍。这些质量超大的黑洞被认为存在于类星体的中央，很可能大部分星系通过这样的方式在大范围内产生了大量的让人难以置信的能量。

"乌呼噜"还收集到来自星系团的X射线。贾科尼和其他研究者推断，这些射线来自不可见的弥漫于星系之间的高热气体。他们计算出这些气体的质量是星系中所有可见物质质量的总和。因此，他们得出这样的结论：宇宙中包含的物质是人们之前认为的2倍，但其中一半物质不能被光学望远镜观测到。贾科尼帮助设计的探测器的X射线视角则揭示了这些物质的存在。

"爱因斯坦"

1970年，在"乌呼噜"发射前，美国国家宇航局就已经同意在未来10年内为一颗名为高能天文台的卫星提供资金。与仅仅装有像"乌呼噜"这样的探测器的卫星不同，高能天文台上计划装上4英尺（1.2米）X射线望远镜。贾科尼非常希望他1960年的发明能够首次照出遥远星体的影像。1973年初，他失望地听说国家宇航局由于在维京火星登陆器上花掉了超出预期的经费，为了省钱，已经在1月2日取消了高能天文台项目。

贾科尼和其他为高能天文台工作的科学家以及一些官员希望国家宇航局重新考虑一下。最终他们成功了——不过只是部分成功。国家宇航局在1974年7月重新启动了高能天文台项目，但是只愿意提供原定资金的一半。这意味着许多科学家必须缩小甚至放弃他们所承担的部件。比如贾科尼，就被迫把望远镜设计成原定大小的一半。

这颗缩小的X射线天文台卫星于1978年11月13日发射。贾科尼和其他卫星开发者把卫星命名为"爱因斯坦"，以纪念伟大的物理学家和数学家爱因斯坦的诞辰。"爱因斯坦"卫星携带一架包含4对内嵌圆筒镜的X射线望远镜，每个圆筒镜直径大约两英尺（0.6米），同时还有4种探测器。这颗卫星一直工作到1981年4月26日。

来自“爱因斯坦”的信号最终解决了神秘宇宙背景射线的问题，自从1962年贾科尼发现它们那天起，这些射线的起源就是一个谜。与1964年彭齐亚斯和威尔逊识别的宇宙背景无线电辐射不同，X射线辐射似乎来自太空中的特殊部分，主要是类星体。

强硬的管理者

贾科尼在马萨诸塞剑桥的哈佛-史密森天体物理中心的一位官员的监督下参与了“爱因斯坦”卫星项目。1973年，他成为该中心高能物理部的副主任和哈佛大学天文学系的教授。当他浏览、分析新卫星的数据时，国家宇航局正在计划更大的卫星天文台项目——该项目后来被称为哈勃太空望远镜（Hubble Space Telescope）。

1981年，国家宇航局成立了一个新部门——太空望远镜科学研究所（Space Telescope Science Institute，简称STScI），来控制哈勃望远镜的科学研究部分。研究所建立在巴尔的摩的约翰·霍普金斯大学校园内。国家宇航局请贾科尼担任研究所的第一任所长，贾科尼接受了这份职务，同时他还成为约翰·霍普金斯大学的天文学教授。

在太空望远镜科学研究所工作期间，贾科尼在控制大型科学项目和与国家宇航局协调的同时，完善了他在美国科学工程公司积累起来的强硬管理经验。霍普金斯大学天文学教授提摩西·海克曼曾表示，“如果不是进入了天体物理领域，贾科尼可能早就是通用汽车公司的总裁了。”

贾科尼用尽一切办法让研究所成为世界上一流的科学中心，并且改进了哈勃太空望远镜计划。比如，在进行“乌呼噜”和“爱因斯坦”项目时，他将分析来自望远镜数据的程序升级。

“除非你耗尽生命，否则你不会取得什么成绩。”贾科尼告诉安·K. 芬克贝尔（一篇1993年发表在《科学》上的关于贾科尼的文章的作者），这时贾科尼刚刚离开了研究所主任的位置。在研究所期间，贾科尼的脾气和急躁是出了名的。所以，他并不很受大家的欢迎。不过，即使是不认同他的人，也通常会尊敬他。这些尊敬的一个表现就是他在20世纪80年代获得的大量奖项，包括太平洋天文学会的布鲁斯奖（1981年），美国物理协会（The American Institute of Physics）的丹尼·海内曼奖（Dannie Heineman Prize）（1981年），英国皇家天文学会金质奖章（1982年）和享有盛誉的沃尔夫奖（Wolf Prize）

（1987年）。

在1993年1月，贾科尼放弃了太空望远镜科学研究所所长的职位，搬到德国慕尼黑，成为欧洲南方天文台（European Southern Observatory，简称ESO）的台长。他之所以做出这样的决定，一方面是为了摆脱儿子在车祸中丧生给自己造成的伤害，另一方面也是为了摆脱国家宇航局带给他的挫败感。在欧洲南方天文台，贾科尼帮助天文台建造了"甚大望远镜"，位于智利的由4架26.4英尺（8米）光学望远镜（还包括一些小型望远镜）组成的系列望远镜。当时，"甚大望远镜"是最大的地面望远镜。1998年，"甚大望远镜"第一阶段竣工，他又帮助天文台建立了一项与美国、加拿大的合作项目阿塔卡马大型毫米波天线阵（Atacama Large Millimeter Array，ALMA），另一架位于智利阿塔卡马沙漠的望远镜。1999年，他负责了阿塔卡马大型毫米波天线阵北美部分的工程。

"钱德拉"

贾科尼在1999年离开了欧洲南方天文台，同年7月回到美国。这次，他又进入约翰·霍普金斯大学担任教授。

同时，他还担任了联合大学公司（Associated Universities，Inc.）（与国家科学基金共同控制国家射电天文台的机构）的总裁。他在这个位置上一直工作到2004年。

贾科尼回来的时候正是个苦乐参半的时刻——他看到了长期以来梦想的实现，不过不是在他的主持下。当他在国家宇航局期间，他竭尽全力推动3.9英尺（1.2米）X射线望远镜的发射，但是没有成功。当他转向其他工作的时候，与他在1976年共同起草望远镜申请的哈维·塔南包姆（Harvey Tananbaum）继续在哈佛-史密森天体物理中心努力着。1999年，仅仅在贾科尼回到美国后的几周内，望远镜最终被送上天。它被称为"钱德拉X射线天文台"（Chandra X-ray Observatory），以纪念为研究星体结构和演变作出重大贡献的印度裔科学家钱德拉塞卡（Subrahmanyan Chandrasekhar）。不过，有些人说，它也可以以贾科尼的名字来命名。

不出大家所料，贾科尼希望使用这颗新的天文台卫星。在21世纪初，贾科尼担任钱德拉超深调查的首席研究员，这项调查提供了遥远星体发射的X射线图像，时间上限甚至达到了宇宙最初时刻的状态。比如，在2001年3月，钱德

1999年发射的以天文学家苏布拉马尼扬·钱德拉塞卡命名的“钱德拉X射线天文台”是贾科尼长期以来梦想的实现。贾科尼20世纪70年代起就一直要求美国国家宇航局发射X射线望远镜卫星(美国国家宇航局)。

拉“南部深空图像”——一个261小时长的有史以来纪录最清晰的X射线图像，揭示了在过去的宇宙中，超大质量的黑洞要比现在普遍得多。

贾科尼还利用“钱德拉”来对宇宙背景射线进行进一步研究。他把“钱德拉”拍摄的昏暗的X射线源和哈勃太空望远镜以及“甚大望远镜”这样光学望远镜拍摄的同样昏暗的星系和类星体比对。通过这种方式，他把几种不同的天文仪器综合利用起来，这些仪器都或多或少与他有关。

21世纪初，贾科尼获得了更多荣誉。最重要的一项是他分享了2002年的诺贝尔物理学奖。2004年，他被德国天文学会授予卡尔·施瓦兹奇尔德(Karl Schwartzschild)奖；2005年3月，他被授予美国国家科学奖。2004年，他获得了约翰·霍普金斯大学的最高头衔。

今天像“钱德拉”这样的卫星探测器让科学家们看到了所有之前不能看到的阴影和电磁辐射：从伽马射线——最高能的辐射类型，到无线电波。从这些轨道天文台得来的数据，特别是关于X射线或者其他高能辐射的数据，改变了天文学家们对宇宙的理解。“对宇宙的传统认识正在逐渐远去……宇宙并不是那么平静而庄严……”贾科尼在2002年的诺贝尔演讲中说，“我们今天知道的宇宙到处都是大爆炸的影子……从最初的爆炸到形成星系和星系团，从恒星的产生到消亡，高能现象是非常普遍的。”人们能够认识到这些，要归功于像贾科尼这样的科学先锋，他们第一次让天文学家们像漫画英雄“超人”一样，用X射线的视角探测宇宙。

七

太空中的一只眼

——赖曼·斯皮策和哈勃太空望远镜

一闪一闪亮晶晶
满天都是小星星

这首歌可能让孩子们着迷，但是对天文学家来说，星光闪耀只是地球大气为了让人们无法了解星星真实情况要的一个小把戏。空气和灰尘的旋流扭曲了来自太空的光线，让恒星和行星在大地上看起来仿佛闪烁不定。在许多地方，空气污染和来自附近城市的灯光也会使天体的光芒显弱。结果，即使是最好的光学望远镜也常常看起来像脏玻璃一样。而且，除了研究无线电波的科学家，对于那些研究可见光以外的电磁辐射的天文学家而言，在地面上的观测效果比光学天文学家还要差。由于地球大气几乎完全阻挡了这些辐射，这些天文学家就像盲人一样什么也看不到。

斯皮策在1946年指出发射太空望远镜的优势，这比任何实际的太空望远镜的发射要早10年。为了让哈勃太空望远镜变成现实，斯皮策付出的努力比任何人都要多(普林斯顿大学理事会)。

对于赖曼·斯皮策(Lyman Spitzer, Jr.)来说，这些问题的答案是显而易见的：把望远镜放入位于恼人的大气上方的太空中。不过，当他在1946年第一次提出这个建议时，没有什么人能够理解他。此前不曾有人把火箭发射到地球轨道中，更不要说把东西发射到那里了。许多天文学家认为即使某一天望远镜被放到了地球轨道中，也不能得到很好的控制，更不要说进行科学研究了。斯皮策既没有放弃自己的观点，也没有停止说服科学家和政客们。1990年发射的哈勃太空望远镜，就要归功于他。

从声呐到星体

1914年6月26日，斯皮策出生在俄亥俄州的托莱多（Toledo）。斯皮策在关于他漫长而显赫科研生涯的回忆性书籍《梦、星和电子》（*Dream, Stars, and Electrons*）中写到，位于马萨诸塞州安杜佛（Andover）著名的菲利普大学的一位老师在斯皮策的学生时代激发了他对物理和天文学的兴趣。不过他暂时把天文学放在了一边，而是在耶鲁大学读了物理学本科，并且在1935年获得学士学位。

之后，作为一名研究生，斯皮策通过学习天体物理把自己的两个兴趣结合了起来。起先他在英国剑桥大学学习，之后又进入了新泽西的普林斯顿大学。1937年他在普林斯顿大学获得硕士学位，1938年获得他的第一个博士学位——理论天体物理博士学位。他在哈佛进行了一年的博士后研究，然后在1939年进入耶鲁大学。

美国在1941年参加第二次世界大战，这打断了斯皮策的职业生涯。从1942年初到1946年，他先在纽约工作，之后到华盛顿为国家防卫研究委员会工作。其间他帮助委员会发展了声呐技术——通过把声音传到水中研究回声而确定潜水艇和其他物体位置和尺寸的技术。当华莱世和凯伦·塔克报道《现代望远镜和它们的制作》时，斯皮策告诉他们："我们把潜水艇潜到了帝国大厦64层的位置。"

战后，斯皮策暂时回到了耶鲁，1947年进入了普林斯顿大学。尽管他才39岁，学校却任命他担任天体物理系和其下属天文台的领导职位，他在这个职位上一直工作到1979年。1952年，他成为天文学查尔斯·A.扬教授（Charles A. Young Professor），之后他一直在普林斯顿大学工作到1982年退休。

先锋研究

在漫长而丰富的职业生涯中，斯皮策在开发太空望远镜之外，主要聚焦于3个研究领域：恒星间的气体和尘埃研究；恒星、星群和星系的演进研究；等离子体（高热、带电的、类似气体的物质，在其中电子移动相当自由，而不是被束缚在原子核附近）的物理特性研究。他在这些领域都作出了先锋性的贡献。

斯皮策创建了星系间气体和尘埃研究这一全新领域。他研究外太空尘埃的化学构成和温度，并阐释了它们和电磁场如何相互作用。他还说明了气态在太空中如何分布并准确地预测了银河系周围存在的气体光环圈。

斯皮策关于星际气体的研究使其他研究者开始关注恒星、星群和星系如何演变。他推断年轻的、非常明亮的超巨星形成的时间距离现在相当近，并且目前还处在由气体形成的过程中，这个观点被20世纪60年代以及之后的发现证明。他提出，与大型气体云的冲撞会加速恒星在星团中的运动，促使一些位于星团边缘的恒星逃离星团的引力场。结果，星团逐渐缩小，密度不断变大，并且最终瓦解。斯皮策还提出星系间的冲撞会导致星系中心以与星团相同的方式演变。

斯皮策相信发生在太阳和其他恒星中的等离子体的核聚变会为人类提供一种无污染的能源。然而，在此之前，必须找到一种方法让等离子体能够稳定聚集起来，因为等离子体中质子匹配的电荷会让粒子彼此排斥。1951年初，斯皮策设计了一种约束等离子体的名为仿星体（Stellarator）的仪器。同一年，他说服美国原子能委员会（U.S. Atomic Energy Commission）为普林斯顿大学一项控制高热原子核聚变反应的项目马塔霍恩工程（Project Matterhorn）投资。1958年，该工程改名为普林斯顿大学等离子体物理实验室（Princeton Plasma Physics Laboratory），斯皮策担任主任，并一直工作到1967年。

不可能实现的梦

尽管哈勃的其他研究成果对科学家来说也非常重要，但是人们还是更喜欢用“哈勃太空望远镜之父”来称呼他。斯皮策首先在1946年把发射太空望远镜的想法告诉了由美国空军支持的研究机构兰德公司（Research and Development Corporation, 简称RAND）。空军当时正考虑把一颗卫星发射到地球轨道，而兰德公司的官员希望知道这样的卫星对科学研究有什么用处。

在斯皮策的名为《宇宙天文台的天文学优点》（Astronomical Advantages of an Extraterrestrial Observatory）的文章中，斯皮策提出携带小型分光镜的卫星可以记录来自太空的紫外线，而这些紫外线在地球上，只能在高空大气中被探测到。这种设备可以提供关于太阳以及地球上空带电电离层的信息。在卫星上安装小型光学望远镜将会进一步增加它的实用价值。

社会效应：聚变能量

一些科学家相信斯皮策和其他科学家对等离子体和受控核聚变的研究终有一天会给人们提供一种丰富的无污染的能源。与今天从核裂变中获取能量的核电站不同，核聚变不会产生放射性废物。工程师们提出，从理论上讲，这些工厂在建造中可以通过物理定律使工厂在发生故障时自动关闭，因此，这些工厂是完全安全的。聚变工厂不会释放二氧化碳或者其他温室气体，所以聚变能量不会造成地球升温。而这样的工厂需要用到的氢气在地球上无穷无尽。

不幸的是，利用核聚变制造能量的办法就像1950年斯皮策追求太空望远镜一样为时尚早。因为，要达到聚变需要的极高温和质子密度以及聚变需要的等离子体在目前几乎无法实现。

到目前为止，电磁场似乎是等离子体最好的容器。最普遍的利用电磁场的聚变反应器是俄罗斯1969年开发的托卡马克（Tokamak）。即使是最好的托卡马克也没有很好地达到盈亏平衡点——制造出比需要启动它们的能量更多的能量。而它们离燃点（反应产生足够维持它们自身以及供给人类的能量的点）还有很大的距离。

研究者还在继续探索可以取代托卡马克的等离子容器，包括斯皮策仿星器的后续版本。斯皮策1997年提出，他认为仿星器会比托卡马克便宜。在2004年末，普林斯顿大学等离子体物理实验室在美国能源部（U.S. Department of Energy）的支持下开展了一项名为国家压缩仿星器实验（National Compact Stellarator Experiment）的项目。

斯皮策认为最好是能在太空中发射一架大型反射望远镜，该望远镜可能需要安装有600英寸（15米）的反射镜。

这样的望远镜将不受大气扭曲和地球重力的影响——这些因素会使望远镜的镜面变形并且限制其尺寸。斯皮策认为这样的太空望远镜有许多用处，包括探测星团和星系的结构、其他行星的本质以及宇宙的尺寸。但是，他写道："这样一种全新……强大的仪器……的主要贡献将会是解释以前人们从未想到的宇宙的真相，或者是彻底地修正我们对空间和时间的概念。"

兰德公司对斯皮策的建议没有什么回应，但是把望远镜发射进太空的想法却在斯皮策的心中扎下了根。“为这样一个工程工作成为我一个主要的、长期的目标”，他在《梦，星和电子》中写道。他追寻这个目标四十多年，并且在有生之年看到了他提出的报告中的很多想法在哈勃太空望远镜中得以实现。“在官方开始推动哈勃望远镜之前，我把年复一年对该项目的推进当作我的主要贡献。”斯皮策总结道。

空间科学的进展

接下来的20年，斯皮策的梦想开始逐渐接近现实。苏联在1957年把第一颗人造地球卫星发射到地球轨道。一年后，美国成立国家宇航局来控制美国卫星的发射和研发。

包括斯皮策在内的国家科学院研究委员会在1962年、1965年和1968年建议国家宇航局建造大型太空望远镜。起初委员会只把这一项目当作一个长期目标。不过当1972年政府通过了太空飞船的开发计划时，建造太空望远镜看起来就实际得多了。能够反复出入太空的太空飞船不仅可以把望远镜带入地球轨道，还可以让宇航员修理和改进设备，这会大大延长设备的寿命。

同一时期，斯皮策还在进行着太空研究。1962年，斯皮策开始和普林斯顿大学的其他科学家在国家宇航局的支持下开发了4个轨道天文台（Orbiting Astronomical Observatories）中的一个。

这颗最终被命名为“哥白尼”的卫星，包含一个32英寸（81厘米）的望远镜，该望远镜被固定在用来记录紫外线辐射的分光镜上。1972年，“哥白尼”发射成功，之后一直在宇宙中工作到1981年。斯皮策利用它的数据发现，星际气体不像天文学家们预想的那样在恒星间均匀分布，而是与超新星发射出的更热、更薄的物质相互反应，形成稠密的浓云。

为获得支持而奋斗

斯皮策发现说服国家宇航局和他的天文学同行们接受他建造太空望远镜的想法是个艰难的过程。他的很多同行担心太空望远镜工程会抢走大型地上望远镜的资金，这些地上望远镜是他们更喜欢的。还有人怀疑太空中的望远镜是否足够平稳以达到观测要求。不过，慢慢地，斯皮策还是取得了进展。

1974年，他在一篇在《梦，星和电子》中重刊的论文中写道："大型太空望远镜诞生的时代似乎到了。"

斯皮策的下一个任务，是说服国会为该项目投资，不过这并没有那么困难。在1975年和1977年间，他敦促和他怀着同样梦想的天文学家给议员和代表写信。此外，他和太空望远镜支持者——普林斯顿大学高级研究所（Princeton's Institute for Advanced Study）的天体物理学家约翰·巴卡尔（John Bahcall）无论走到哪里，只要一抓到议员就会滔滔不绝地谈论他们的计划。在最艰难的几年中，随着经济原因以及国会对项目态度的摇摆不定，资金被取消、重启又取消，反反复复。不过，最终由于斯皮策和巴卡尔的努力，国会在1977年同意为该项目投资。

太空望远镜在20世纪70年代末、80年代初建造。位于康涅狄格州丹伯里的仪器制造厂珀金埃尔默（Perkin Elmer）公司在1981年完成了望远镜的94英寸（2.4米）主镜。相机、分光镜和其他望远镜设备在1983年完成。

以天文学先锋哈勃命名的太空望远镜最终在1985年彻底完工，耗资21亿美元。望远镜原定在1986年发射，不过"挑战者号"太空飞船的爆炸事件让所有太空飞船计划停滞了4年。

灾难性的错误

哈勃太空望远镜最终在1990年4月24日随着"发现号"太空飞船上天，这时已经是斯皮策提出建造太空望远镜想法后的第54个年头了。斯皮策在《梦、星和电子》中写道，他和他的家人看着太空望远镜的发射过程时评价道，真是一个"激动人心、令人振奋的时刻"。不过，仅仅几个月后，科学家们在研究望远镜发回的第一幅图像时发现了一个严重问题。珀金埃尔默公司在制造哈勃主镜时明显犯了一个错误，导致了一个称为球形像差的光学问题。镜子靠近边缘的位置太平，仅仅有0.05英寸（1.3毫米）的弧度，大约是人头发宽度的1/50，但是这个看起来非常小的错误却让望远镜的图像令人绝望地模糊不清。斯皮策在他76岁生日的时候听到这个不幸的消息，他回忆道，这是一个"出乎预料的我们无法接受的事实"。

起初，这个错误看起来是无法修复的，曾被高度赞扬的望远镜看起来要变成废物了。不过，大约一年后，斯皮策和其他科学家设计了用来纠正该问题的透镜。1993年12月2日，宇航员把透镜和其他升级设备安装到了望远镜上。

1990年发射的哈勃太空望远镜让天文学家们获得了此前在地球上无法看到的宇宙的景象（美国国家宇航局/太空望远镜研究所）。

那之后，望远镜完美地服役了十多年。

“我们从一个国家罪人变成了美国技术和知识的典范。”哈勃太空望远镜工程的主要科学家艾德·维勒（Ed Weiler）在2003年告诉记者，“那是一个像坐过山车一样的经历。”

科学成果：为望远镜安上透镜

起初，科学家试图修正哈勃望远镜主镜的问题，不过不知道从何下手。制作安装新的主镜是不可能的。望远镜小组的一些科学家认为可以在主镜上安装一个用于修正的透镜。不过，斯皮策建议为望远镜的每一部分安装良好的修正镜或者连接透镜。

最终，望远镜小组设计了两种用于解决这一问题的部件。一个是望远镜原始设备的新版——广角行星相机。改进后的相机会把来自哈勃主镜的光发射到相关的传送设备上为主镜错误做出补偿。另一种部件就是传送镜构成的空间望远镜光轴补偿校正光学设备（Corrective Optics Space Telescope Axial Replacement，简称COSTAR），这些镜子会把准确聚焦的光传送到单独的哈勃望远镜部件上。

随着时间的推移，宇航员更换了望远镜的所有原始部件。新部件修正了光学上的问题，之前的替换设备就不再需要了。

令人惊奇的哈勃

当光波和其他辐射进入哈勃望远镜时，首先接触到的是它的主镜。主镜会把辐射反射到副镜，在副镜上聚焦并且反射回主镜。辐射波会通过主镜上的一个孔在镜面后的一点再次聚焦。在那里，一半透明一半为反射镜的小型镜会把辐射传送到校正望远镜和确定特定目标位置的精密定位传感器和其他4种望远镜部件上。

望远镜的最重要部件——广域和行星照相机可以探测多变的低解析度区域，产生高解析度的太阳系行星图像。他采用电荷耦合装置（Charge Coupled Devices，简称CCDs），而不是相机胶片进行拍摄。这是一种固态探测器，当被光或者紫外线照射时会产生微量电荷。胶片只能记录它接收到的光的1%，而电荷耦合装置几乎可以记录全部的光。探测器的电信号被储存在望远镜上的计算机中，然后传送回地球，在地球上，这些信号会被分析转化成图像。哈勃望远镜的其他设备是近红外线照相机和多目标分光计、太空望远镜摄谱仪和精密定位传感器。

哈勃太空望远镜的成就包括对宇宙大小和年龄、恒星和星系的演进、恒星的产生和灭亡、围绕其他恒星运转的行星的形成和存在，以及黑洞的形态等的全新发现。比如在1994年，望远镜帮助天文学家们证实了超大质量黑洞的存在，而哈勃望远镜1997年对周围27个星系的探测表明，这样的黑洞可能存在于许多星系的中央。1999年发布的来自哈勃望远镜的数据资料表明，宇宙的年龄约为120亿至140亿年间。哈勃拍摄的照片还表明，年轻恒星的周围存在盘状

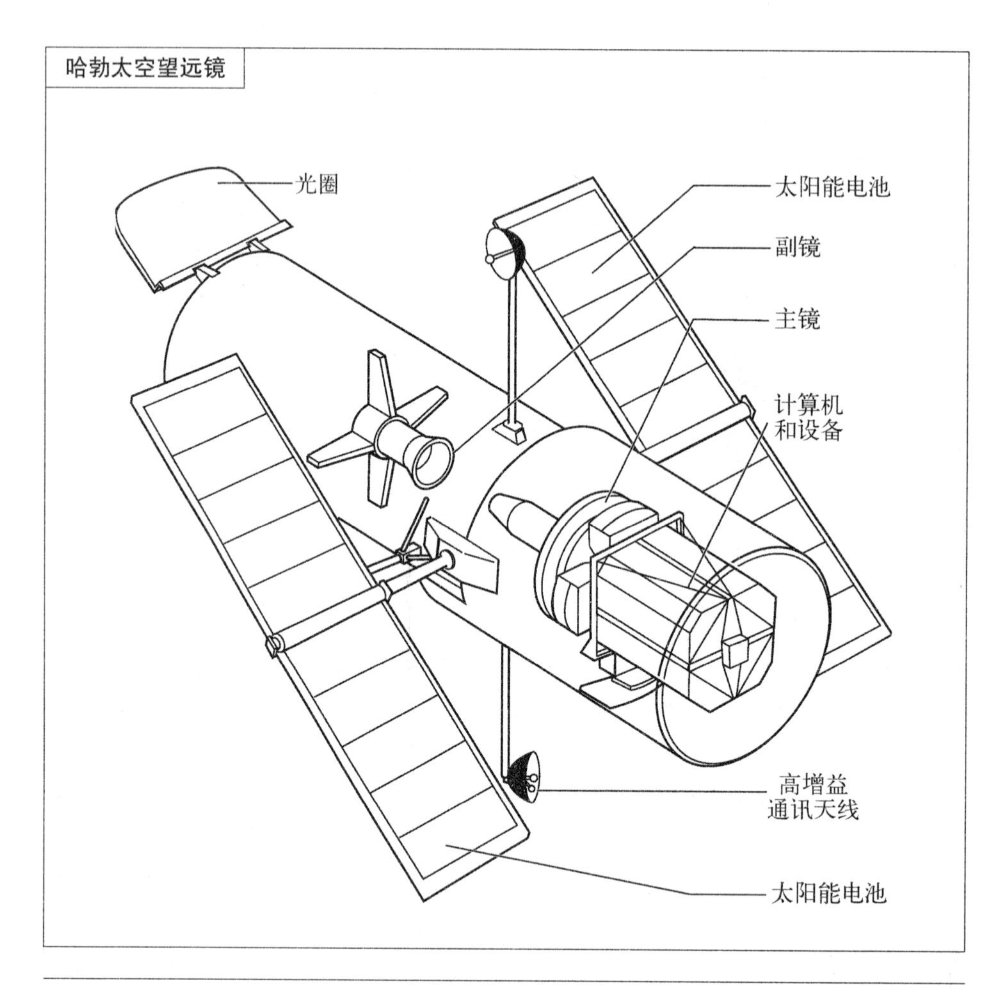

哈勃太空望远镜由翼状的太阳能电池板提供电源，由望远镜上安装的计算机控制，包括一个94英寸（2.4米）的主镜、一个副镜以及5个其他部件：先进巡天照相机（ACS）、第二代广域和行星照相机（WFPC2）、近红外线照相机和多目标分光计（NICMOS）、太空望远镜摄谱仪（STIS）及精密定位传感器（FGS）。广域和行星照相机是其中最重要的部件。精密定位传感器可以帮助望远镜迅速定位恒星和其他天体。

尘埃非常普遍，还揭示了一些行星是由这些尘埃形成的。

毫无疑问，哈勃望远镜改变了科学家们的视野。“在太空望远镜发射之前，存在着光学天文学家、射电天文学家、X射线天文学家、紫外线天文学家、理论天文学家和红外线天文学家。”巴卡尔对《投资人商务日报》（*Investor's Business Daily*）的克里斯托福·泰纳说，“但是现在只有天文学家……（因为）每个人都知道他需要利用哈勃太空望远镜来进行天文学研究”。

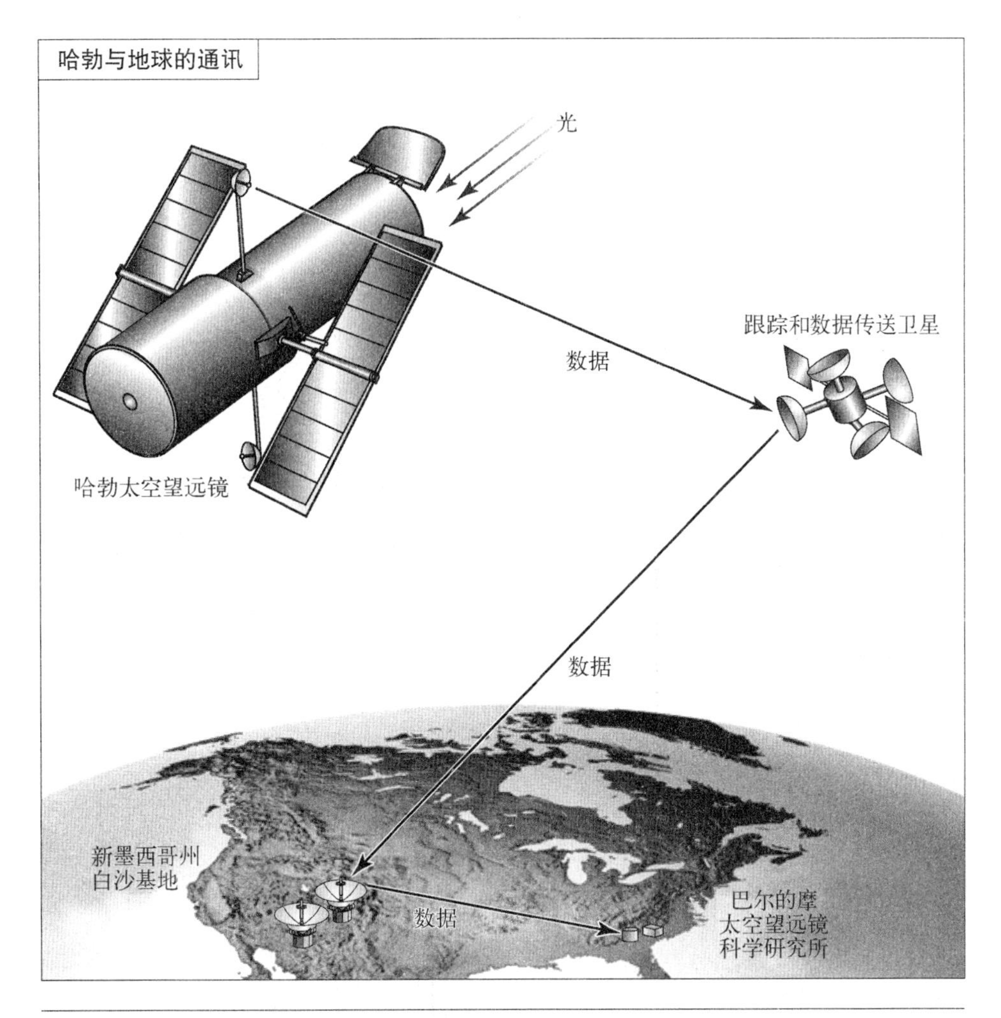

哈勃太空望远镜通过一种间接的方式与地球之间进行通讯。望远镜和它的部件收集到的数字信号由太空飞船的两台通讯天线发射到跟踪和数据传送卫星，卫星会把数据传送到位于新墨西哥州的白沙基地，基地会把这些信息交给位于马里兰绿带的戈达德航天中心。最后，戈达德航天中心把这些数据交给巴尔的摩太空望远镜科学研究所，由那里的计算机和科学家进行分析。

光辉的职业生涯

哈勃太空望远镜开发并且投入使用后，不仅为其他天文学家提供了宝贵的信息，而且也为继续着科学生涯的斯皮策带来了无尽的荣誉。在20世纪七八十年代，他获得了美国国内外无数大奖。他在美国获得的奖项包括太平洋天文学会的布鲁斯奖(1973年),美国国家科学院亨利·德雷伯奖(1974年)以及美国物理学会为等离子物理设立的第一届麦克斯韦奖(James Clerk Maxwell Prize for plasma physics)(1975年)。国家宇航局在1976年授予他杰出科学服务奖(Distinguished Public Service Medal)。美国时任总统卡特在1979年授予他国家科学奖(National Medal of Science)。斯皮策还在1975年获得德国卡尔·施瓦茨席尔德奖,在1978年获得英国皇家天文学会金质奖章,在1978年获得法国天文学会颁发的朱尔斯·詹森奖(Jules Janssen Medal)。他获得的最重要的奖项是1985年由瑞典皇家科学院颁发的克拉福德奖(Crafoord Prize),该奖项被认为是诺贝尔奖项未涉及领域内的最高奖。

斯皮策是一名出色的教师、作家,是一个杰出的人。2003年国家宇航局一篇关于斯皮策的文章称他是一个"自律、勤奋和礼让到让人难以置信的程度的人"。斯皮策在普林斯顿大学物理系和天文台的继任者杰雷米亚·P. 奥斯特里克(Jeremiah P. Ostriker)和约翰·巴卡尔在一篇发表在《今日物理》(*Physics Today*)上的文章中写道,"斯皮策一生尊贵、优雅而正直,所有认识他的人都深深敬佩并爱戴着他。"

太空望远镜的遗产

2004年,国会认为哈勃太空望远镜已经完成了自己的使命,该望远镜的预计寿命是10—20年,他们不愿意再为修理它而启动新的太空飞船计划。这一决定毫无疑问会让斯皮策相当失望,但是他并未在有生之年听到了这一消息。1997年3月31日,在分析了一天哈勃望远镜的资料后,他在家中猝死,享年82岁。

斯皮策一生中获得了众多奖项,为了纪念他,美国国家宇航局在他死后以他的名字命名一颗卫星。斯皮策太空望远镜(Spitzer Space Telesope)在2003年8月25日发射,包含有收集红外线和近红外线辐射的装置。该望远镜特别适合观测恒星和星系周围的尘埃,这是斯皮策一直感兴趣的领域。它还在很大程度上揭示了恒星和行星形成的过程。

即使他知道了哈勃望远镜即将退役,斯皮策也会很高兴地了解到其他太空望远镜将会取而代之。其中最大的是主镜直径达到20英尺(6.5米)的詹姆斯·韦博太空望远镜(James Webb Space Telescope)。像稍小的斯皮策太空望远镜一样,詹姆斯·韦博太空望远镜将会探测红外线和近红外线辐射。这台望远镜计划在2011年发射，将用于研究大爆炸后最早的星系和星体的形成。这些天体的红移让它们的大部分辐射在到达地球前进入了红外线。

泰纳引用了斯皮策评价自己的话——“对壮观的景象情有独钟”。斯皮策的成就，就像他帮助建造的太空望远镜一样，足够壮观。他一定会被世人铭记在心。

八

看不见的宇宙

——维拉·鲁宾和暗物质

英国进化论生物学家霍尔丹（J. B. S. Haldane）曾经说过："世界不仅比我们预想的奇妙，而且比我们可以预想到的要奇妙。" 像其他科学分支的学者一样，天文学家们随着不断发现以前的天文学家们意想不到的情况，越来越深刻地理解到了荷尔登这句话的含义。

在20世纪70年代和80年代早期，天文学家再一次认识到他们关于宇宙的知识是多么的微不足道。有说服力的证据表明把所有望远镜放到一起也只能看到宇宙中物质的5%—10%；其他的物质则是完全"暗"的，看起来不会发出任何辐射。这样令人震惊的发现来自一个不同寻常的天文学家：一位没有在任何著名大学学习过，没有在任何知名科学机构工作过——而且，最不同寻常的是，这位首先证明被称作暗物质的宇宙物质存在的科学家是我们这个时代少有的女性天文学家——维拉·鲁宾（Vera Rubin）。

星之窗

鲁宾家卧室的窗户第一次把她的注意力吸引到了美丽的星空。1928年7月23日，鲁宾出生在费城，她在宾夕法尼亚州的艾利山（Mount Airy）度过了自己人生最初的几年。当鲁宾10岁大时，她的父母带着她和她的姐姐搬到了华盛顿。鲁宾的床在她的新家一个北向的窗户下，她经常整夜睁着眼睛，看着天上的星星随着地球的转动慢慢地穿过天空。从那时起，她就希望成为一名天文学家。

通过测量星系中不同位置的恒星围绕星系中心运转的速度，鲁宾发现，宇宙中大部分物质无法被看到(华盛顿卡耐基研究院)。

年轻时，鲁宾希望进入一所位于纽约波基普西(Poughkeepsie)的小型女子学院瓦莎学院(Vassar College)学习，因为美国第一位杰出的女性天文学家玛丽亚·米切尔(Maria Mitchell)在19世纪中期曾经在那教过书。她去瓦莎学院的另一个原因是"我需要奖学金，而他们愿意提供给我"，1991年，当她接受一次采访时，对《水星》的助理编辑这样说道。瓦莎学院当时没有专门的天文学系，鲁宾是班里唯一的天文学学生。

在鲁宾从瓦莎学院毕业前的夏天，她有了一个新兴趣。她的父母把她介绍给康奈尔大学的物理化学系学生罗伯特·鲍博·鲁宾(Robert Bob Rubin)。鲁宾和鲍博·鲁宾在1948年完婚，当时鲁宾刚刚从瓦莎学院毕业。

环绕的星系

当时，鲍博·鲁宾仍然在康奈尔大学攻读博士学位，当时很多已婚的科学家都自然而然地认为，男性的职业比女性的职业重要，所以鲁宾认为她也应该在康奈尔大学的天文学系继续学习，尽管当时康奈尔大学天文学系只有两个人。实际上，当时她也别无选择。比如，普林斯顿大学研究生院的主任拒绝为她提供学校的课程计划，并通知鲁宾，普林斯顿大学天文学系不接收女研究生。

由于鲍博·鲁宾的博士研究已经部分完成，一旦全部完成，这对夫妇就很有可能要搬到其他地方。鲁宾知道自己没有足够的时间在康奈尔获得博士学位，因此，她决定在那里攻读硕士学位。在与自己的丈夫讨论后，鲁宾决定利用已知的速率研究星系的运动来检验除了由于宇宙膨胀的因素是否存在一种系统性的星系运动模式，这是她的论文的主题。

很多硕士论文没有太大的科学价值，但是鲁宾的论文却得出了一个让人震撼的结论：一些和银河系同样距离的星系在宇宙中的某些部分移动速度要比在其他位置快。这一事实表明，星系在围绕着一个不可知的中心运转，就像太阳系中的行星围绕太阳运转一样。

1950年12月，在费城召开的美国天文学会会议上，鲁宾发表了一次10分钟的演讲阐述自己的观点。当时她刚刚获得硕士学位，而且生下了第一个孩子——大卫（David）。当时，没有任何科学家接受她的观点，但是之后的研究表明她是正确的。事实上，她的研究帮助了另一位天文学家杰拉德·沃库勒尔（Gerard de Vaucouleurs）发展了超星系团（由较小的星系群和星系团构成的集群）的观念。超星系团是宇宙中一种最大的结构。

块状的宇宙

1951年，在完成康奈尔大学的研究工作后，鲁宾和丈夫搬到了华盛顿。鲍博·鲁宾开始在约翰·霍普金斯大学应用物理实验室工作，但是鲁宾却和儿子大卫待在家里。成为一名天文学家的理想似乎离她越来越远。她后来说道，每当她读到新一期的《天体物理学杂志》时，就会泪流满面。

鲍博·鲁宾不忍心看到自己的妻子如此忧郁。1952年，他鼓励鲁宾攻读乔治敦大学（Georgetown University）的博士学位，该大学是当地唯一一个开设博士课程的学校。鲁宾不会开车，所以鲍博·鲁宾每次都带她去夜校，然后在车里等到她下课，再把她带回家。鲁宾和她的孩子们当时仍然住在华盛顿的父亲家（当时鲁宾又有了一个女儿）。“我们那时一周两次课，持续了一年”，鲁宾1994年对丽莎·扬特（Lisa Yount）回忆到，“那真是热闹的场面”。

鲍博·鲁宾把鲁宾介绍给天体物理学家亚法，当时鲍博·鲁宾和亚法在应用物理研究室共用一个办公室。亚法刚刚因为同俄裔宇宙学家伽莫夫共同研究宇宙源于一场大爆炸的理论而出名。后来，亚法把维拉·鲁宾介绍给了伽莫夫。

伽莫夫对鲁宾硕士论文的研究课题非常感兴趣，有时他会叫鲁宾去和他讨论天文学问题。有一次，伽莫夫问她在宇宙中星系的分布是否可能存在一定的模式。鲁宾认为这将是一个非常好的博士论文选题。伽莫夫同意鲁宾的观点，而且愿意担任她的论文导师，尽管他在乔治·华盛顿大学教书，而不是在乔治敦大学。"我的整篇论文中包含一系列非常长的数学运算，"鲁宾告诉丽莎·扬特。鲁宾说，今天的计算机可以在几小时内完成这项运算，但是在当时，利用台式计算机，她花了一年多的时间来进行演算。

鲁宾的结论又一次让大家吃惊。许多天文学家一直认为宇宙中的星系是均衡分布的或者随机分布的，但是鲁宾发现了它们分布的模式：星系应该位于星系团中，而星系团又构成更大的星系团。就像她的硕士论文一样，她的结论在当时并没有吸引太多的注意，但是大约15年后，其他研究者证明了她的发现。鲁宾在1954年获得博士学位。

在蒙哥马利县立社区大学（Montgomery County Community College）教了一年物理和数学后，鲁宾开始在乔治敦大学从事研究，并且最终成为该校教师。她还在继续扩大自己的家庭，当时她已经有4个孩子了。她的4个孩子长大后都获得了博士学位——两个地质学博士，一个数学博士，一个天文学博士。"我们生活在一个科学家看起来会有很多乐趣的家庭，"朱迪斯·鲁宾·扬（Judith Rubin Young）2002年告诉《科学》杂志的记者罗伯特·伊里恩（Robert Irion），"我们怎么可能想要做其他事情呢？"维拉·鲁宾曾经说过她为她的孩子们骄傲，为她职业和家庭两不误而骄傲，也为她的科学成果而骄傲。

探索外太空

鲁宾为乔治敦大学的一个班级设计的一个项目引导她迈出了走向伟大发现的第一步。与她的学生一起，她试图找出银河系外侧的恒星围绕银河系中心运转的速度。尽管靠近银河系中心的恒星的运转速度已经被确定，但是她发现关于靠近银河系边缘的恒星运转的信息很少。在1963年左右，鲁宾决定通过观测外层恒星来填补这片空白。

鲁宾在亚利桑那州基特峰国家天文台（Kitt Peak National Observatory）开始了自己的观测。之后，著名的天文学家夫妇杰弗里（Geoffrey）和玛格里特·伯比奇（Margaret Burbidge）邀请她加入他们在得克萨斯州的麦克唐纳天文台（McDonald Observatory）。鲁宾于1965年在加利福尼亚的帕洛马山天文台进行研究，她成为那里第一个获准使用200英寸（5米）黑尔望远镜的女性。

伯比奇的鼓励让鲁宾坚定了实现自己想法的决心。在她攻读博士学位期间，她和伽莫夫有时会在华盛顿卡耐基研究院的地磁系（Department of Terrestrial Magnetism, 简称DTM）图书馆会面。卡耐基研究院是钢铁大亨安德鲁·卡耐基在20世纪初建立的几个研究院之一（黑尔的威尔逊山天文台是另一个）。鲁宾在地磁系感受到了浓厚的支持氛围，并且希望有朝一日可以在那里工作。到了1965年，她感觉已经有足够的经验说服地磁系雇用她，所以她向研究院提出了工作申请。当时地磁系主要是个地球物理实验室，不过那里的管理者还是通过了鲁宾的申请。从那以后，她就一直在那里工作，随后，一些其他天文学家也陆续加入进来。

仙女座的惊奇

鲁宾在加入地磁系后，了解到研究院的一位科学家肯特·福特（Kent Ford）最近建造了一种连接到影像管的摄谱仪。这种新设备增强了光谱电子影像，可以让观察者看到更远、更昏暗的之前不太可能看到的影像。在鲁宾加入地磁系后不久，她就开始和福特一起工作。

起初，鲁宾和福特用影像管摄谱仪研究类星体。不过，鲁宾很快就放弃了这个项目，因为很多天文学家都在研究类星体。“我不喜欢做其他人都在研究的工作，或者被大家围着问同一个问题。”1991年她对莎丽·斯蒂芬斯（Sally Stephens）这样说道，“所以我决定研究一项当时的科学家不太关心的问题。但当我完成这项研究时，天文学界将会为此欢呼。”鲁宾决定把她早期对银河系的研究扩展到其他星系中的恒星。她希望了解星系中不同区域的恒星运行的速度，这可以帮助她理解为什么星系会有各种不同的形状以及巨型的星团是如何形成和发展的。1970年，她和福特开始拍摄仙女座（也叫作M31，是哈勃发现的第一个位于银河系外的星系）不同区域的恒星和气体云的光谱。

其他科学家：玛格里特·伯比奇

玛格里特·伯比奇不论是在她的家乡英国，还是在美国，都赢得了广泛的声誉。她在1919年8月12日出生在达文波特（Davenport）。像鲁宾一样，伯比奇也是在孩提时代凝望夜空的时候对天文学产生了兴趣。她对于夜空的最初记忆是她4岁时看着星星慢慢地通过英吉利海峡上船只的舷窗。

1939年伯比奇在伦敦大学下属的伦敦大学学院（University College）获得天文学学士学位，1943年，她获得伦敦大学天文台的博士学位。在20世纪40年代继续在伦敦大学学院进行研究期间，她认识了那时在研究物理的杰弗里·伯比奇。他们在1948年完婚，很快，杰弗里也成为一名天文学家。

伯比奇夫妇在20世纪50年代一鸣惊人，当时他们跟随英国天文学家霍伊尔和核物理学家威廉·福勒研究超新星爆炸时形成化学元素的过程以及这些元素散播到宇宙中的过程。这4位科学家1953年发表的名为《恒星中元素的合成》（Synthesis of the Elements in Stars）的论文，成为后来著名的B^2FH理论（4名科学家姓的第一个字母拼在一起而得名）。和伯比奇一起工作的科学家经常亲切地称她为“B立方”。

在20世纪60年代初，伯比奇和丈夫在圣迭哥的加利福尼亚大学任教，在那里，他们对星系中恒星和气体云的运行产生了兴趣。当她发现鲁宾也有同样的兴趣时，她鼓励年轻的鲁宾开展这样的研究。20世纪60年代中期，在得克萨斯州的麦克唐纳天文台，伯比奇和鲁宾都在利用光谱测量气体云和其他天体在星系的不同区域运行的速度。不过，伯比奇后来把大部分精力放到了类星体的研究上。

伯比奇获得了大量奖项，包括华纳天文学奖（Warner Prize in Astronomy）（1959年）和伦敦天文学会金质奖章（2005年），这两个奖项都是她和丈夫一起获得的。她还担任了很多重要职务，包括英国格林尼治皇家天文台台长（1972—1973年）和美国天文学会会长（1976—1978年）。她是第一位担任这些职务的女性。像鲁宾一样，伯比奇是鼓励其他女性进入天文学领域的典范。

像鲁宾的其他研究一样，这个项目产生了出乎预料的结果。万有引力定律表明，质量小的物体围绕质量大的物体运行时，当它离质量大的物体近时，运行速度快，当它离质量大的物体远时，运行速度慢。这一定律解释了在太阳系中为什么像水星这样离太阳近的星体运行速度会比离太阳远的土星或者冥王星快。

仙女座的很多光来自它中心的凸出部位，所以人们认为星系的质量也大部分位于这里。如果这是真的，仙女座外侧的星体和气体的运行速度应该比靠近中央位置的星体和气体慢。不过，让他们吃惊的是，鲁宾和福特发现仙女座外侧的天体的运行速度几乎像它内部的天体一样，有时候甚至还要快一些。

鲁宾-福特效应

鲁宾和福特无法解释他们令人震惊的发现，同样，其他天文学家也不能。再一次，其他天文学家不愿意相信鲁宾的研究成果，也是再一次，由于不喜欢争论，鲁宾选择了暂时研究其他课题。她和福特回到了她在康奈尔大学研究的令人疑惑的发现上——大型星系团似乎在进行着受宇宙膨胀的影响下之外的其他运动。

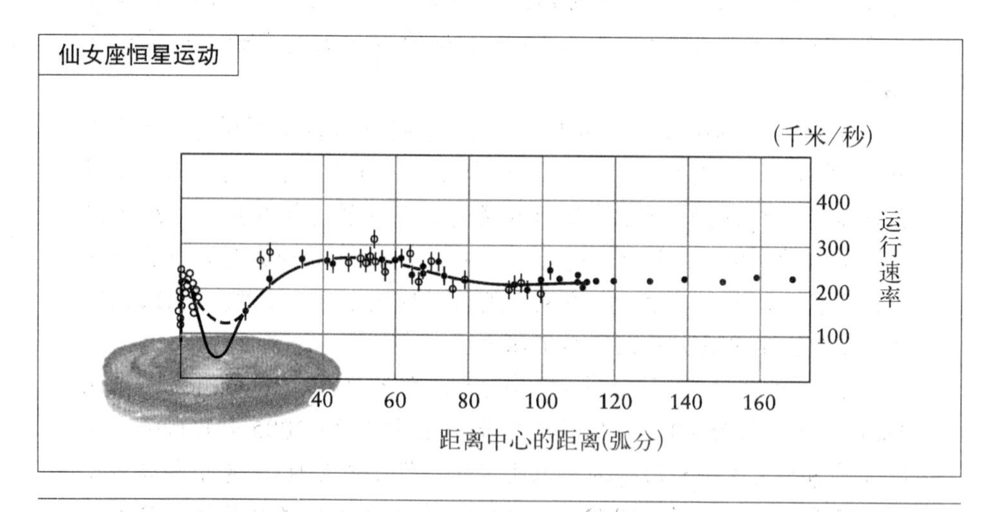

鲁宾发现在仙女座（M31）外侧的恒星和气云围绕星系中心运行的速度比预期的要快。这表明星系被一圈暗（不可见的）光环所围绕，这些光环的引力影响着恒星的运行。恒星的速度，像表格所显示的一样，以千米/秒为单位。这些实线和虚线是基于鲁宾和福特的光学观测数据得出的。表格右侧远端的三角点来自1975年射电天文台的数据，由另两位天文学家罗伯茨（Roberts）和怀特赫斯特（Whitehurst）提供。

鲁宾和福特通过对更多星系的更精细的测量发现星系群之间的大规模运动。他们还发现包括银河系和仙女座在内的“本星系群”作为一个整体在宇宙中运行。这种额外的运行方式就是著名的鲁宾–福特效应。

后来的研究表明，在太空的许多部分，星系群都是作为整体朝着密度和引力更大的位置移动，并在那里聚集得更加紧密。这种被称为大规模流动的现象导致了鲁宾和其他天文学家发现宇宙中物质的块状分布。

看不见的光环

20世纪70年代中期，鲁宾和福特回到了研究星系运行速率的工作上，这次他们研究了比仙女座更遥远的星系。由于这些星系看起来比仙女座要小，科学家们可以每隔几个小时就清楚地观测到一个“小片”穿过星系的景象。这些星系和他们之前观测的仙女座一样，出现了同样的观测结果。事实上，他们发现位于星系外侧的恒星移动得非常快，甚至会摆脱星系引力的控制飞入太空——应该有一种重力更大的不可见物质提供了这样的引力。这一次，鲁宾、福特和地磁系的其他科学家证明了这样的现象广泛存在于星系中。

到了20世纪80年代，天文学家们不得不承认鲁宾的发现是正确的，而且不得不面对这样令人震惊的结论：或者万有引力定律在宇宙尺度上的作用原理与在普通距离不同（这看起来极其不可能），或者星系的质量并不像它们的光表现出的那样分布。只有当质量非常大的不可见物质在星系周围形成巨大的不可见光环时，才有可能给这些外侧恒星提供按照鲁宾和福特观测到的速度运行的引力。这些被称为暗物质的物质，其质量应该是可见星系的10倍左右。

早在20世纪30年代，天文学家弗里兹·扎维奇（Fritz Zwicky）和辛克莱·史密斯（Sinclair Smith）就曾预言暗物质的存在，因为他们发现，大型星系团中的星系具有极高的运动速度，以至于星系团应该已经分裂，然而，这些星系团依然完好无损。不过，这种现象也存在其他解释，而大多数天文学家没有发现证明扎维奇和史密斯观点的有力证据。只有鲁宾的发现，由于涵盖了广泛的星系而且研究得如此严谨细致，才让他们开始相信扎维奇和史密斯是正确的。1980年左右，从射电望远镜和贾科尼的“爱因斯坦”X射线望远镜发回的数据提供了暗物质存在的进一步证据。

现在，大多数天文学家都相信宇宙中90%—95%的物质除非通过万有引力效应，否则是无法探测到的。而其中只有少量的天体是常规的，诸如黑洞、大行星或者昏暗的白矮星。其他的绝大部分都是由未知的亚原子粒子或者其他非常规物质构成的。

巨大的乐趣

当其他人开始思考暗物质的时候，鲁宾继续观测星体并且有了新的发现。比如，在20世纪90年代早期，她发现了一个奇怪的星系，在该星系中，一半的恒星顺时针运转，一半的恒星逆时针运转。她认为该星系在一次与气体云的合并中获得了一些恒星。她的发现为其他科学家提出的大型星系是通过小型星系和气体云结合形成的观点提供了证据。鲁宾还和她的女儿扬一道开展了关于星系演变的其他研究。

由于难忘自己为了让别人接受而做出的艰苦努力，鲁宾竭尽全力为女性接触天文学创造条件。“女性接触天文学并且获得成功的环境已经大大改善，对此我很满意，”在1991年的一次采访中鲁宾对记者说道。不过她还是承认“改善的速度实在是太慢太慢了”。鲁宾鼓励年轻女性对天文学和其他科学一旦产生兴趣就“绝对不要放弃”。她提醒她们，有了运气和支持的话，是可以在事业和家庭上都获得成功的，就像她自己一样。

鲁宾获得了很多奖项，包括被选入美国国家科学院（1981年），被授予国家科学奖（1993年），获得英国皇家天文学会金质奖章（1996年），获得皮特·格鲁伯基金会（Peter Gruber Foundation）宇宙学奖（Cosmology Prize）（2002年）以及获得太平洋天文学会布鲁斯奖（2003年）。她是继19世纪著名的女性天文学家卡罗琳·赫谢尔（Caroline Herschel）后第一位获得皇家天文学会金质奖章的女性。

不过，比奖项更宝贵的是，鲁宾享受着研究的乐趣。“太有趣了，”她在采访中说道，“观测过程非常棒……我喜欢分析观测结果，试图找出什么，试图理解你学到的东西……促使我不断前进的是……希望和好奇心——关于宇宙如何运行的最基本的好奇心。”

九

其他星球，其他世界

——杰弗里·马西、保罗·巴特勒和太阳系以外行星

当德雷克和其他搜寻地外文明的研究者探测星空，寻找可能来自其他文明的信号时，另外一些科学家也在从另外一个角度做着同样的工作：寻找可能发出这样信息的行星。尽管这些研究者还没有发现可能存在生命体的行星（更不要说智能生物了），不过他们已经证明了行星存在的普遍性。在提供可信的证据证明附近有一百多颗恒星存在行星的同时，他们已经为著名的德雷克方程填充数字，并且开始让搜寻地外文明的工作向自然科学领域迈出了一大步。他们还修正了天文学家们对行星系统的形成

巴特勒（左）和马西是世界上最早发现太阳系以外行星的科学家。他们的研究团队发现了目前已知太阳系以外三分之二的行星（保罗·巴特勒，华盛顿卡耐基研究院地磁系；杰弗里·马西，加州大学伯克利分校）。

和形态的理解。

一些天文学团队在寻找围绕其他恒星运转的行星——太阳系以外行星，这项事业的领军人物是美国科学家杰弗里·马西（Geoffrey Marcy）和保罗·巴特勒（Paul Butler）。目前已知的太阳系以外行星中的三分之二由马西和巴特勒领导的团队发现。

探索行星之梦

像许多科学家一样，马西在上大学之前就对天文学产生了兴趣。他1954年出生在密歇根州的底特律，不过是在南加利福尼亚长大的。像德雷克一样，当他还只是个孩子，他就开始猜想其他恒星是否存在行星或者智能生物。

马西14岁时，他的父母送给他一架小型天文望远镜，这时他开始认真学习天文学。那以后的每天晚上，他都在凌晨两点爬上屋顶，通过望远镜观测土星和土星最大的卫星土卫六。"我对能真正看到土星的卫星感到震惊。"马西在2003年一次发表在"行星探索"（*Planet quest*，国家宇航局和喷气推进实验室建立的网站）的文章中提到，"从那一刻起，我决定成为一名天文学家"。

马西在加州大学洛杉矶分校学习物理和天文学，并于1976年毕业。1982年，他在加州大学圣克鲁斯分校获得天体物理学博士学位。从1982年到1984年，他在加利福尼亚帕萨迪纳的卡耐基研究院天文台进行博士后研究。

马西早期研究恒星的磁场，但是这一课题被证明是令人失望的。失望之余，就像2003年他对《发现》的记者解释的那样，他认识到如果他想继续做天文学家，他必须"在一个更高的水平对自己研究的问题提出答案。我需要像一个7岁的小孩那样对它们充满好奇地进行研究"。在1983年一次大雨后，他决定去做最具吸引力的事——寻找太阳系以外的行星。这样的研究毫无疑问极具挑战，因为之前没有人提供过太阳系以外有行星存在的证据。

1984年，马西成为旧金山州立大学物理和天文学副教授。不久，又成为正教授。他发现几乎没有愿意和他一起寻找太阳系以外行星的同道，直到他遇到巴特勒。

启发性的课程

巴特勒1961年出生，在离马西居住地不远的加利福尼亚长大，但是当时他们相互并不认识。巴特勒在十几岁的时候爱上了天文学。或许是出于年轻人的叛逆心理，巴特勒在听说早期天文学家伽利略和布鲁诺被投入监狱，布鲁诺甚至被处死的故事时，感到很兴奋。巴特勒这样对记者说，"喔！太疯狂了，太让人兴奋了。"他没有像马西一样得到一个望远镜，而是自己做了一个。

不过，巴特勒没有想过搜索太阳系以外的行星，直到他在旧金山州立大学听到马西的课程。1985年，巴特勒在旧金山州立大学获得学士学位，当他在1986年聆听马西的课程的时候，他正在攻读化学学士学位，同时他还在攻读天体物理学硕士学位（他在1989年获得这些学位，1993年在马里兰大学获得天文学博士学位）。在发表在1997年春《旧金山州立大学科学工程学院校友通讯》的一篇文章中，巴特勒回忆道，"当马西对我说，'我想我们可以找到围绕其他恒星运转的行星'时，（我认为）这是最有鼓舞性的、大胆的、梦幻般的设想，而且可能是我所听到的最疯狂的话。这句话改变了我的一生。"巴特勒立刻自愿加入马西的行星探索项目。

监视一次震动

当巴特勒成为马西探索地球以外行星的搭档时，其他科学家已经开始发现系外行星存在的证据。天文学家们长期以来一直相信太阳系内的行星是由太阳周围的尘埃和气云构成的圆盘形成的。1983年至1984年，来自红外天文卫星（Infrared Astronomical Satellite，简称IRAS）的数据显示，这样的圆盘在许多附近恒星周围都存在。更具有说服力的证据是，天文学家理查德·特里尔（Richard Terrile）和布拉福德·史密斯（Bradford Smith）在1984年利用智利拉斯·坎帕纳斯（Las Campanas）天文台的望远镜拍到了名为绘架座β星（Beta Pictoris）的白矮星周围尘埃盘的照片。

不过，马西和巴特勒知道，即使使用世界上最好的望远镜，也无法观测到太阳系以外的行星。恒星的光芒会掩盖行星黯淡的身影，即使是大型行星也是如此。另一方面，他们认为多普勒星光频移或许会提供一种间接探测行星的方法。

不可否认，恒星的质量要比围绕它运转的行星大得多。因此，恒星的引力将会有力地吸引着行星。事实上，行星的运转轨道是由恒星间的引力（牵引行星朝着恒星运行）和行星向前运动的离心力（促使它们向外运转）之间的平衡决定的。

不过，引力是双向的。行星本身也有重力，所以反之它们对恒星也会产生引力。尽管这种引力比恒星要小得多，大型行星在围绕恒星运动时，它们的引力可以产生足够的拖动力让恒星发生轻微摇摆或晃动。马西和巴特勒意识到，当恒星向地球震荡时，恒星的运行可以通过光谱的蓝移推测出来。当恒星向另一个方向震荡时，它的光谱会发生红移。频移的幅度可以揭示行星的质量。而频移变化的周期则可以揭示行星围绕恒星运转的周期。

行星可以造成星光的多普勒频移的理论并不难以理解，但是找到观测这种变化的方法却不是很容易。马西和巴特勒知道这种偏移将会非常细微，所以探测它们既需要极其清晰的光谱图像，又需要可以分析照片的性能强大的计算机。巴特勒在20世纪80年代末和90年代一直忙着开发可以帮助他们探测轻微的多普勒频移的软件。同时，从1987年春开始，他和马西利用旧金山州立大学位于圣何塞（San Jose）的利克天文台（Lick Observatory）的一架望远镜获得了120颗距离地球100光年以内的类似太阳的恒星的光谱图像。

利克摄谱仪在1994年被改进后，巴特勒和马西开始可以测量微小到每秒10英尺（3米）的恒星运动变化，这种速度就像人行走的速度一样。即使这样，他们还是不能找到太阳系以外行星存在的确实证据。

第一颗太阳系以外行星

1995年10月，马西和巴特勒在了解到两名瑞士天文学家已经完成了他们一直未能完成的任务时，都甚感惊奇。日内瓦天文台的米歇尔·迈耶（Michel Mayor）和迪迪尔·奎洛兹（Didier Queloz）的报告称，他们在距离地球约45光年处发现了一颗类似太阳的名为飞马座51（51 Pegasi）的恒星存在多普勒频移，这颗星位于飞马座（Pegasus），其中的频移变化表明，有一颗木星大小的行星近距离环绕着该恒星运行，每4.2天就完成一次公转。

不出所料，马西和巴特勒对瑞士团队的发现感到悲喜交加。马西告诉《时代》记者，“一方面（我很失望），我们落后了。但是我又为人类迈进了一个新时代而感到欢欣鼓舞”。他和巴特勒冲回他们的计算机前，首先确定瑞士团队的发现，然后重新检查自己的数据，寻找周期非常短的震动。

1995年12月30日，在伯克利的科学办公室工作的巴特勒看到他的计算机生成了一张图像，其中位于室女座（Virgo）的室女座70（Virginis 70）的图像展示出一种暗示行星存在的震动。巴特勒对记者说“当我看到这些数据，我忘乎所以了”，“我从椅子上跳了起来”。

马西也在“行星探索”的采访中回忆道，“我当时在家，准备新年前夜……巴特勒打电话告诉我……‘马西，来这里’……我立刻开车到伯克利……我们已经寻找恒星周围的行星11年了，但是一直没有成功，而那是我们发现的第一颗行星。那真是梦幻般的时刻。”

一系列特殊发现

巴特勒和马西在1996年1月公布了他们发现的室女座70和另一颗行星——大熊座47（47 Ursae Majoris）。随后几年，被发现行星的数量不断增加，巴特勒和马西也在继续着他们的搜寻工作，并成为同行中发现行星最多的团队。他们的软件为他们分析信息提供了很大便利，而他们早期的研究工作也为他们提供了大量的数据。1996年7月，他们还利用夏威夷的33英尺（10米）凯克望远镜（Keck Telescop）增加了400颗恒星的数据。

1999年3月，巴特勒和马西确定了第一颗拥有多颗行星的星系。他们的报告显示，有3颗大型行星围绕着仙女座υ星（Upsilon Andromedae）运转。最内侧的行星按照圆形轨道运转，另外两颗外侧行星则按照椭圆形轨道运转。到2002年，马西和巴特勒又发现了另外3个多行星系统。

尽管大多数天文学家接受了这样的观点，即恒星微小的多普勒频移是由行星的引力造成的，但还是有一些天文学家认为这种现象可能是由恒星内部的变化造成的。马西和巴特勒的团队在1999年通过另一种方式证明一颗太阳系以外行星的存在，从而回应了这样的反对观点。马西发现恒星HD 209458有一颗非常大的行星，它的轨道会让行星遮挡恒星或直接在地球和恒星间穿过。他指出，当这种凌星现象发生时，这颗行星会挡住恒星的一部分光因而轻微减弱恒星的亮度。11月7日，马西团队的格雷格·亨利（Greg Henry）发现，HD 209458的亮度在马西预测行星将要穿过恒星时发生了1.7%的减弱。从那以后，一些其他的太阳系以外行星也被证明会发生这种凌星现象。

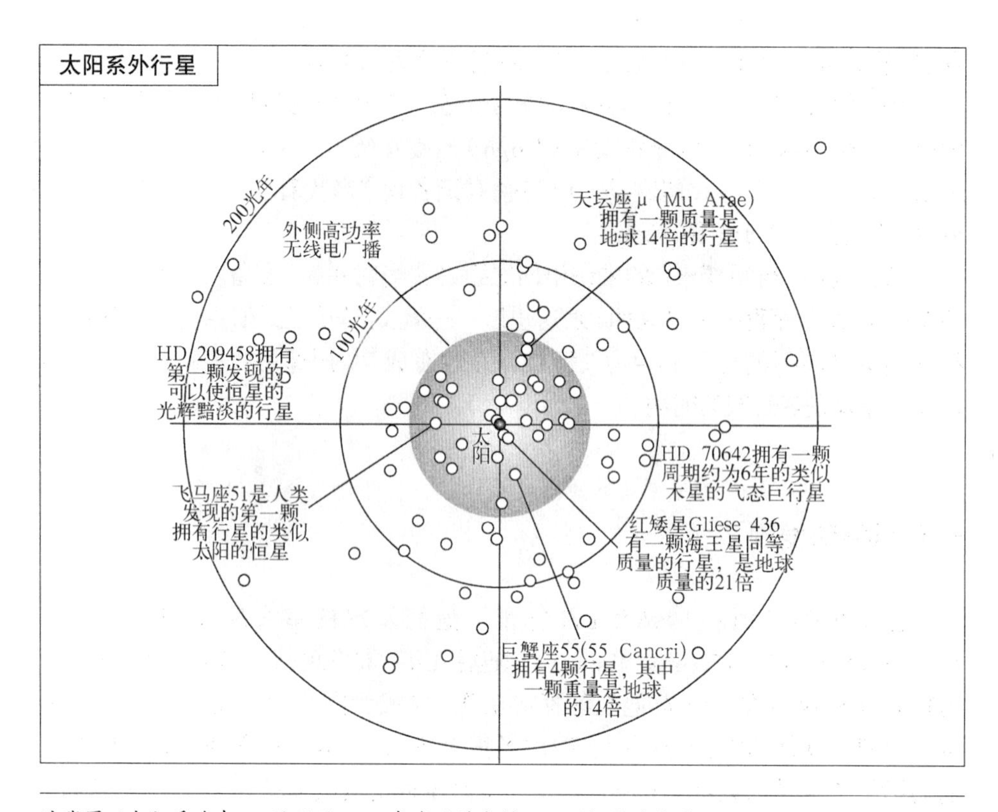

这张图以太阳系为中心，显示了2005年发现的大约140颗行星的位置。

未来趋势：太阳系以外行星的发现

随着已知太阳系以外行星数量的增加，马西和巴特勒保持着行星探索先锋的地位。下面一张表格显示了加利福尼亚和卡耐基行星搜索计划团队的马西和巴特勒团队发现的行星总数以及科学家发现的行星总数，这张表随着时间在改变。

年　份	发现行星总数	马西和巴特勒发现行星总数
1996	7	6
1999	29	19
2001	78	45
2003	96	65
2005	136	100

奇异的世界

尽管在当时发现的类太阳恒星中，只有10%的周围找到了围绕它们运转的行星，但是该领域的专家还是认为，即使不是大多数，也还是有很多恒星会被探测到存在着围绕它们的行星，条件是天文学家们有朝一日可以探测更小的行星。"看起来行星的形成是一个正常的过程"，亚利桑那大学的行星科学家乔纳森·鲁宁（Jonathan Lunine）在2004年发表在《国家地理》（*National Geographic*）的一篇文章中说。不过，大多数行星系统似乎和地球所处的系统大不相同。

首先，几乎所有已知的太阳系以外行星都有木星那么大或者更大。造成这种现象的部分原因是，小行星的震动目前还难以探测到。

天文学家们吃惊地发现目前探测到的大部分行星的运行轨道离它们围绕的恒星非常近，比水星到地球的距离还要近。行星绕恒星一圈的时间甚至只需要3天。由于这些行星几乎是擦过它们围绕的恒星，它们的表面温度非常高。因此它们经常被称为"热木星"或者"烧烤"。不过，随着天文学的发展，位于比较遥远轨道的、温度稍低的行星，也将会被天文学家探测到。

有些行星给了天文学家另外的惊喜。大多数专家认为太阳系以外行星或多或少都是围绕圆形的轨道运转的，就像太阳系中的行星一样。不过，许多围绕其他恒星运转的行星，有着椭圆形或偏心轨道。

到目前为止，发现的太阳系以外行星似乎不可能有生物生存。像木星和太阳系的其他大型行星一样，这些行星有可能是由气体构成的，而不是岩石。由于它们大多数的轨道非常靠近恒星，过高的温度根本不适宜生物生存。不过，有些行星看起来足够小，温度也足够低，适于液态水的存在，而这是地球上生物生存的必要条件。马西认为随着探星技术的进步，更多小型的、由岩石构成的含水行星将会被发现。曾有一个科学团体在2005年计算得出，大约有一半拥有行星的恒星系统可能存在生命体。

步履不停的行星探索

科学家发现新的行星的步伐并未停止，在之后几年，又有更多关于行星的知识被人们所了解。比如，在2001年，天文学家利用哈勃太空望远镜首次直接探测到一个太阳系以外行星的大气。这是一颗围绕HD 209458运转的气态巨行星，也就是马西在1999年首次探测到行星遮蔽恒星的那颗。

2005年3月，科学家利用斯皮策太空望远镜（一颗探测红外辐射的观测卫星，以“哈勃太空望远镜之父”斯皮策的名字命名）获得了这颗行星进一步的状况，同时还发现了围绕天琴座一颗恒星运转的行星。斯皮策太空望远镜从行星获取了红外热——一般认为其温度达到1 340℉（727℃）。红外热可能会告诉天文学家行星大气包含的化学成分。同月，其他天文学家利用位于智利的欧洲南部天文台“甚大望远镜”（贾科尼建造的望远镜）拍摄到了一颗围绕年轻恒星GQ Lupi运转的行星的照片。

人们还制定了更好的行星探测计划，包括在地球上和在太空中。一些新的地面望远镜，比如位于亚利桑那格雷厄姆山（Mount Graham）的大型双筒望远镜（Large Binocular Telescope），通过一种称为消零干涉法（nulling interferometry）的方法探测行星。望远镜的双筒可以帮助天文学家忽略恒星发出的亮光，看到它附近的行星。

国家宇航局也计划了探索行星的大型计划。1996年，在巴特勒、马西和其他天文学家发布探索外太空行星报告不久之后，当时的美国国家宇航局局长丹尼尔·S. 戈尔丁（Daniel. S. Goldin）宣布“起源计划”（Origins Project）启动，该计划将包括几架专门为探测行星设计的望远镜。

相关链接：行星如何形成

行星探索研究彻底改变了天文学家对行星系统形成方式的固有观点。研究者过去相信行星只是由年轻恒星周围的气体尘埃盘的中心部位形成的，就像在绘架座β星看到的尘埃盘那样。他们认为，靠近尘埃盘内侧和外侧边缘的物质由于太稀薄而无法形成行星。不过，许多太阳系以外行星在离恒星如此近距离的轨道上运行，似乎对这种理论提出了挑战。一些天文学家认为行星在远离恒星的位置形成，然后逐渐向内螺旋形移动，最终在靠近恒星的、较短的轨道上稳定下来。

行星形成的传统观点也无法解释行星的椭圆形轨道。一种可能性是当几颗大型行星围绕着同一颗恒星运转时，行星间的彼此牵引会造成它们的轨道变成椭圆形。而另外一颗目前不可见的恒星，也可能会扭曲行星的轨道。不管是哪一种原因，新形成系统中的行星，就像台球桌上的球一样，可以突然改变它们的轨道。

此外，对于太阳系以外行星的研究还暗示地球的存在可能要归功于木星——或者是感谢木星拥有一个稳定的接近于圆形的轨道。如果这颗大行星拥有椭圆形的轨道，它会让地球发生震荡或者把小行星撞出太阳系。亚利桑那大学的天文学家鲁宁认为，木星可能通过另一种方式帮助了地球——把围绕太阳的尘埃盘中的小型陨石吸引过去。这种吸引力会改变陨石的轨道，让它们彼此碰撞的可能性加大。许多像月球大小的陨石的碰撞会帮助地球这样的行星的形成。

一种理论

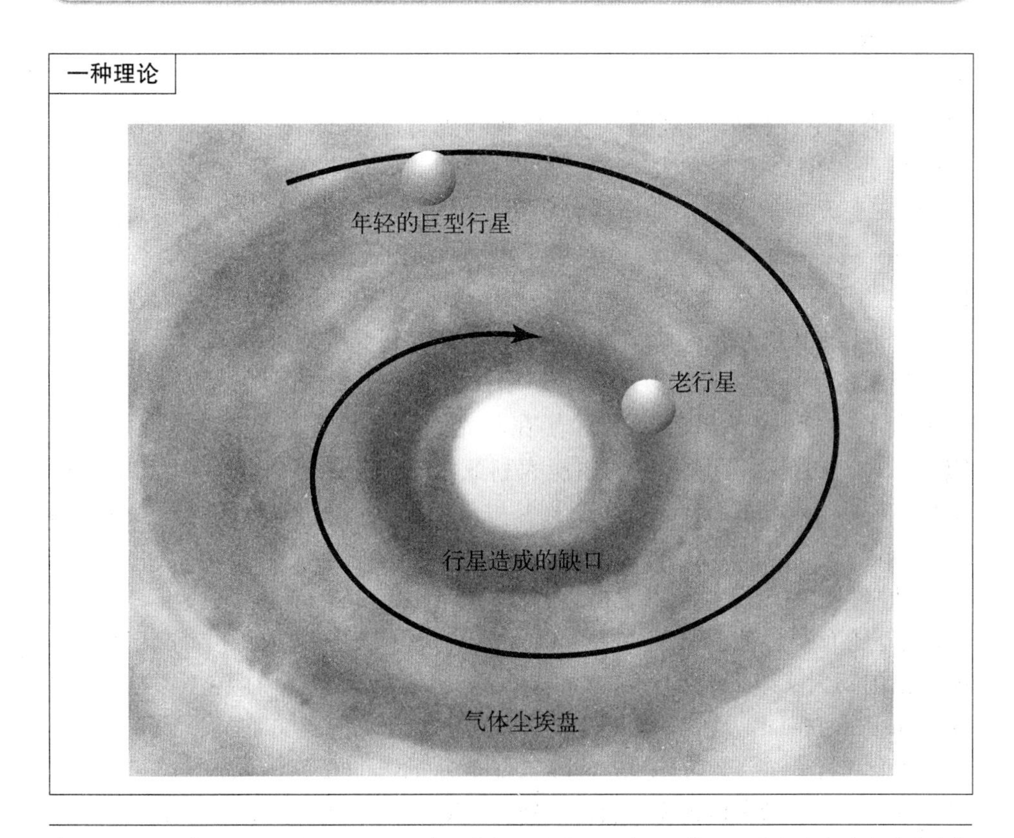

有一种行星形成的理论认为，大型行星在远离恒星的地方形成，通常那里是气体尘埃盘最厚的部位，很多年轻的巨行星环绕其中。当这种行星吸附附近的物质时，会在气体尘埃盘中央形成一个缺口。气体分子和固体粒子的摩擦会减慢气体尘埃盘的旋转速度，而恒星的引力会把气体尘埃盘中的物质向自己拉近。当这些物质向内旋转时，会把缺口和行星向恒星一侧拉动。之后，行星会在一个非常靠近恒星的轨道上稳定运行。

第一架望远镜名为“开普勒”（Johannes Kepler，为了纪念在17世纪计算出太阳系行星轨道的德国天文学家开普勒），已于2009年发射。利用被称为光度计的特殊望远镜，它可以探测到那些会遮蔽恒星的太阳系以外行星，因为行星穿过恒星时的恒星亮度细微变化可以被望远镜的电荷耦合器捕捉到。

“起源计划”最宏伟的部分“类地行星搜索者”（Terrestrial Planet Finder）包含两部分：一部分是日冕观测仪，它会阻挡恒星中央的光（就像日食那样）以便恒星的外围以及附近的行星可以被拍到。另一部分是在红外波长范围内工作的消零干涉仪。

寻找新家

不论行星探索发展到哪一步，马西和巴特勒都准备参加。在1997年和1999年获得旧金山州立大学杰出教授称号后，马西搬到了加州大学伯克利分校，成为天文学教授。他还担任了综合行星科学中心（Senter for Integrative Planetary Science）主任——一个生物学家、化学家、天文学家和物理学家一起工作寻找太阳系以外生物的团队。1999年，马西搬到伯克利的同一年，巴特勒加入鲁宾和其他天文学家一起工作的华盛顿卡耐基研究院地磁系。

目前马西和巴特勒继续领导着一个探索系外行星的团队，这是他们20世纪90年代中期就开始的研究。除了在利克天文台和凯克天文台研究了北半球的1 000颗行星外，该项目利用澳大利亚南威尔士的盎格鲁-澳大利亚望远镜（Anglo-Australian Telescope）以及卡耐基研究院的麦哲伦望远镜（Magellan Telescope）观测南半球最明亮的星星。

马西和巴特勒已经获得了相当广泛的声誉，包括在1996年登上《时代》封面，此外还有很多他们研究太阳系以外行星获得的荣誉。他们共同获得的奖项包括国际天文学联合会（International Astronomical Union）的生物天文学奖章（Bioastonomy Medal）（1997年），美国国家科学院亨利·德雷伯奖章（2001年），美国宇航和行星学会（American Astronautical Society and the Planetary Society）萨根奖（2002年），以及美国天文学会汀斯利奖（Beatrice Tinsley）（2002年）。

无论是马西还是巴特勒，都觉得发现新行星的兴奋感要远比获得任何奖项重要。马西的妻子、化学家苏珊·凯格丽（Susan Kegley）在1999年告诉作家威廉·斯皮德·维德（William Speed Weed），马西“对他的研究领域保持着孩童般的好奇感——这种好奇感让他在14岁时带着望远镜登上了自家屋顶”。巴特勒一定也是这样的。

马西还希望通过探索遥远星球的努力，可以最终为地球做一些重要的事情。与德雷克不同，他相信人类有一天会移居到围绕其他恒星运转的星球。马西告诉《发现》杂志的记者，“如果我们遵循宇宙法则，我们的存在会更安全。在一个星球上，我们容易受到攻击。我想，巴特勒和我正在做着寻找我们有朝一日可以前往生存的星球的工作。”

十

“恐怖”的结局

——索尔·珀尔马特、布赖恩·施密特和暗能量

1931年，一位天文学家的发现证明了另一位一直以来最受尊敬的天文学家（包括早期天文学家在内）的错误。1917年，爱因斯坦在他的广义相对论方程式中加入了宇宙常数，因为那时的天文学家告诉他宇宙不会随着时间变化而改变。为了表现这样一个宇宙，爱因斯坦决定通过把时间和空间分开，产生一个违背引力的因素。宇宙常数就代表这样一个因素。不过，当哈勃证明了宇宙正在膨胀——在爱因斯坦的原始方程中就预测到的现象——的时候，爱因斯坦知道他并不需要宇宙常数了。有这样一个故事，爱因斯坦感谢哈勃纠正了他一生中“最大的一个错误”。

如果爱因斯坦在1998年还活着，天文学家可能会让他再次改变自己的观点。那一年，索尔·珀尔马特（Saul Perlmutter）和布赖恩·施密特（Brian Schmidt）分别领导的国际天文学小组提出，代表宇宙常数的力可能还是存在的。利用一种测量遥远星系距离的新方法，这两个团队得出了一个令人震惊的结论：宇宙不仅在膨胀，而且在加速膨胀。而且，就像鲁宾证明不可见的暗物质存在一样，这些研究者提出所有暗物质的质量都比不上一种更神秘的存在—— 一种存在于宇宙自身的力量——暗能量。

爆炸的“蜡烛”

颠覆了天文学和物理学既有认知的暗能量概念，产生于对一种爆炸星体——超新星的研究。天文学家通过观察光谱，可以识别两种主要类型的超新星，Ia和II。在20世纪80年代末，科学家注意到II型超新星光谱变化非常大，而大多数Ia型超新星的光谱则非常相似。超新星最强烈的亮度也有这样的规律。这意味着这些“宇宙烟花”，就像哈勃用来确定仙女座星系距离的造父变星一样，可以提供一种测量宇宙距离的方法。不过，超新星可以作为比造父变星更长的标尺，因为人们可以在很远的地方看到它们。Ia型超新星在最亮时可以照亮整个星系。

有了可靠的标尺——或者天文学家所称的“标准烛光”——对如此远距离的星体研究可以让宇宙学家回答很多非常重要的问题。由于光的传播需要时间，遥远在天文学上也意味着在很久以前：最遥远的星系也是最古老的星系。哈勃对膨胀的宇宙的描述也认为这些星系是移动最快的，所以它们的光

劳伦斯伯克利国家实验室（Lawrence Berkeley National Laboratory）的珀尔马特是超新星宇宙学项目（Supernova Cosmology Project）的领军人物。超新星宇宙学项目是观测遥远超新星的两个团队中的一个，1998年，他们发现一种叫暗能量的力排斥并且在影响上超过宇宙中所有的引力。暗能量加速了宇宙的膨胀。该图为珀尔马特坐在一张蜘蛛星云图（Tarantula Nebula）前。在珀尔马特的梯子右侧最亮的星是超新星1987a（劳伦斯伯克利国家实验室）。

谱会发生明显的红移。如果Ia型超新星可以作为准确的“标准烛光”，天文学家可以把通过测量超新星的可视亮度获得的距离数据和通过测量红移尺度得到的距离数据进行比较。这种比较可以显示宇宙的膨胀速率是否会随着时间的推移产生变化。通过把遥远星系的信息和爱因斯坦相对论预测的信息进行比较，天文学家们还可以计算出宇宙包含多少物质，太空的形态，甚至宇宙将如何终结。

不过，在天文学家们可以把超新星作为“标准烛光”前，他们必须确定那些遥远的超新星与他们研究的附近的超新星类似。出于这一目的，研究者们必须研究更多超新星的光谱，包括遥远的超新星。大约在20世纪80年代末，一群以加利福尼亚为中心的科学家开始进行这样的尝试。

亲历者说：一颗新星

在关于超新星的历史档案中，大卫·克拉克（David H. Clark）和理查德·斯蒂芬森（F. Richard Stephenson）引用了丹麦天文学家第谷·布拉赫（Tycho Brahe）在1572年留下的超新星记载。这颗星是人们在银河系中最早观测到的Ia型超新星。

“（1572年11月11日）晚饭前……当我边走边注意天空的时候……我突然看到了头顶上有一颗奇异的星，它一闪而过的光芒刺激了我的眼睛。我呆呆地站在那里，凝视那里很长一段时间，注意到这颗星靠近古老的仙后座。当我确信之前没有人看到过这样的星星的时候，我开始对这让人难以置信的事实产生疑惑，怀疑起了自己的眼睛。我转向陪同我的随从，问他们是否也看到了这颗星……他们马上异口同声地说他们确实看到了它，而且它很亮……我仍然对这件事的传奇性抱有怀疑，我询问了一些恰巧乘着马车通过这里的人是否也看到了这颗星。然而，他们都大声地说他们看到了那颗巨大的星星，之前没有人注意到它。于是，我开始详细地测量它的位置和与附近星星的距离……记下这些我眼睛看到的事实——它的大小、形状、颜色和其他方面特征。”

超新星宇宙学项目

这个加利福尼亚团队的总部位于劳伦斯伯克利国家实验室。该实验室隶属于美国能源部，由加州大学伯克利分校负责运行。实验室以著名的物理学家E. O.劳伦斯命名，一直以来都是著名的高能物理研究中心，20世纪70年代，它开始开展天体物理学研究。

在20世纪80年代早期，加州大学伯克利分校的物理学教授以及劳伦斯伯克利国家实验室的天体物理学教授理查德·马勒（Richard Muller）领导了一个开发第一架机器人望远镜的项目，这种望远镜可以自我操控并且自动分析观测数据。这种自动化加速了乏味的天文学工作进展，特别是寻找超新星的工作。在开发机器人望远镜的过程中，一个让马勒感兴趣的毕业生是来自费城的珀尔马特。

1959年，珀尔马特（Perlmutter）出生在伊利诺伊州香槟-乌尔巴纳（他4岁时，他们一家搬到了宾夕法尼亚），后来在伯克利学习亚原子物理学。他曾经在哈佛大学学习物理，1981年毕业获得最高学位。不过，在珀尔马特1983年到达加利福尼亚以后，便转到了天体物理学方向，因为该领域的研究不需要大批人的合作以及昂贵的科学仪器——这对高能物理学研究来说至关重要。而珀尔马特更愿意在更小型、更亲密的团队工作。

在劳伦斯实验室工作期间，珀尔马特成为伯克利自动化超新星探索团队（Berkeley Automatic Supernova Search Team）的一员。该团队首先观测了II型超新星，但是这类超新星在光谱上和亮度上有很大差异，而无法成为可靠的标尺，所以团队马上转向了对Ia型超新星的研究。珀尔马特在1986年凭借利用机器人望远镜技术寻找超新星的课题获得博士学位，之后他继续在劳伦斯实验室进行博士后研究。

1988年，珀尔马特和另一位博士后学生卡尔·彭尼帕克（Carl Pennypacker）组成了一个寻找高度红移超新星的团队，他们寻找的是非常遥远的、在几十亿而不是几百万光年之外的超新星。当时，大多数天文学家怀疑是否可以找到这种超新星，但是珀尔马特相信广域照相机、新软件和大型望远镜的结合可以完成这个任务。他们两个把自己的团队称为超新星宇宙学项目，这反映了他们希望利用超新星来揭示宇宙基本情况的愿望，比如宇宙膨胀的速度是否在随着时间推移而变化。利用位于加那利群岛（Canary Island）的13英尺（4米）牛顿望远镜，超新星宇宙学项目在1992年春发现了第一颗高度红移超新星。

1989年，在彭尼帕克的兴趣转到了其他领域后，珀尔马特成为超新星宇宙学探索项目的唯一领导。哈佛大学天文学教授罗伯特·科什纳（Robert Kirshner）在《奢华的宇宙》中称珀尔马特是团队的出色领导，因为他“非常坚定，对事物有很好的判断力，而且是项目有力的代言人”。

高红移超新星搜索小组

超新星宇宙学项目并不是唯一希望利用超新星来测量宇宙的团队。哈佛大学的柯什纳从20世纪60年代起就开始研究这些爆炸的恒星。20世纪90年代，就像伯克利团队在之前做的那样，柯什纳的团队试图利用II型超新星作为“标准烛光”，但是在1993年左右，他们也转向了Ia型超新星研究。

柯什纳的一个学生施密特，也进入了柯什纳的研究领域。施密特1967年出生在蒙大拿州，他在这个被誉为“大天空之乡”的地方长大，之后又在阿拉斯加的极光下成长。他作为生物学家的父亲教他热爱自然和科学，这让施密特在很小的时候就决定成为一名科学家。他经常观察晴朗夜空中的星星。他六年级时的老师对他丰富的天文学知识赞叹不已，以至于会让他来教授天文学课程。

澳大利亚国立大学天文和天体物理研究院（The Australian National University's Research School of Astronomy and Astrophysics）的施密特是高红移超新星搜索小组的带头人。该小组有时和珀尔马特的团队竞争，有时候又和他们展开合作来发现Ia型超新星并且利用它们来分析宇宙的结构和发展趋势。

亚利桑那大学天文学系的崇高声誉把施密特吸引到了那里。1989年，他获得天文学和物理学学士学位，然后前往哈佛，在柯什纳的指导下攻读博士学位。施密特在1993年凭借对II型超新星的研究获得了天文学博士学位，之后继续和柯什纳进行博士后研究。

1994年，柯什纳和施密特建立了他们自己的寻找遥远的Ia型超新星的国际团队，他们称之为高红移超新星搜索小组（High-Z Supernova Search Team）。

其他科学家：柯什纳

1949年8月15日，柯什纳出生在新泽西的朗布兰奇（Long Branch），他在哈佛大学读大三的时候，曾参与一项关于蟹状星云（Crab Nebula）的研究，这是他第一次深入接触超新星。蟹状星云由超新星爆炸演变而来，公元1054年地球上曾观测到。这激发了柯什纳的兴趣。在大四时，他继续对太阳进行紫外观测，他关于这一课题的论文因为"文笔和价值"获得了大学的"鲍登奖"（Bowdoin Prize）。1970年，他从哈佛大学毕业。

发自内心喜爱蟹状星云研究的柯什纳到加利福尼亚理工大学继续研究超新星，同时攻读博士学位。这时，他开始为超新星分类并且注意到Ia型超新星的共性，他开始考虑利用Ia型超新星作为"标准烛光"的可能性。1975年，他获得天文学博士学位。

在亚利桑那州基特峰国家天文台进行博士后研究之后，柯什纳在1977年加入了密歇根大学。1985年，他回到哈佛大学和哈佛－史密森天体物理中心。1990年到1997年，他一直在哈佛大学天文系担任领导职务。1998年到2003年，他担任哈佛－史密森天体物理中心光学和红外天文学部副主任。1994年，他促成了高红移超新星搜索小组（两个利用大幅红移来研究Ia型超新星的团队之一）的建立，并在之后成为了哈佛大学天文学系教授以及克罗斯（Clowes）科学教授。

科学成果：批处理方法

伯克利和哈佛的团队利用类似的方法寻找超新星，珀尔马特的团队对该技术的进步作出了重大贡献。他们把灵敏的大型电荷耦合装置（天文学专用数字相机）绑定在望远镜上，拍摄可以单幅包含广大空域的图像。通过这种方式，他们拍摄出同一区域相隔几周的两张图片，然后利用精密的计算机软件进行比较分析。

在一张图上出现而在另一张图上没有的光点可能就是超新星。另一方面，这些光点也可能是人造卫星或者其他不重要的物体。只有大型天文望远镜可以告诉人们真相。团队于是遇到了珀尔马特在2002年劳伦斯实验室刊物中提到的“鸡生蛋，蛋生鸡”问题：他们需要大型望远镜识别这些神秘光点的身份，如果这些光点是超新星，就能获得它们的光谱数据，但是同时，在他们能够进行这样的观测之前，他们又必须获得可靠的超新星“候选者”。

超新星宇宙学项目利用珀尔马特提出的批处理方法来解决这一问题。“关键是进行大量观测”，他在2002年劳伦斯实验室刊物中说。在一个漆黑的夜晚，他的团队在新月后拍摄了第一张广角图像，三个星期后，他们又拍摄了另一张月亏时的图像。他们的软件可以在几小时内比较这两幅每一幅都包含数千个星系的图像，并且确定几十颗可能的超新星。这足够说服配置委员会同意他们利用像夏威夷凯克望远镜这样的望远镜进行群组观测。这样，团队仍然有一周的时间利用大型望远镜获得他们认为最有可能是超新星的星体的光谱和亮度数据。

伯克利团队在1994年证明了批处理方法的可行性。当高红移超新星搜索小组成立时，他们采用了同样的技术。到了1996年，两个团队每月都可以发现遥远的超新星。

与珀尔马特一样，施密特也是搜寻软件专家，在1995年担任了小组的领导，当时他刚刚与他的澳大利亚妻子珍妮一起搬到了澳大利亚，开始在位于堪培拉郊区的斯特朗洛山和赛丁泉天文台（Mount Stromlo and Siding Spring Observatory）工作。该天文台目前是澳大利亚国立大学天文和天体物理研究院的一部分，施密特是那里的澳大利亚研究理事会（Australia Research Council）教授。

大问题

1996年，研究人员发现了补偿Ia型超新星光谱微小差异的方法。天文学界确信，通过这样的校准，Ia型超新星可以成为可靠的确定遥远星系距离的“标准烛光”。对于超新星宇宙学项目和高红移超新星搜索小组来说，寻找和分析尽量多的遥远（高红移）超新星的竞争就此展开了。他们中谁探测的超新星越多，在此基础上得出的结论就越准确。

通过这些超新星数据，他们希望得知的第一件事是宇宙随着时间膨胀的速度和方式。他们可以通过比较凭借红移确定的超新星距离和凭借亮度确定的超新星距离来确定宇宙膨胀的方式和速度。如果高红移超新星的亮度比他们的红移数据显示的亮度更明亮（因此它们会比较靠近地球），这意味着，在遥远的过去，当光离开超新星时，宇宙的膨胀速度比现在更快。换句话说，引力会减缓宇宙的膨胀速度。反之，如果超新星比预计的暗，膨胀速度则加快。如果两种结果相互吻合，则证明宇宙膨胀速度保持不变。

而膨胀速度的改变，反过来可以让天文学家测量宇宙的质量。宇宙包含的质量越多，引力对宇宙扩张的影响越大。当时大多数天文学家认为，宇宙包含的质量可以产生足够的引力减缓膨胀速度，就像地心引力会减缓抛到空中的球的速度并最终让球下降一样。主要问题是减缓的幅度到底有多大。

宇宙的质量决定着宇宙将如何结束。如果质量大到可以让宇宙的膨胀速度发生明显减缓，万有引力最终会克服大爆炸的扩张力，从而使得物质和空间向宇宙中心回缩。所有的星系最终会凝聚到一个无限小的点，形成一个收缩体，或者像柯什纳所称呼的那样——反向大爆炸（gnab gib）。

如果宇宙质量不够大，万有引力和扩张力可能会比较平衡，或者扩张力会比引力大。在这种情况下，宇宙将会永远向外膨胀。

让人震惊的结论

1997年末，两个超新星探索团队看着他们的观测结果，几乎不敢相信自己的眼睛（根据柯什纳的记载，施密特说他看到了“介于惊讶和恐怖之间的景象”）。团队研究的遥远超新星比他们预测的要暗25%，事实上，是比它们在宇宙不包含任何物质的情况下应该达到的亮度暗25%。换句话说，宇宙的膨胀速度没有减慢也没有保持匀速，而是在不断地加快。

两个团队重新检验了他们的计算结果，并且兴奋地收集了更多超新星的数据，试图排除计算错误的可能性，但是他们发现结果并没有改变。他们不得不面对这个令人震惊的结论：除了物质和万有引力外，还有一些东西影响着宇宙的运行。这种“反引力”的力比大爆炸留下的能量要强得多。对此，人们可以想出的唯一解释是，这种力就是1931年爱因斯坦扔进他的废纸篓的宇宙常数。

两个团队都迫不及待地希望成为第一个发布这一令人惊奇发现的团队，不过，他们又担心自己的发现被证明是个荒谬的错误。1998年1月，两个团队都在美国天文学会的一次会议上公布了一些自己的超新星数据。亚力克斯·菲利潘科（Alex Filippenko）在当年2月的一次科学会议上进一步讨论了高红移超新星搜索小组的研究结果。每一个团队都强调了他们研究的不同方面：珀尔马

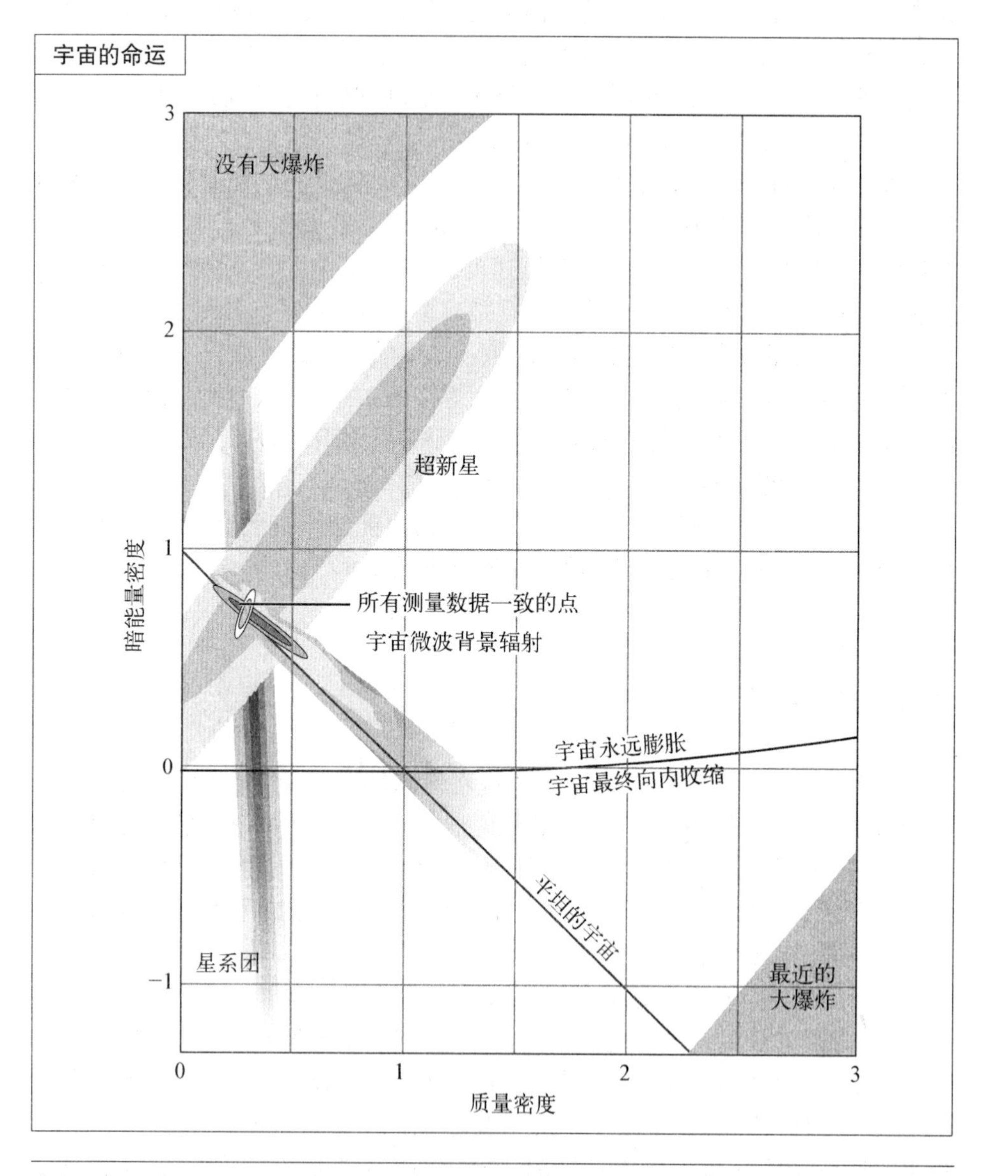

来自超新星、宇宙微波背景辐射和星系团的数据都一致显示宇宙的总密度是1，这意味着宇宙是平坦的，并且将永远膨胀下去。受万有引力影响的质量占据了宇宙总质量的30%，而排斥引力的暗能量或真空构成了其余的部分。

特谈论了宇宙常数和一种可能存在的新形式的能量；菲利潘科的重心是不断扩张的宇宙。高红移超新星搜索小组在1998年9月的《天文学杂志》发表了他们的研究成果，而超新星宇宙学项目团队在1999年6月1日的《天体物理学杂志》上发表了他们的研究成果。

尽管两个小组在谁的数据更可信的问题上有一些争议，不过他们得出的共同结论却远比争议要重要得多。他们研究了不同的超新星而且用不同的方式分析了超新星的光谱。不过，像珀尔马特在1998年劳伦斯伯克利国家实验室刊物中说的那样，他们的结论最终是"惊人的一致"。

宇宙新图景

著名的《科学》杂志把超新星探索团队的发现评为1998年"年度突破"——这没有一点悬念。而之后提出的"暗能量"这种物质的存在则让宇宙学家和物理学家瞠目结舌。

起先，其他科学家难以理解这两个团队提出的理论，但是这两个团队一致的观点让怀疑者们相信超新星探索者们已经发现了一种既真实又让人倍感惊奇的现象。从1998年开始，许多超新星小组关于宇宙本质的结论都与其他研究人员通过不同方式获得的结果形成相互印证。

其中最重要的证明来自对宇宙背景辐射的研究。对这种辐射最引人注目的探测来自国家宇航局的两颗卫星：宇宙背景探测者（Cosmic Background Explorer，简称COBE，1989年发射）和威尔金森微波各向异性探测器（Wilkinson Microwave Anisotropy Probe，简称WMAP，2001年发射）。这些卫星以及两个气球实验，证明了背景辐射并不像天文学家在1964年刚发现它们时设想的那样在太空中均衡分布。相反，它在不同区域呈现出了微小的变化，代表了辐射刚出现时各处的温差。背景辐射的块状分布提供了有关太空形状的信息，太空的形状又由宇宙中所有物质和能量的总量决定。对星系团的研究也与对超新星和背景辐射的研究结论一致。

把所有这些方法结合起来，可以为一个古老的问题提供一个至少到目前为止大多数宇宙学家愿意接受的答案。比如，所有的研究一致得出，宇宙的年龄是130亿到140亿年之间。这一数字与对最古老恒星的测量结果一致，该星差不多产生于120亿年前。

这些研究还表明，质量（受重力影响的物质）构成了宇宙中物质和能量的

30%。暗能量（也可以被认为是一种不受重力影响的物质）构成了宇宙的其余部分。重子，形成所有原子、行星、恒星、星系和尘埃的“重”粒子，只占宇宙总量的4%。像柯什纳在他的超新星研究的书籍中写的，“我们正在开始描绘一幅全新的、杂乱的并且狂野的宇宙图景。这是一个奢华的宇宙。”

未来的研究

作为发现暗能量的研究小组的领导，珀尔马特和施密特获得了很多荣誉。珀尔马特于1996年获得美国天文学会亨利·克雷蒂安奖（Henry Chretien），2002年，他获得美国能源部劳伦斯物理奖并且被选入美国国家科学院。2006年，他和另一位科学家分享了邵逸夫天文学奖。施密特于2000年获得澳大利亚政府颁发的第一届马尔科姆·麦金托什物理科学成就奖（Malcolm Macintosh Prize for Achievement in the Physical Sciences），2001年获得澳大利亚国家科学院颁发的波西勋章（Pawsey Medal）。2007年，珀尔马特领导的劳伦斯伯克利实验室和超新星宇宙学项目团队，与施密特领导的高红移超新星搜索小组一起分享了格鲁伯宇宙学奖。在2011年，施密特、珀尔马特和另一位科学家利斯共同获得了诺贝尔物理学奖。

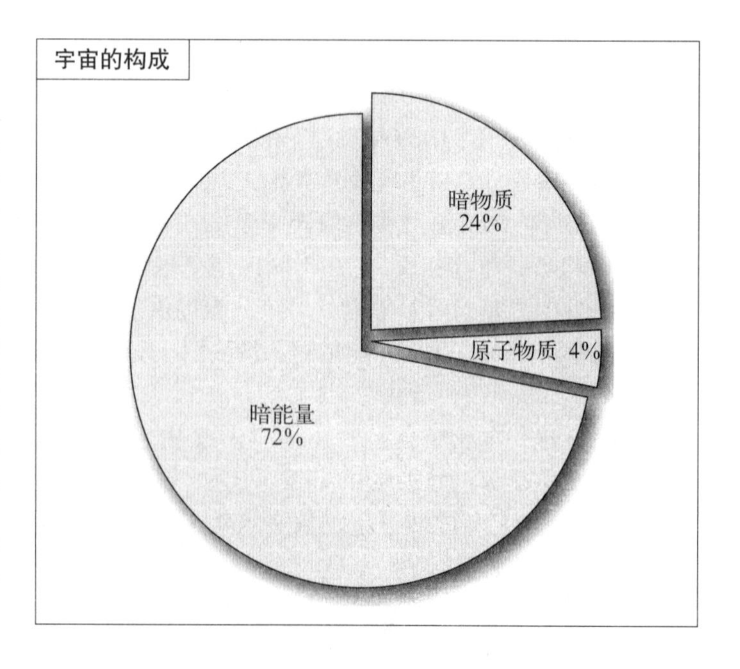

古时候人们相信地球和地球上的人类是宇宙中最重要的存在，但是从哥白尼和伽利略开始的天文学家证实了这种想法是错误的。今天的天文学家和宇宙学家相信构成人类、行星、恒星和星系的原子物质只占宇宙总物质和能量的4%。暗物质可能是一种未知类型的亚原子粒子，构成另外24%。剩下的所有部分都是暗能量，一种排斥万有引力的神秘力量。

目前他们两人仍然是天文学和宇宙学研究的领军人物。除了超新星和暗能量，珀尔马特还研究脉冲星、银河系周围的暗物质以及物质和重力折射光的方式。施密特的研究领域包括寻找冥王星以外的太阳系行星以及伽马射线爆炸，他称之为“宇宙中最大的爆炸”。

超新星宇宙学项目和高红移超新星探索小组都在探索着收集和分析更远的超新星的新方法。比如超新星宇宙学项目督促能源部和国家宇航局制造一颗伯克利团队称为超新星/加速探测卫星（SuperNova/Acceleration Probe）（SNAP）的光学和近红外轨道卫星。亚当·利斯（Adam Riess）——前高红移超新星探索小组成员，目前在太空望远镜科学研究所工作，成立了一个利用哈勃太空望远镜的先进照相机来寻找高红移超新星的高红移超新星探索小组。伯克利团队也在进行着同样的工作。

无尽的问题，没有答案

尽管超新星宇宙学项目和高红移超新星搜索小组的研究已经勾画出宇宙的轮廓，他们还是认为宇宙依然像以往那样神秘莫测。很多重要的问题目前依然无法得到答案。

对于未来的科学家来说，最明显的一个挑战就是暗物质和暗能量到底是什么。暗物质可能是由一种或多种目前尚未发现的亚原子粒子构成的。暗能量——空荡太空中的存在，随着宇宙的膨胀和更多空间的产生而不断增加，可能是，也可能不是爱因斯坦“宇宙常数”的一种伪装。可能它并不是个常量，而是一个随着时间变化的量。

回溯到1998年的突破性发现前的超新星研究，这些研究暗示着我们生存在一个所谓“先停后走的宇宙”。暗能量是今天人们认识的加速膨胀的宇宙中最重要的物质。不过，在宇宙的早期历史中，物质之间的距离要比现在近得多。理论家们于是预测，在过去的某一时刻，万有引力曾经对宇宙的膨胀速度起着比暗能量更大的作用，使得宇宙的膨胀速度相较于大爆炸后要低。

如果这个预测是正确的，早期的超新星将会比它们红移显示的亮度要亮。20世纪90年代左右，两个超新星探索团队都发现了一些证实这一推断的早期超新星。他们相信从万有引力控制的“停”的宇宙到暗能量控制的“走”的宇宙的变化产生于70亿年前到50亿年前。他们目前正设法推断出更准确的宇宙发生改变的时间点。

宇宙最终的命运目前也是个谜。到目前为止，对超新星的研究结果表明，膨胀的宇宙将会终止，不会发生爆炸，而是会有个哀怨的结局。几百亿年后，宇宙的加速膨胀已经把星系推到非常远的距离，以至于光只能从银河系的其他部分抵达地球。最终，只有黑洞和燃尽的恒星可以留下，最终的最终，可能什么都不会留下。“这对我来说似乎是最冰冷、最悲惨恐怖的结局”，施密特在2000年的电视节目《新星》中说：“太恐怖了！”

不过，有些宇宙学家质疑加速膨胀的宇宙是否一定会遭遇这样恐怖的结局。比如普林斯顿大学的保罗・斯坦哈特（Paul Steinhardt）在2005年年初宣布，其他维度的改变使得宇宙在人类能感知到的维度中经历着重复的变化模式。斯坦哈特认为，宇宙背景辐射中的“涟漪”是由先前收缩留下的物质造成的。他说，有一天，宇宙又将进入新的收缩状态，开始新的循环。未来的天文学家可能会采用今天的科学家做梦也想不到的全新技术，来确定施密特、斯坦哈特和其他的理论家们的理论到底哪一个是正确的。就像柯什纳在《奢华的宇宙》最后说的那样，“好戏才刚刚开始”。

十一

深海的挑战

——怀韦尔·汤姆生和“挑战者”号探险

1871年,法国作家儒勒·凡尔纳出版了《海底两万里》(*20,000 Leagues under the Sea*)一书,此书描绘了一个人类从未见过的世界——深海。凡尔纳将深海描述成一个充满了怪物的世界,包括足以杀死潜水者的巨大乌贼和章鱼。

苏格兰海洋学家查尔斯·怀韦尔·汤姆生,在1872年到1876年间带领6位科学家,乘坐HMS“挑战者”号,进行了世界范围内的第一次系统的海洋探险(美国国家医学图书馆,图片B10959)。

凡尔纳的小说是纯虚构的作品。然而,就在这部作品出版一年以后,6位科学家和大约260名船员登上了一艘称之为HMS“挑战者”号的小型英国海军用船,开始了一次远洋探险,这次航行的成果使这位法国作家的想象力也显得黯然失色。在装备了当时可以提供的最好的设备之后,这个团队扬帆启程,开始探知世界海洋底部的真实模样。他们的发现将会彻底改变人们对深海的认识,并由此建立了一门新的学科——海洋学。

争　论

“挑战者”号探险的成行应归功于查尔斯·怀韦尔·汤姆生(Charles Wyville Thomson),他是一个意志坚定的苏格兰人,1830年3月5日出生于林利斯戈(Linlithgow)附近。汤姆生的父亲是一个内科医生,因此他的家人也希望他能成为一个医生。1846

年，汤姆生作为医学系学生进入爱丁堡大学，但之后的事实证明，他的身体状况难以适应紧张的医学训练。而另一方面，自然界深深吸引着他，于是他花了几年的时间学习动物学、植物学和地质学的课程。

1850年到1870年，汤姆生在爱尔兰的很多大学教授动物学和植物学。在此期间，他与珍妮·拉梅奇·道森（Jane Ramage Dawson）结婚，并且着迷于海洋生物学研究，尤其是深海中可能存在的生物。在当时，他的兴趣显得与众不同，因为那个时代的大多数科学家认为，在深海那么恶劣的生存条件下，没有生物可以存活，即深海中没有生物存在。

另一位英国科学家爱德华·福布斯（Edward Forbes）也持同样的观点。1842年，福布斯进行了一次爱琴海探险（爱琴海是位于希腊和土耳其之间的地中海的一个海湾）。他发现，打捞得越深，打捞上来的样本中动物的数量就越少。以此为据，福布斯断言，300英寻（540米）以下的海洋是一个"不毛之地"——没有生命存在的地方。

大多数科学家认为福布斯的断言是合乎逻辑的，因为50英寻（90米）以下的海洋中没有阳光照射，而众所周知，所有生物体都直接或间接地依赖阳光。同时，在300英寻的水下，压强可以达到每平方英寸600磅力。然而，汤姆生曾见过挪威研究者从至少300英寻以下的深海中打捞上来的动物残骸，因此他确信福布斯的观点是错误的。此后，在汤姆生早期的研究报告——《海洋的深度》（*The Depths of the Sea*）一书中，与福布斯不同，他将深海视作"自然主义者的希望之地，是唯一的保留区，且拥有能够让人跃跃欲试的非凡趣味和无尽的新鲜事物"。

威廉·卡彭特（William Carpenter）是伦敦大学的生物学家，也是英国最显赫的科研机构——皇家学会的副主席。在他的帮助下，汤姆生成功说服英国海军部（即掌管英国海军的政府部门）赞助进行两次短期研究航行。航行由他亲自率领，以此检验福布斯的理论。在1868年到1869年的几次航行中，汤姆生创纪录地从2 435英寻（1.461万英尺，4 427米）深的海洋中打捞上来活的生物体。在《海洋的深度》（1873年）中，他具体描述了这两次探险。两次航行的成功使皇家学会在1869年接受汤姆生成为会员，这是一种很高的荣誉。一年以后，他成为母校——爱丁堡大学博物学方面的首席教授。

独特的提案

尽管非常兴奋，但汤姆生的探险只在一片海洋的很小区域内进行了少数几项测试。汤姆生明白，想了解海底，还需要更多的信息。因此，在卡彭特的支持下，1871年汤姆生再次向海军部提交了航行申请，与以往的所有航行不同：这次航行要获取海底的物理学、化学和地质学信息，要知道那里可能存在的生物的生物学状况，而且研究范围不是一两个地点，而是全世界。

根据汤姆生的设想，这次航行会历时几年，需要大量的设备和资金。不过，财政部还是在1872年4月同意资助这次探险，海军部还允诺提供一艘船只。这次探险之所以能够在如此短的时间内获得批准，汤姆生之前的成功和皇家学会的威望无疑是重要原因。政府支持这次探险的原因也可能是，当时的政治领袖和普通民众对科学抱有很大的兴趣。1859年，查尔斯·达尔文出版了《物种起源》一书，此书引发的关于进化论的争论仍在继续，因此许多人希望通过对深海生命的研究来揭开进化论的真面目，即进化是否发生，又如何发生。

"挑战者"号探险的相关著作——《沉寂的风景》(*The Silent Landscape*)的作者理查德·考费尔德(Richard Corfield)认为，政府官员之所以会接受汤姆

HMS"挑战者"号，一艘小型英国战舰，有一部蒸汽引擎作为紧急备用动力，主要还是靠风帆提供动力(美国国家海洋大气管理局/商业部，船3117)。

生的计划，是因为他们认为“一次海军的科学探险可以扩大英国的影响力。一个世纪以后，美国如法炮制进行了太空计划”。海军部会同意这个苏格兰科学家的计划还有现实方面的原因。从19世纪50年代开始，许多公司试图在大西洋海底铺设电缆，以建立连接英国和北美的电话通信。除了有限的成功外，这些努力都遇到了很多的挫折。海军部官员认识到，如果要铺设海底电缆并使之顺利运行，工程师就必须知道不同地点的海洋深度、各地海水的温度变化（因为温度对电缆及其覆盖物都有影响）以及在深海中有什么样的生物会攻击电缆。海军部期待汤姆生的探险可以解答这些疑问。

海军部送给汤姆生的船只，HMS“挑战者”号，是一种叫“轻巡洋舰”的小型战舰。“挑战者”号长约225英尺（69米），重达2 300英吨（2 006吨），并装备有一个1 200马力的蒸汽发动机以备不时之需，但它主要靠风力推进，它的3个桅杆上每个都挂有4个正方形的风帆。

“挑战者”号进行了彻底改建，以适应作为研究型用船的新任务。为了给科学家、实验室、设备以及将来收集的标本腾出空间，17门大炮只留下了2门，其余皆被移走。船内的房间被改造成了动物学和化学实验室，船上的平台用来放置拖网，而其他重型仪器则被安装在甲板上。船上有各种奇形怪状的设备，包括显微镜、化学测试设备、数千个用来保存经过防腐处理的海洋动物和水样本的玻璃瓶以及数百英里长的绳索，这些绳索用来测量水深并将设备放入海底。

苛刻的计划

1872年12月21日，“挑战者”号从英国朴次茅斯港出发，船上载有240个海军士兵以及23个官员。乔治·斯特朗·内厄斯（George Strong Nares）担任“挑战者”号的船长，他曾是海洋和陆地的测量员，因此经验非常丰富。怀韦尔·汤姆生带领着6位科学家，船员们打趣地说，是6位“哲学家”。除汤姆生外，这个国际团队还有另外3位生物学家，后来他们也被称作博物学家：出生于加拿大的约翰·默里（John Murray）、英国科学家亨利·诺蒂奇·莫斯利（Henry Nottidge Moseley）和德国青年鲁道夫（Rudolf Van Willimoes-suhm）。其他队员还有苏格兰化学家和物理学家约翰·杨·布坎南（John Young Buchanan）和瑞士科学艺术家让·雅克·怀尔德（Jean Jacques Wild），他也是汤姆生的秘书。

1873年2月15日，在西北非附近的加那利（Canary）群岛南大约40英里

（64千米）处，探险工作正式开始。这个地点是之后362个“站点”的第一个，这些“站点”把从大西洋、太平洋到南极洲的航行路线几乎等分，相互之间的距离大概有两天的航程。在这里以及在其他站点，船员们最多用一天的时间进行各种测试。

第一项工作是探测，即测定水深。船员将绳索一端系上重物，然后放入水中，由此测量绳索到达海底需要的长度。绳索上每隔25英寻（大约45米）有一个旗子。船员记录旗子没入水中的速度，当速度突然改变，就说明绳索已经达到海底了。这个测深系统还需要一个中空的管子，当到达海底的时候，整个设备的重量就会把它推入海底中。当绳索被向上提起时，管子上的阀门就会关闭，这时管子中就保存了海底的泥土。

绳索上还系有一套被称为可逆式温度计的新装置，它可以精确测量不同深度的水温。此外，船员还要收集不同深度的水样本，以便化学家约翰·布坎南来进行化学分析。他测定水样本的盐度以及所包含的矿物质和其他化学成分。

船员在所有站点都要测定海洋表面洋流的方向，他们把船抛锚固定，将一根系着绳子的原木扔入水中，然后在船上观察原木移动的方向。测量一定时间内原木拉伸绳子的长度，用时间平分，就可以测出洋流的速度。在有些站点，他

亲历者说：从兴奋到厌倦

关于这次著名的探险，“挑战者”号上的许多科学家和海军官员之后都有著作。他们透露，在最初的几个站点，当满载的拖网被拉上甲板的时候，船上几乎每个人都热切地希望知道，又从深海中打捞了什么样的奇怪生物。然而，这种令人战栗的激动并没有持续下去。其中一个官员写道：

当“挑战者”号的打捞重复数百次时，人们对深海的向往就出现了两种截然不同的态度。一种来自执行这种工作的船员，他们必须在延伸区站立10—12个小时，他们不清楚，或者不能科学地分辨海星、小虾、海参和其他生物的微小差异。另一方来自博物学家，他们永远对新的蠕虫、珊瑚和棘皮动物（海星及相关动物）感兴趣，当我们调整好轻型

发动机(用来提升拖网或其他重型设备的小型蒸汽引擎)、意兴阑珊地从海底打捞动物时,他们却待在舒适的船舱中,兴高采烈地研究这些战利品。

一段时间后,即使是科学家也开始变得厌倦。"挑战者"号的博物学家之一亨利·诺蒂奇·莫斯利有如下论述:

起先,当拖网打捞上船的时候,船上人员无论年纪大小,只要当时能脱得开身,就都会围观去看看打捞上来的东西。渐渐地,随着新鲜事物的减少,人群也变得越来越小,直到最后只剩下科研人员,有时候也会有一两个值班的官员,默默地在打捞架上等待捞网的到来;同时,在世界各地的深海中不断发现同样的、种类单调的动物,这甚至会让科研成员的热情多少有些下降;在有些情况下,当危机发生时,船员们甚至都无法全部到位,尤其是在吃饭过程中、当它有一种不好的倾向时。对博物学家来说,深海打捞甚至可能是一件让人厌倦的事情。

们也会在浮舟下悬挂重物,以此来确定更深处的洋流的速度和方向。

对生物学家来说,更重要的是打捞,即用一个桶状袋子来收集海底的泥土和生物标本。挖掘机由铁网制成,底部是坚固的编织物,这种设备非常笨重,当它装满东西时,船员们必须使用小型蒸汽引擎带动的绞盘才能将它打捞上来。当挖掘机回到甲板,科学家先把里面的一些大的动物挑选出来,然后再用一个嵌套式筛子进行分类,这种筛子下面的网眼都要比上面的更小。上层的筛子把岩石和大些的动物网住,下面的筛子上则留下了小一点的生物。科学家们也在测深绳上拴着拖网,用来收集漂浮的或者游速缓慢的生物体。

"挑战者"号打捞上来的生物体,当从拖网中取出的时候,不论是活的还是死的,都要被详细地记录。科学家必须迅速地进行记录,因为即使是那些能够从深海中活着上船的生物,在遭遇压力和环境的改变时,再强壮的生物也会很快死亡。之后,科学家将它们保存在酒精瓶中,以备日后研究需要。

充满冒险的航行

在三年半的航行中,“挑战者”号调查了南、北美洲和南非、澳大利亚、新西兰、日本及数百个大西洋和太平洋岛屿(探险队定期向英国汇报探险和探索的最新情况,英国人对这次探险的关注程度一点都不亚于20世纪60年代后期70年代初期人们对阿波罗号宇航员登月的关注)。“挑战者”号曾误入南极洲的冰山群,而南大西洋岛屿上的企鹅让船员们望而却步。有10个人牺牲,其中就包括德国博物学家鲁道夫(死于传染病);有61个船员中途放弃,因为与打捞泥浆和形状奇怪的动物相比,在澳大利亚挖金矿显然更具有诱惑力。

“挑战者”号经常在海滨考察,它几乎一半的时间都在海湾停留。在此期间,科学家和船员经常与各色人等接触,上至葡萄牙和日本的统治者,下至刚刚走出吃人时代的原始岛民。探险队员对各地地形、动物、植物和原住民进行记录、绘制和拍照,有些欧洲人很少见或者从未见过原住民。他们还

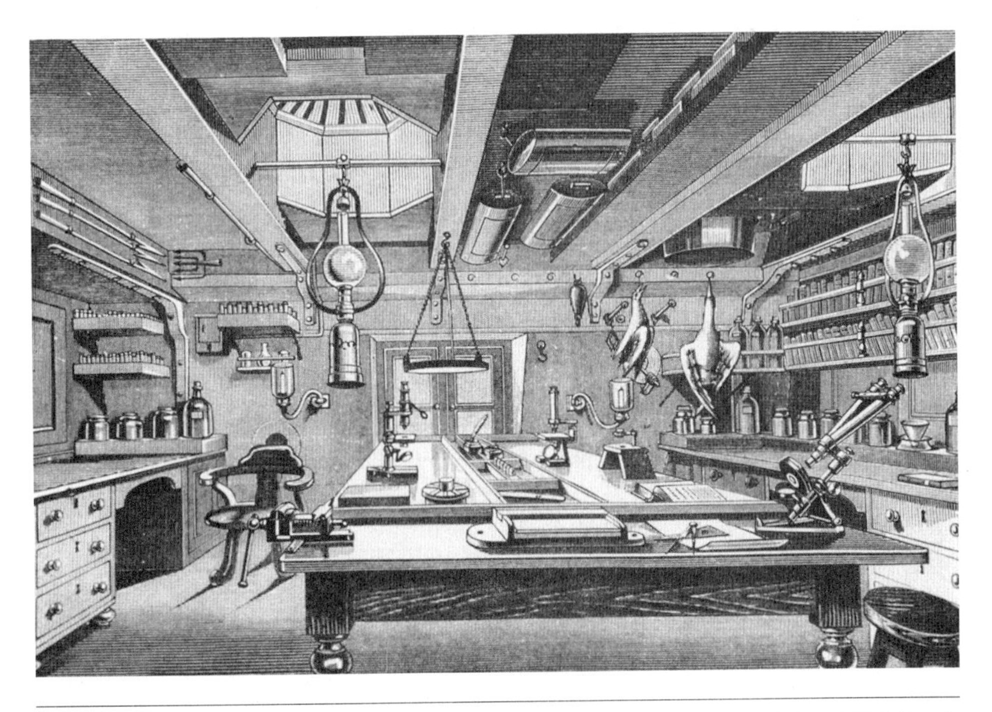

在探险开始之前,“挑战者”号被改造成了一个移动的研究实验室。此图显示的是3位博物学家所使用的工作室(美国国家海洋大气管理局/商业部,船3017)。

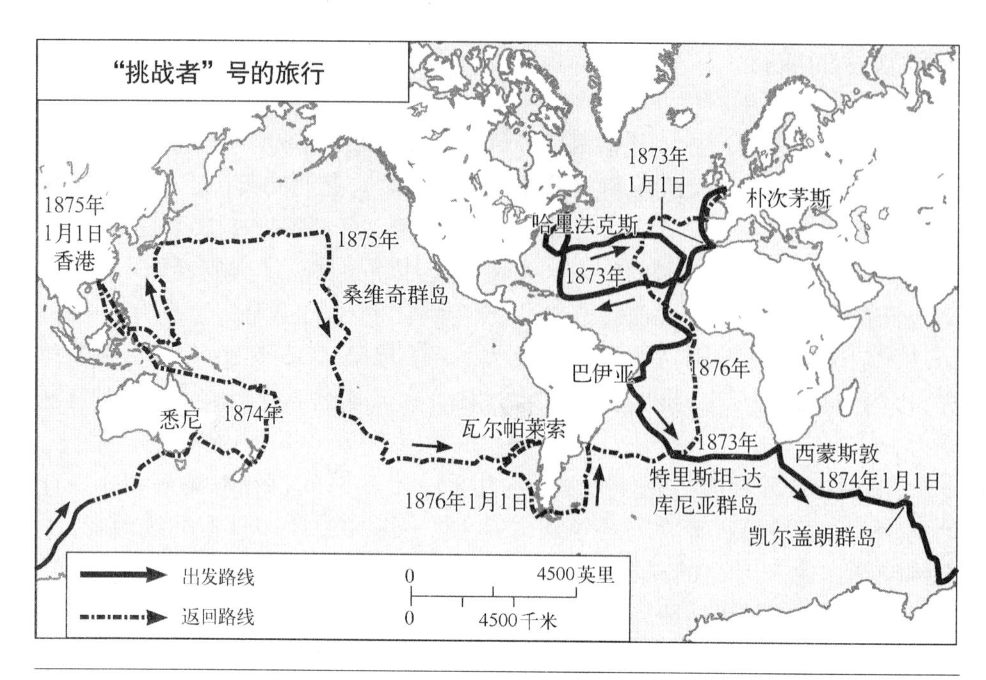

此图标明了"挑战者"号在它史诗般的4年航行中所走过的路线。

收集动植物标本，以及当地的手工制品。这些对当地人的外貌、服装、行为的观测是非常重要的记录，因为受到欧洲泛化的影响，他们的文化很快就会发生改变。

然而，与他们所获得的深海知识相比，这些陆地上的发现几乎不值一提。他们捕获了盲眼龙虾和在显微镜下可以清晰看到每一个内在器官的透明生物，以及身体可以发光的鱼类。他们绘制了一个海底山脉群的地图，此山脉群可以追溯到大西洋中脊，英国的评论家认定这就是神话里大西洋中"消失的大陆"的一部分。在关岛附近的西南太平洋中，他们发现了海底中的最低区域。这个区域是马里亚纳海沟的海底峡谷的一部分，为了向他们表示敬意，这里被命名为"挑战者深渊"。1875年3月23日，探险队在这里测出了最深点——4 475英寻（8.2千米）。

凯　旋

1876年5月24日，在进行了6.889万海里（12.758 4万千米）的航行后，

"挑战者"号和疲惫的船员们回到了英国的斯彼特海德海峡。一年后，怀韦尔·汤姆生撰写了报告。除了数不清的观测笔记外，他们还带回来了"563个箱子，里面包括装有酒精浸泡标本的2 270个大玻璃罐、1 749个小一点的带塞瓶、1 860个玻璃试管以及176个锡盒，这些都装有酒精浸泡的标本；180个装有风干标本的锡盒；22个木桶，里面装有盐水浸泡的标本"。在航行途中，他们已经从世界各地相继把5 000多个瓶罐送回到爱丁堡。总之，这次探险共收集了大约1.3万种不同的动物和植物以及1 441个水样本。

其他科学家：约翰·默里（1841—1914年）

1841年3月3日，约翰·默里在加拿大出生，他的父母是苏格兰移民，他本人在苏格兰长大，几乎是非常偶然地，约翰成为"挑战者"号科学团队的一员。就在探险开始之前，查尔斯·怀韦尔·汤姆生邀请的科学家中有一人最后决定放弃。另一方面，默里有丰富的资历和很强的能力，而且有熟人推荐，于是汤姆生雇用了他。事实证明，这是一个非常明智的决定。

和汤姆生一样，默里也是以医学系学生的身份进入爱丁堡大学，但最终也没有取得学位。与此同时，他却培养了生物学方面的兴趣。在1868年的一次北冰洋研究之行中，默里收集了洋流、水温和海冰运动方面的信息。这是他在"挑战者"号探险之前唯一的一次远航经验。

默里在"挑战者"号上的特殊任务是，分析从海底打捞上来的泥样沉淀物。他发现，这些沉淀物中的动物残骸主要成分是浅海微生物的外壳，其余部分是一种包含了火山灰的红色黏土。1891年，默里出版了一本书来发表他的这种分析。

在怀韦尔·汤姆生病的时候，默里临危受命，接下了筹备和出版"挑战者"号探险科学报告的工作，这也是他的最大成就。在《"挑战者"之旅》（*The Voyage of Challenger*）中，埃里克·林克莱特（Eric Linklater）写道："对于'挑战者'号这次重要的航行，爱丁堡大学、英国和爱丁堡皇家学会以及皇家海军都可以宣扬他们对之的信任，但最终成功发掘世界的科学内涵的是约翰·默里。"1914年3月16日，默里在苏格兰柯克利斯顿（Kirkliston）的一次车祸中丧生。

虽然非常疲劳，但汤姆生和其他科学家知道，他们的工作才刚刚开始。汤姆生在爱丁堡建立了一个工作室以完成一项巨大的工程，即分析、整理和出版探险数据。他将各种动物标本寄给了100多个专家学者，学者分布范围覆盖了法国、德国、意大利、斯堪的纳维亚地区和美国。1877年，他出版了两卷本的《"挑战者"之旅》，书中记录了"挑战者"号大西洋段航行的观测报告。

在《"挑战者"之旅》（*The Voyage of Challenger*）发行的同一年，汤姆生被授予了爵位。此时，他的身体状况已经很不好，事实很快证明，他已经难以胜任将探险成果科学化的组织工作了。1881年，他辞去工作并回到了苏格兰。1882年，在他出生的房间里，他度过了最后的时光。

学科的建立

当怀韦尔·汤姆生的健康状况恶化时，作为"挑战者"号的博物学家，约翰·默里接手了探险科学报告的筹备工作。最终出炉的报告又厚又重，包含50卷的插图，总计29 522页。1885年第一卷出版，最后一卷在1895年出版。这项工程耗资巨大，政府拒绝全部付款，此时的默里受惠于"挑战者"号的观测成果，正从事相关的商业活动，并因此而非常富有，于是他资助了这项工作以确保顺利完成。

研究"挑战者"号航行的历史学家普遍认为，作为第一次系统性的、全世界的海洋研究，这次探险促成了海洋学学科的基本建立。尤其是，这次探险第一次对深海进行了实地勘测。尽管"挑战者"号在1.4亿平方英里（3.5亿平方千米）的世界海洋上只拍摄了362张"快照"，但他们却成功确定了海底的两个主要路标：大西洋中脊和马里亚纳海沟。在《绘制深海》（*Mapping the Deep*）一书中，科普作家罗伯特·孔齐希（Robert Kunzig）将两者称之为"这个星球上最重要的两个地质学面貌"。"挑战者"号对深海的勘测以及对世界海洋的温度、洋流和化学成分的调查，开启了人们对海洋物理和化学性质的了解。

最后，正如1877年怀韦尔·汤姆生所写到的，这次探险证明了"不同深度的海底都有动物生命存在"。通过"挑战者"号拖网和挖泥机的打捞，人们发现了4 417种科学界此前未知的生物种类。参与探险的科学家发现，世界上的深海动物都是相似的，但与陆地和浅水动物相比，却有很大的差异。今天，海洋生物学家仍在英国自然历史博物馆中研究"挑战者"号收集的标本和探险的报告。

在“挑战者”号1877年的航行记录中,查尔斯·怀韦尔·汤姆生评论道“探险的目标已经完全如实地实现了”。在为“挑战者”号全部报告所做的总结中,约翰·默里不无骄傲地将这次探险称为“继15世纪、16世纪大发现以来,对这个星球的认识的最伟大进步”。对此,大多数现代海洋学家都会赞同。

半英里之下

——威廉·毕比和深海潜水球

“某一天的某一时某一秒必定会到来，那时人类的面孔会出现在一个小窗口上，然后这个信号被传送回地球。地球上的同伴或屏息等待的各位，此时会听到这样的句子‘我们所在的位置比珠穆朗玛峰还要高’‘现在能看到整个太平洋的海岸线’‘云彩把地球给遮住了’”。

上面这段话是威廉·毕比（William Beebe）在1934年所写，他比同时代人早27年预言了人类第一次进入外太空的壮举。然而，就在他写下这段话的同年，他和奥蒂斯·巴顿（Otis Barton）一道成为进入深海的第一批“宇航员”。乘坐巴顿设计、毕比命名为深海潜水球（Bathysphere，取自希腊语，意为“深的”）的一个铁质球体，这两个男人潜入了深海，他们所到达的深度是此前人类能够到达深度的6倍。

收藏家、旅行家、作家

查尔斯·威廉·毕比（Charles William Beebe）是在对大自然的热爱中成长起来的。1877年7月29日，他出生于纽约布鲁克林，但他童年和青少年的大部分时间都是在新泽西的东奥兰治度过的，在那里，他和朋友们一起收集鸟蛋、化石、昆虫以及其他动物标本。毕比的母亲，是他热爱自然道路上的领路人，她曾带儿子参观了纽约新建的巨大的美国自然历史博物馆。毕比的父亲查尔斯·毕比是纸业公司的流动销售员，因此他很少在家。威廉每天给父亲写信，描述他的收藏和各种奇遇。

毕比决定申请哥伦比亚大学，因为这个大学的许多教员都在美国自然历史博物馆供职。由于高中时成绩非常优秀，因此，在1896年他作为"特招生"进入大学。他在哥伦比亚大学学习一直到1899年，但没有获得学位。

在哥伦比亚大学，毕比的指导老师是亨利·费尔菲尔德·奥斯本（Henry Fairfield Osborn）。奥斯本是哥伦比亚大学动物学系主任，也是美国博物馆和纽约动物学协会（今天的野生动物保护协会）的主席。当时，奥斯本很受知识青年的欢迎，就在布朗克斯（Bronx）动物园对外开放之前的1899年，奥斯本推荐毕比担任动物园鸟类馆的助理馆长。这个提议得到了动物园负责人威廉·T.霍纳迪（William T. Hornaday）的同意，同年10月，毕比开始在这里工作。1902年，毕比成为鸟类馆馆长，这年8月，他与来自弗吉尼亚富有家庭的玛丽·布莱尔·莱斯（Mariy Blair Rice）结婚。

毕比所管理的鸟类都很健康，在这方面他非常成功，但他不想把时间都花费在管理笼中动物的起居上。相反，他开始组织探险，观察原生态中的鸟类，并为动物园带回了很多标本。霍纳迪反对毕比如此频繁地离开，但奥斯本却支持这个青年探险的主张。

1904年，毕比和他的新婚妻子来到了墨西哥，开始了他的第一次探险之旅。在他们返回途中，毕比（和布莱尔一起；她后来成为一个畅销旅行书作家）开始了他的第二职业：书写他的探险经历。1905年，毕比出版了《两个鸟类爱好者在墨西哥》（*Two Bird Lovers in Mexico*）一书。1908年，以委内瑞拉旅行为蓝本，这对夫妇又创作了一本书。但是，随着1913年他们的高调离婚，这种

威廉·毕比是世界上最早的地质学家之一，也是一个探险家和科普作家。他最著名的壮举是在20世纪30年代乘坐深海潜水球进行潜水（野生动物保护协会）。

私人的和文学上的合作也到此结束。

生态学和冒险

在接下来的20年中，威廉·毕比作为一名探险家和生物学家而闻名。他领导了多次探险，足迹遍及南美、亚洲和世界其他许多地方。1919年，他在动物协会成立热带研究部，并担任负责人，之后他又在南美北部的一个国家，即英属圭亚那（今天的圭亚那合作共和国），建立了热带研究部的第一个研究站。

有一段时期，大多数动物学家都只能在博物馆里研究干燥的标本，或者在动物园里研究笼子里的动物，但毕比坚持认为，要观测原生态中进行日常活动的活生生的动物。他还强调，研究不同物种与环境之间的相互影响非常重要，这个学科分支现在被称为生态学。在关于深海潜水球潜水的一本书——《下潜》（*Descent*）中，布拉德·马斯敦（Brad Masten）写道："作为生态学先驱，毕比对生态学的贡献丝毫不逊于他对海洋生物学和海洋学的贡献。毕比认为，研究一个生物必须要研究它的环境及周边物种，否则就不能完全理解这种生物，这种观点在那个时代显得非常偏激，以至于大多数的科学讨论都不屑于把它列入讨论范围。"

毕比坚持写作，将自己学到的东西分享给大众，而不仅是科学家。他的一些著作也得到了科学界认同，比如4卷本的《雉类专论》（*A Monograph of the Pheasants*），此书写于1909年到1911年南亚鸟类考察之后，并于1918年到1922年间出版（受第一次世界大战影响，出版一度被推迟）。然而，还有很多书是以大众读者为目标创作的。人们喜欢阅读毕比的书，喜欢他那些令人毛骨悚然的冒险经历，比如他曾在加拉帕戈斯群岛（Galapagos Islands）爬上一座正在喷发的火山，由于吸入了有毒气体，几乎因此昏厥，由此而创作的《加拉帕戈斯群岛：世界的尽头》（*Galapagos: World's End*）一书，成为20世纪20年代的畅销书。

对深海的渴望

20世纪20年代后期，威廉·毕比的注意力从陆地转向了海洋。从1928年开始的大约10年间，在大西洋中百慕大附近的一个小岛——极品岛

（Nonsuch）周围，毕比对方圆8英里（12.8千米）海域内的海洋生物进行了系统研究。在关于深海科学探险的著作《世界之下》（*Universe Below*）一书中，威廉·J. 布罗德（William J. Broad）评论道，在那个时代，毕比的工作“史无前例，即在海洋中某一区域进行最广泛和最系统的取样”。在这个时期，毕比和他的助手们共捕获了11.5万多个动物，大约有220个物种，其中很多都是科学界首次发现。

毕比观测海洋生物的途径主要有两种，一是在相对浅一些的海洋中潜水（下潜40英尺［12米］，需要戴一种潜水头盔），一是在较深的海域中打捞拖网。和60年前“挑战者”号科学家所看到的一样，他们从深海打捞上来的动物大多都已经死亡或者损伤严重。毕比在之后的文章中写道：他当时感受到从未有过的强烈愿望，希望在原生态中看到这些动物活生生的样子，就像在热带雨林时他所做的那样。

每下降33英尺（10米），水压就增加一个大气压，即每平方英寸14.6磅（6.6千克）。当时人类所达到的最大深度是525英尺（15.9米），潜水员和潜水球（用于水下探索的航行器）在这个深度所受到的压力大约是海平面压力的2.2倍。毕比明白，如果他想潜入更深的区域，他所使用的潜水工具的承压能力就必须超过以往发明的潜水衣和潜水器。

美国前总统西奥多·罗斯福（Theodore Roosevelt）是毕比喜爱自然的同道中人，毕比和他一起讨论了深海潜艇制造的可能性。毕比认为，这样的航海器应该是圆柱体，而罗斯福则更推荐球体。罗斯福指出，比起其他形状，球体完美的圆形设计能均匀地、更好地承受水下巨大的压力。

建造深海潜水球

1928年11月，毕比在报纸上发表了一篇文章，在文章中他描述了自己去深海探险的梦想。此后，各类发明家不断给他提供各种可能的潜艇设计构想。这些设计要么缺乏可行性，要么太复杂，所以毕比无一例外都否决了。事实上，不久以后，毕比甚至拒绝再看设计图。

奥蒂斯·巴顿同样被毕比的挑剔弄得沮丧不已，他是一个富有的年轻设计师，和毕比毕业于同一所大学——哥伦比亚大学。和西奥多·罗斯福一样，巴顿也认为，最适合潜艇的形状应该是球体。巴顿本想自己设计潜水器并亲自潜入海底，但他又希望能够借助毕比的声望及其与科学界的交情，以获得海底探险的资助。

巴顿有一个记者朋友认识毕比，在他的帮助下，1928年底或1929年初，巴顿终于有机会向这位著名的探险家展示自己的设计。毕比一看到巴顿的设计图，就被作品所展示的简单风格所吸引，他深信，与之前看到的所有设计不同，巴顿的发明在深海中一定可以运行。1929年，毕比同意与巴顿合作，并为巴顿的设计起了一个名字：深海潜水球。巴顿承诺自费制造潜水球，而毕比则负责说服纽约动物学协会和国家地理学协会来为将来的探险提供资助。

巴顿建造的第一个潜水球重达5美吨（4 500千克），他们在百慕大租的驳船根本无法利用绞盘提升这个潜水球。于是他下令将它熔化，并重新设计了一个重量只有一半的潜水球。在4英尺9英寸（1.5米）的水下，这个潜水球用它1.5英寸（3.8厘米）厚的球壁成功承受住了预期的水压。巴顿让球体保持小型的目的，不仅是为了减少它的重量，而且是为了提高它的强度：在其他因素（包括球壁的厚度）不变的条件下，球体越小，球壁能够承受的压力就越大，球体也就越坚固。

在巴顿的自传——《水下的世界》（*The World beneath the Sea*）一书中，他写道：深海潜水球看起来"就像一个巨大膨胀的、有些喝醉的牛蛙"。潜水球上有3个圆柱体的窗台，像小型炮一样从球面上凸出来。这些圆形的窗户每个有3英寸（7.6厘米）厚，直径8英寸（20厘米），它们不是玻璃，而是由熔凝石英——实际上就是熔化的沙子制成，因为石英承受压力的能力更强，容许光线的色彩范围更广。

首次潜水

1930年，深海潜水球进行了第一次试潜。驳船将这个空的球体运到极品岛附近的海域，然后利用滑轮和索具将它放入水中。潜水球被悬挂在一根3 500英尺（1 060米）长、7/8英寸（2.29厘米）粗的铁索上，之后被放入2 000英尺（606米）的水下。刚开始时，铁索与包裹着电话线（用于潜水员和船上人员之间的联系）和电线（为潜水员水下聚光灯提供电源）的橡胶管缠绕在一起。这种情况非常危险，幸好问题很快就被解决，在6月6日进行的第二次测试中，深海潜水球成功下潜到1 500英尺（460米）深的水下。

在6月6日晚间，毕比和巴顿准备搭乘深海潜水球进行第一次水下探险。要进入这个球体，就必须通过由10个重螺栓固定的铁门上的一个圆形开口，这个开口只有14英寸（35.5厘米）宽，因此他们不得不挤压身体，从头部开始一点一点地进入。毕比之后写道，“我痛苦地从螺栓上爬过，蜷曲身子，跌入又冷又硬的球体底部……奥蒂斯·巴顿随后也爬了进来，我们收拾了一下，准备开始工作”。在潜水球内54英寸（137厘米）宽的空间内，这两个男人不得不挤在一起，甚至都没有一个枕头（在潜水完成后不久，毕比说，“在深海潜水球内待得越久，它就显得越狭小”）。球体内只有少量的罐装氧气，还有为了保障呼吸通畅而备有的化学物质，这种物质能够吸收湿气和二氧化碳，这些有限的资源他们必须一起分享。

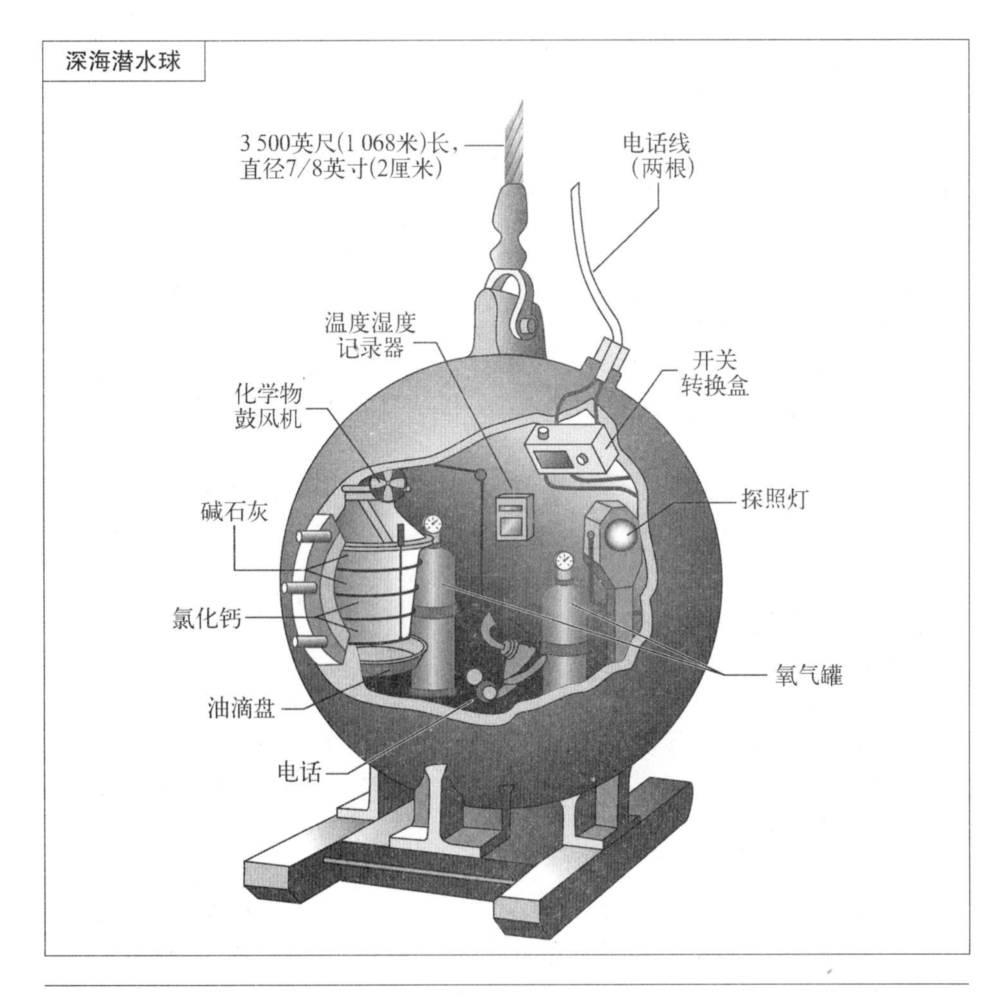

此图展示了深海潜水球的狭小内部，它的直径只有54英寸（137厘米）。左边列出的化学物可以将二氧化碳和湿气从球体中排出，从而保证了空气通畅。

亲历者说：水爆炸

毕比在深海潜水球的潜水记录——《半英里之下》中写道：当它回到驳船的甲板上时：

显然出问题了，当深海潜水球侧转时，我看到有像针那么细的水柱从窗台表面喷出。当它（深海潜水球）经过船舷被放在甲板上的时候，它的重量远远大于它本来的重量。从一个窗户看去，我看到它里面几乎充满了水。在水的顶部有一些奇怪的波纹，我知道，上面的空间里是满满的空气，这些气体没有人可以忍受。

毕比开始去拧那个巨大的蝶形螺母，这个螺母用来固定潜水球球门中心上的小型开口。他写道，拧了几圈后，“就出现了一些奇怪的、高频的声音，接着就喷出了细小的喷雾，然后是像针一样细的蒸汽，如此反复。这再次提醒了我，当我从窗户上看的时候，我就应该意识到，潜水球内部已经积聚了巨大的压力”。

这个探险家让船上的所有人都远离潜水球球门，并且准备了两台录像机，以记录接下来可能发生的一切。

我们两个小心翼翼地、一点一点地扭动那个黄铜把手，全身都被喷雾浸湿了，而且我发现，随着我们扭动把手，这个狭小设备所发出的不耐烦的、高频的声音音阶不断下降，大概每次轻微的扭动都会下降四分之一个音阶。意识到可能发生的情况，我们尽可能地向后倾斜，远离“发射线”。突然毫无预警地，螺栓从我们手中滑出，大量的铁块飞过甲板，其状况就像炮弹从弹道飞过一样。铜制螺母几乎是直线地飞过，横贯甲板，刺入了30英尺深的钢铁中，并且形成了半英寸（1.27厘米）深的凹痕。紧接着，一股强有力的水柱从门上的洞口喷出，不久后减弱变成了一股水流……如果当时我没有躲开，我肯定会当场毙命。

在对深海潜水球进行检查之后，毕比断定，水是从一个石英窗户进入了球内。他们在同样的位置重装了窗户，之后进行了测试，在被放入同样深度的水下后，潜水球返回时仍是干燥的。

曾经有一次，两人已经在潜水球里准备好了，驳船上的船员把400磅（180千克）的铁盖放在入口处的螺栓上，以此来进行密封。为了固定铁盖，船员们必须把螺母扭入螺栓中，然后再敲打几下，这些举动发出的噪声让潜水球里的两人饱受痛苦，听力受到了严重的损害。最终，他们用一个巨大的蝶形螺母把盖子中间4英寸（10厘米）的紧急出口封上了。紧接着，船员们把系着铁索和橡胶管的潜水球从驳船边上放入了水中。

当到达300英尺（91米）深时，毕比和巴顿惊恐地发现，有一滴水从门缝里渗了进来。然而，毕比并没有因此而要求回到海面，相反，他打电话请求更快地下沉，因为他相信，在深一些的地方增加的水压会让门密封得更好。非常幸运，他是正确的：泄漏很快就停止了。

在这个他后来称之为本能的选择后，毕比在800英尺（242米）深处中断了潜水。在结束了一个小时的水下活动后，深海潜水球被拉回到了驳船的甲板上。当从这个球形“监狱”中爬出时，毕比和巴顿几乎已经失去知觉，不久后，他们的助手和船上的船员一起为他们举行了一个小型庆功会。他们有理由庆祝：尽管这次潜水从本质上来说只是一次测试，但他们所达到的深度仍比之前人类所达到最大潜水深度的1.5倍还多。

一个奇异的世界

在1930年到1934年期间，毕比和巴顿共进行了16次深海潜水。每次潜水过程中，毕比都会给他的助手格洛里亚·霍利斯特（Gloria Hollister）打电话，气喘吁吁地发表一些评论，格洛里亚则小心地全部记录下来。1932年9月22日，通过无线电实况转播，毕比和巴顿向美国和英国的广大听众展示了他们的潜水探险，并向世界传达了他们的兴奋之情。

当从潜水球的小窗口中看到各种奇异美丽的深海生物时，毕比感受到了最大的兴奋。当看到一种叫樽海鞘的生物排成一列游来游去，他称赞道：它们“就像最好的缎带那样可爱”。他还描述了一种奇异的鱼，这种鱼的下颚非常大，而且一直张开，里面的牙齿就像针一样锋利。许多生物体能够通过自身的造光过程（这个过程也使萤火虫能够发光和闪光）发出光线。例如他在描述第七次潜水时所写到的，“我看到了一些生物，有好几英尺长，它们直直地朝窗户飞来，转向旁边，然后——爆炸。那道光是如此强烈，它几乎把我的脸和窗户里的基石都照得透亮。在这束光的照耀下，我看到了巨大的红虾和其中的

机械发明家奥蒂斯·巴顿(右)设计了深海潜水球,他与毕比(左)一起,参与了这艘潜水器所完成的所有载人航行,其中就包括它的最深潜水——1934年8月15日,他们潜入了水下3 028英尺(923米)深,或者大概是半英里,远远深过人类此前所到之处(野生动物保护协会)。

流光溢彩”。他断定，就像浅水中的章鱼受到威胁时会喷出墨汁一样，这种虾也会利用喷出的发光液来迷惑和恐吓入侵者。

1934年8月15日，毕比和巴顿乘坐深海潜水球潜入了百慕大清澈的水域中，并创造了最深的潜水纪录：3 028英尺（923米），大约半英里。在那个深度，深海潜水球每平方英寸的表面都要承受多于1 360磅（612千克）的水压。在最深的地方，毕比和巴顿只待了5分钟。

到此时为止，美国国家地理学协会已经联合纽约动物学协会一起为深海潜水器的潜水活动提供赞助，毕比也在协会刊物《国家地理》（*National Geographic*）上多次发表文章，描述他所经历的水下世界。以毕比绘制的奇异生物为蓝本，艺术家埃尔斯·博斯特尔曼（Else Bostelmann）为这些文章创作了插图。在《和毕比一起冒险》（*Adventuring with Beebe*）一书中，毕比也描述了他的潜水活动，当然此书还记录了其他的探险经历，而《半英里之下》则是对深海潜水球潜水的专论。

分道扬镳

1934年9月11日，毕比和巴顿乘坐深海潜水球进行了最后一次潜水（潜入深度至少1 403英尺［425米］）。之后，纽约动物学协会收藏了这个具有历史价值的球体，现在它被陈列在纽约水族馆。

潜水活动一终止，巴顿和毕比的友谊也随之结束。根据布拉德·马斯敦分析，从巴顿的言论和文章中可以看出，他觉得毕比没有完全信任他来建造潜水器，而这个潜水器把他们带入了令人惊异的深度，同时毕比也没有信任他，与他一起承担危险，而这些危险毕比曾非常生动地描述过。巴顿接着拍摄了一部电影——《深海巨人》（*Titans of the Deep*），这部电影在20世纪30年代末发行。电影海报中称，此电影是关于深海潜水球潜水的一部纪录片，但毕比写信给《纽约时报》和《科学》杂志，信中他强调“无论是我，还是我团队中的成员，都与这部电影没有关系”。结果，这部电影以失败告终。

20世纪40年代后期，巴顿又设计了一个水下航行器，他将之命名为球形海底探测器，这个探测器比深海潜水球更坚固。1949年8月，他乘坐这个探测器抵达了水下4 500英尺（1 370米）的深度，从而打破了1934年由他和毕比创造的潜水纪录。1953年，巴顿出版了自传——《水下世界》（*The World beneath the Sea*），书中也描述了深海潜水球的探险经历。

毕比也在继续着他的探险事业。20世纪30年代后期，他在下加利福尼亚

(Baja California)和中美洲太平洋沿岸一带戴着头盔潜水，开始从事于浅海中海洋生物的研究。1949年，在特立尼达群岛的加勒比海岛上，毕比建立了一个研究站，这也是他最后的家。依据他经常去的一个印度小镇的名字，他将这个研究站称为西姆拉。他的写作生涯也在继续。他一生中共创作了24部著作，以及800余篇自然历史方面的文章。

在他75岁生日那天，即1952年7月29日，毕比从动物学协会退休。此后的10年他都是在西姆拉度过的，陪伴他的是海洋生物学家乔斯林·克兰恩(Jocelyn Crane)，她从深海潜水球探险开始就是他的助手。1927年，毕比和作家埃尔斯威思·塞恩·里克(Elswyth Thane Ricker)结婚。他们并没有离婚，而且一生中都保持了很好的友谊，但他们很少在一起生活。1962年6月4日，毕比在百慕大因肺炎而去世。

激励后世

虽然威廉·毕比的文章经常刊登在科学杂志上，但同时作为一个受欢迎的作家，他的成功还是让很多科学家对他产生了怀疑。一些书评家认为，他书中对深海生物的描述夸大其词，甚至是他自己想象的产物。例如，美国自然历史博物馆近代鱼类馆馆长约翰·T. 尼科尔斯(John T. Nichols)曾这样评论《半英里之下》：毕比这本书属于虚构类小说。更多近代评论家指出，毕比描述的鱼类中有些是别人从未报道过的。

然而，还是有很多科学家相信毕比的诚实。1984年，美国自然历史博物馆前任馆长詹姆士·A. 奥利弗(James A. Oliver)这样说："之前我也曾怀疑毕比过分夸大了他的经历，直到我随他一起进入那个世界，我的观点改变了。"奥利弗说，尽管他是一个训练有素的科学家，但仍会遗漏一些动物及其活动，这时毕比就会及时地给他指出来。费尔菲尔德·奥斯本(Fairfield Osborn)是毕比从前导师的儿子，在父亲离开后，他继任为纽约动物学协会的主席，奥斯本在毕比死后所写的悼词中说："只有与毕比一起亲密工作过的人才会了解，他多么崇尚观测的准确性和可能性……他是一个伟大的科学家，拥有具有强大观测力的精良设备，这些设备经常让同行们大吃一惊。" 1928年，科尔盖特大学(Colgate University，位于纽约州哈密尔顿市)和塔夫斯大学(Tufts University，位于马萨诸塞州波士顿市)分别授予毕比名誉教授头衔，1926年，由于出色的自然类写作，毕比的《雉类专论》一书获得了约翰·卜洛奖(John Burroughs Medal)。

相关链接：指导后辈

毕比在职业生涯中曾鼓励和帮助了很多后辈科学家，其中也包括女性科学家。1944年，他正在主编一本自然学选集，即《博物学家之书》(*The Book of Naturalists*)，他选择当时默默无闻的海洋生物学家——蕾切尔·卡森(Rachel Carson)的关于鳗鱼生命周期的一篇评论作为书的最后一章。

在以后的日子中，毕比一直对卡森多有帮助。比如，1949年他帮助她进行了浅海潜水，此前她从未有过这种经验。他告诉她，所有的海洋科学家都必须有这种经历，即在原生态中直接观察海洋生物。

最终卡森发现，与原始的科学工作相比，她更喜欢对科学和自然进行描写。为了集中精力写作，她需要资金的保障，这时毕比帮助她获得了尤金·F. 萨克斯敦纪念奖学金(Eugene F. Saxton Memorial Fellowship)。这项奖学金是为有前途的作家而设立的，在该奖学金的帮助下，卡森在1951年出版了她的第一本书——《我们周围的海洋》(*The Sea around Us*)，此书成为畅销书。

卡森自此成为一个多产的作家，并且成为著名的生态学和环保运动的先锋。作为她最著名的作品，《寂静的春天》(*Silent Spring*)就杀虫剂对环境和人类健康造成的危害向人们发出了警告。

与同时代的许多科学家、作家和自然保护主义者一样，蕾切尔·卡森非常感谢毕比曾给予她的激励和帮助。她在《我们周围的海洋》的前言中写道："我对神秘的、意味深长的海洋的着迷，以及这本书的创作，都得益于威廉·毕比的支持和鼓励。"

不管怎么说，对水下动物的精确描述不能成为毕比最大的成就。毕比的第一个成就是——和巴顿一起，有勇气将自己塞入一个狭小的、相对深海高压来说很脆弱的容器中，并且冒险进入人类此前从未到过的区域。他的第二个成就是，通过自己的言论和写作，向更多的人传播了这个新世界的奇妙和美丽。无数的海洋科学家曾说过，正是受到毕比著作的激励，他们才进入了这个研究领域，比如在20世纪70年代创造世界深海潜水纪录的西尔维亚·厄尔(Sylvia Earle)。

十三

高度和深度

——奥古斯特·皮卡尔、雅克·皮卡尔和深海潜水器

1933年的芝加哥世界博览会上,云集了昔日和未来的各种深海探测技术。

过去一方以威廉·毕比为代表,他的深海潜水球在博览会上被展出。当时,毕比和他的潜水搭档奥蒂斯·巴顿还没有进行他们的最深潜水,不过就在一年之后,他们就完成了打破纪录的壮举。但即使是后来巴顿改造的潜水器——球形海底探测器,所到达的最深纪录也只是1949年创造的4 500英尺(1 370米)。设计者意识到,如果要在更深的水下活动,球体本身的重量加上提升它的铁索的重量,远远超过了船上的绞盘所能承受的范围。

未来一方以瑞士物理学家、工程师奥古斯特·皮卡尔(Auguste Piccard)为代表。在这里,毕比和皮卡尔相遇,而且与毕比一样,此时的皮卡尔已经名声在外。几年前,皮卡尔在相反的方向创造了纪录:抵达了地球大气层的新高度;他所乘坐的是自己发明的热气球,在博览会上,这个热气球上唯一的封闭舱(乘客座席)向观众展出。然而,在水下航行器方面,这位瑞士科学家的工作才刚刚起步。不过还算及时,皮卡尔和他的儿子雅克·皮卡尔(Jacques Piccard)(1933年时还是个孩子),将到达比深海潜水球测量的深度还要深得多的水下。在人类历史上,皮卡尔家族拥有双重的荣誉,他们不仅创造了最高的飞行纪录(微缩版的太空漫游),还潜入了最深的水下。

天才双胞胎

1884年1月28日，奥古斯特·皮卡尔和他的双胞胎哥哥让-菲利克斯·皮卡尔（Jean-Felix Piccard）在瑞士出生。他们家族不但富有，而且在当地很有声望。他们的父亲是巴塞尔大学化学系主任；他们的叔父在日内瓦拥有一家工厂，为水利电厂生产涡轮；他们的祖父曾是巴塞尔地区的专员。

这对孪生兄弟一起进入苏黎世联邦技术学院学习，只不过奥古斯特主修机械工程，而让-菲利克斯则主修化学工程。1907年，他们一起取得了博士学位。

1906年前后，奥古斯特·皮卡尔开始思考去深海探险。他绘制了探险家乘坐球体在水下漫游的图景，这个球体拥有足以承受深海水压的厚实坚固的球壁，而这些与20年后奥蒂斯·巴顿所做的一切惊人相似。然而，与巴顿不同的是，皮卡尔并不准备用一根铁索来升降球体。从18世纪后期开始，人类就利用充满了热空气或氢气（这两种气体都比高层大气中的冷空气更轻）的巨大气球来搭载人类升空。据此，皮卡尔认为，可以在水下的铁球上系一个像气球一样的漂浮物，里面填充的物质要比水更轻，因此，利用这个漂浮物和一些砝码就可以升降铁球了。另外，用漂浮物代替铁索可以增加球体的安全性和灵活性（因为球体可以自行升到水面）。

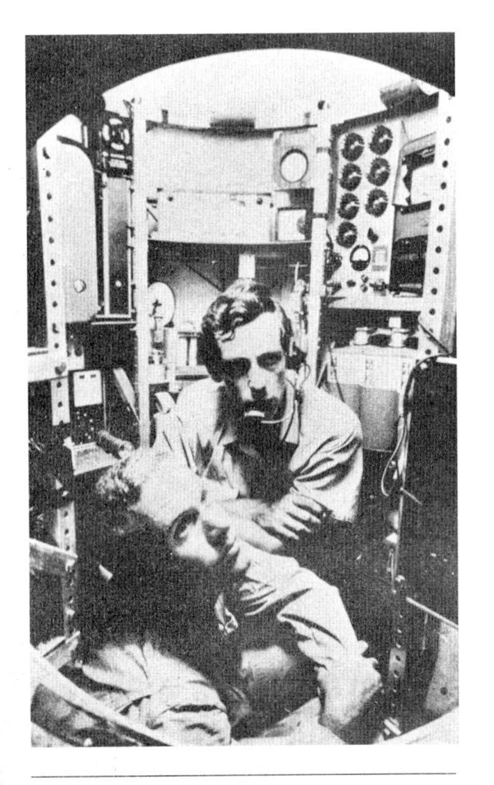

1960年1月23日，雅克·皮卡尔（上）乘坐由自己和父亲奥古斯特设计的潜水器——“的里雅斯特”号，和美国海军上尉唐纳德·沃尔什（下）一起，潜入了大洋的最深处。图中是两人在潜水球狭小的乘务舱内的情景（美国国家海洋大气管理局/商业部，船3324）。

然而，在皮卡尔获得博士学位后，他的注意力却从海洋转移到了天空。与哥哥一样，他着迷于从太空进入地球高层大气的各种宇宙射线和高能亚原子微粒。为了研究宇宙射线，1913年，皮卡尔兄弟从苏黎世出发，开始进行热气球飞行。当1914年第一次世界大战爆发时，兄弟两人应召入伍，加入了瑞士军队气球军团（战争中的其他国家也有类似的军团），他们的任务就是从空中监视敌军的行动。1915年，兄弟两人结束服役。

高空研究

和父亲一样，让–菲利克斯·皮卡尔成了一个化学教授。后来他移民美国，并在1931年加入美国国籍，成为明尼苏达大学的教授。1960年1月23日，他在明尼阿波利斯去世。

与之形成对比的是，奥古斯特·皮卡尔一直在苏黎世教授物理学。他帮助同事阿尔伯特·爱因斯坦设计仪器，测量宇宙射线的辐射，并因此获得了发明家的声誉。1922年，皮卡尔移居比利时的布鲁塞尔，并在那里继续任教。

在布鲁塞尔，皮卡尔继续思考气船航行。平流层是位于海平面以上10.8英里（18千米）到54英里（90千米）之间的大气层，从1900年开始，科学家不断发射装载仪器的气球，以此研究平流层中的宇宙射线和其他大气现象。皮卡尔认为，与仅有仪器相比，如果气船上有人的话，就能够观测到更多的东西，但从没有人涉足过平流层，因为那里空气中的氧气含量太少，以至于人无法生存。只要到海平面以上2.9万英尺（8 788米）的高度，人类就会失去意识。

这时，皮卡尔想起了他的深海探测器计划，据此他为高空气球设计了一个封闭舱，舱内的空气能够保证驾驶者呼吸通畅。他的这个设计得到了比利时国家科研基金（Fons National de la Recherche Scientifique，简称FNRS）的资助，为了向这个组织表示敬意，他将这个设计称为FNRS–1。

FNRS–1于1930年制造完成，它是第一个装有压力舱的飞行器，压力舱也成为现在飞机的标志性特征。这个铝质舱宽7英尺（2.1米），与一个氢气球相连。1931年5月27日，皮卡尔和德国科学家保罗·基普弗（Paul Kipfer）一起驾驶氢气球从德国奥格斯堡附近的一个牧场起飞，并创纪录地到达了5.177 5万英尺（1.578 5万米）的高度。

1932年8月18日，在从苏黎世起飞的一次飞行中，皮卡尔和另一位副驾驶马克思·科桑（Max Cosyns）创造了更高纪录：5.313 9万英尺（1.620 0万米）。皮卡尔只有一个孩子——雅克（出生于1922年7月28日），当时还是一个9岁男孩的他与许多人一起观看了气球升空的过程。到1937年为止，奥古斯特·皮卡尔一直进行气球飞行，共计27次。

第一个深海潜水器

1937年，此时距他在芝加哥与毕比见面已经有很多年，奥古斯特·皮尔卡将他的注意力从大气高度转向海洋深度，这也是他的“初恋”。他把设计FNRS-1的经验运用到这个最初的计划中，并设计了他称为深海潜水器（Bathyscaphe，来自希腊语，意为“深处的船”）的航行器。航行器制造的前期工作再次得到了比利时科研基金的资助，因此，皮卡尔把他的第一个深海潜水器称为FNRS-2。

与毕比和巴顿的深海潜水球一样，深海潜水器的人工驾驶部分也是球形，由铁铸成。球体直径6.6英尺（2米），重10美吨（9吨），并拥有3.5英寸（9厘米）厚的球壁，它能承受每平方英寸1.2万磅（每平方厘米843.6千克）的压力。球体上系有一个长22英尺（6.7米）的巨大铁壁漂浮物，这个漂浮物实际就是一个水下飞艇或坚硬的气球而已。漂浮物里充满了庚烷——一种用于飞行器的高能汽油。

庚烷比水轻大约30%，所以漂浮物使航行器的浮力更大。当需要下沉潜水器时，球内的驾驶者只需将漂浮物中两舱之间的阀门打开。之后庚烷就会从舱中流出，海水流入，这样就会使航行器更重。漂浮物下面的桶框中，磁力强劲的电磁体吸附着满满两斗小铁球，合起来重达好几吨。如果潜水者想回到海面，他们只需切断控制磁体作用的电流。这时铁球从桶中漏出，深海潜水器重量减轻，很快漂浮物就会把潜水器提升到海面。

由于第二次世界大战的发生，皮卡尔的深海潜水器工作被迫暂时中断，不过在20世纪40年代后期，他再次开始研究工作。1948年11月3日，FNRS-2进行了第一次无人深海潜水，地点是西非国家塞内加尔的达喀尔市周边的大西洋。这次潜水只到达了4 600英尺（1 394米）的深度，与皮卡尔的预期相距甚远。虽然潜水器能够承受深海水压，但海面的巨浪却使漂浮物的薄壁受到了严重的损坏。皮卡尔明白，在航行成功之前，潜水器的设计必须进一步改进。

“的里雅斯特”号

媒体批评皮卡尔FNRS-2在非洲测试中的“失败”，而法国海军的代表却对这次测试印象深刻。1950年，他们从比利时购入了FNRS-2，在FNRS-3的名义下开始对它进行改装。起初，皮卡尔在海军部担任顾问，但他与海军部官员相处得并不愉快，于是一年后他从海军部辞职。其余科学家完成了FNRS-3的改造，这个设备也创造了多项潜水纪录。

在这个时期，皮卡尔已经有了一个重要帮手——他的儿子雅克。这个从小观看父亲驾驶气球飞行的小男孩，在1946年获得了日内瓦大学经济学博士学位。博士毕业后，雅克在大学里教了两年书，但他的兴趣逐渐与父亲靠拢，他们一起分享对深海的热爱，直到FNRS-2测试期间，他辞去了教职，全部时间都与奥古斯特一起工作。

刚开始时，皮卡尔父子困扰于没有足够的钱继续潜水器工作，但最终他们从瑞士和意大利的个人及团体那里，得到了足够的资金支持，从而能够开始建造一个新的深海潜水器。他们将它命名为"的里雅斯特"号（Trieste），以此纪念向他们提供部分资金援助的意大利海滨城市。

"的里雅斯特"号的球体部分由锻钢制成，因此它比FNRS-2的铸钢球体更坚固。球体上有若干圆锥体的视口，厚度达6英寸（15厘米），宽度从外到内递减，从16英寸（41厘米）减少到4英寸（10厘米）。视口由树脂玻璃（甲基丙烯酸甲酯）制成，这是一种新型塑胶制品，在第二次世界大战期间发明，主要用于为飞机视口提供高清晰、防碎的遮盖物。毕比深海潜水球的窗户是由易碎、易燃的石英制成，与之相比，树脂玻璃就显得坚固得多。

"的里雅斯特"的漂浮物长50英尺（15米），是FNRS-2的漂浮物长度的两倍还多。漂浮物构造坚固，并被分为12节，每节尾部为锥形，这样，当其中一节被损坏时，其他部分还可以保证完好。当航行器在海面时，边上的两节内部充满了空气，当潜水开始以后，为了让航行器下沉，这里面就要充满海水。

1953年9月30日，在意大利蓬扎（Ponza）海岸的地中海上，奥古斯特·皮卡尔和雅克·皮卡尔驾驶新潜水器进行了第一次水下航行，到达了1.033 5万英尺（3 151米）的深度。这次创纪录的潜水也是69岁的奥古斯特的最后一次潜水。1954年，老皮卡尔辞去了比利时的教职，回到了瑞士。

其他科学家：雅克-伊夫·库斯托（Jacques-Yves Cousteau）

作为法国海军官员，雅克-伊夫·库斯托曾目睹1948年FNRS-2的试航。之后，他驾驶FNRS-3进行了潜水，FNRS-3是从FNRS-2改造而成的。他不断努力，获得了多种荣誉：他是一个机械发明家，他发明的器械极大地促进了水下探险；他还是一个探险家、作家和电视制作人，他的作品向数百万人展示了海洋的神奇和重要性。

1910年6月11日，库斯托出生于法国的圣安德烈-德屈布扎克（Saint-Andre-de-Cubzac），1936年他从防护镜中第一次看到了水下世界，从此就与海洋结下了不解之缘。他进行第一次重要潜水时，配备了水下呼吸器，或者叫水肺（自携式水下呼吸装置），即潜水者背上的空气供给罐。1943年，他和朋友埃米尔·加尼安（Emile Gagnan）一起完成了这个装置。有了它，潜水者就可以在水下自由移动，而且可以在水下停留较长的时间。

1950年，库斯托向美国海军购买了一艘扫雷艇，经过改造后，他把它命名为"卡吕普索"号（Calypso）。一年以后，他乘"卡吕普索"号进行了第一次潜水，与此同时，他开始设计一艘小型潜艇——"茶托"（Soucoupe）。这艘潜艇可以进行水下操作，而且很小，一艘船足以装载，1957年，它进行了第一次测潜。以后的研究潜艇多以库斯托的设计为基础。

库斯托乘"卡吕普索"号探险的足迹遍布世界各地。他将这些经历拍摄成影片，或者撰写成书，这些书、电影和电视节目都非常受欢迎。在晚年，他致力于环境和社会问题的预防，其中就包括海洋污染和核战争。1997年6月25日，库斯托去世。

加入海军

尽管地中海潜水取得了成功，但雅克·皮卡尔还是许多年得不到资金支持，因而无法继续进行潜水器的开发。1955年左右，在伦敦举行的一次科学会议上，皮卡尔遇到了在美国海军研究办公室工作的地质学家——罗伯特·迪茨（Robert Dietz）。在皮卡尔描述了"的里雅斯特"的情况后，迪茨表现出来的热情与这个瑞士青年不相上下。回到美国后，一方面从对深海感兴趣的科学家之中，一方面在美国海军研究办公室内部，迪茨开始设法为深海潜水器获取支持。

随着冷战的不断升级，美国海军官员对这种航行器的理念非常感兴趣，例如，它可以帮助他们了解深海中声音传播的方式。而这些信息有助于美国海军追踪苏联潜艇，窃听苏联船只与岸上的交流内容。

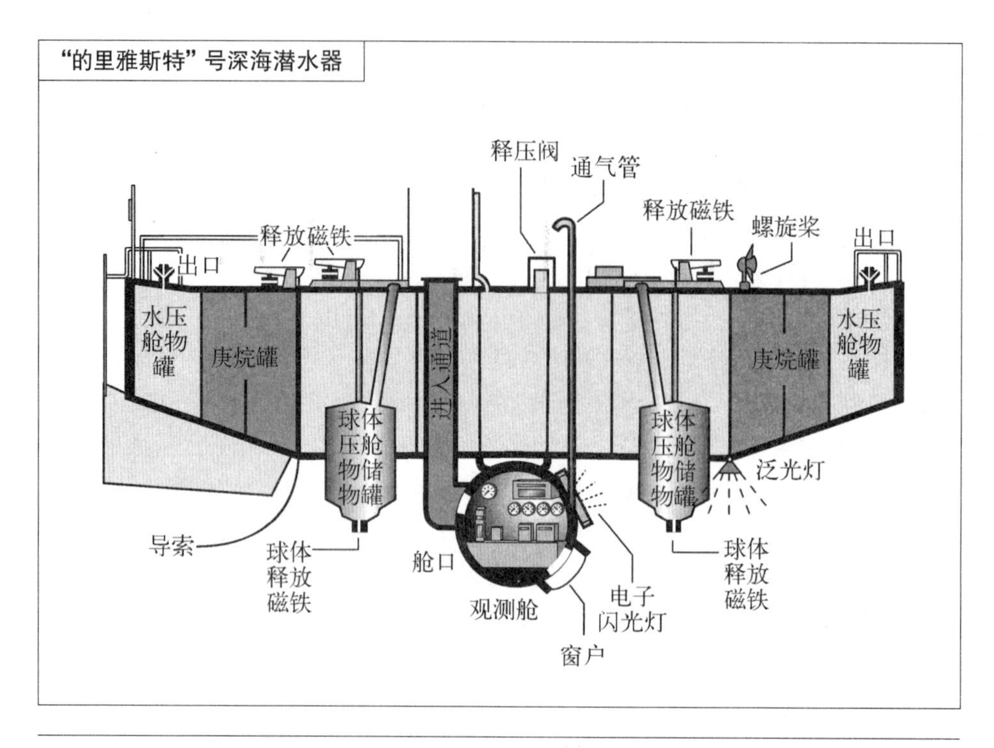

这幅图是"的里雅斯特"号的结构图。底部的乘务球体（观测舱）被巨大的漂浮物牵引。漂浮物内填充的是庚烷，它比水的密度小，因此也更轻。当球体底部的铁质压舱物被倾倒出的时候，漂浮物就会把航行器提上海面。

1957年夏，美国海军研究办公室在地中海赞助实施了"的里雅斯特"号的一系列潜水，以此来检测它的性能。美国海军研究办公室对皮卡尔的展示非常满意，1958年他们以25万美元购入了"的里雅斯特"号，并准备将它运回美国。美国海军部承诺，在执行"特殊疑难潜水"时，可以让皮卡尔驾驶这个深海潜水器。有了这个承诺，皮卡尔同意以顾问的身份随这个潜水器一起到美国。

准备潜入最深处

1958年8月，"的里雅斯特"号抵达位于加州圣迭戈的海军电子学实验室。此时，美国海军部正计划对深海潜水器进行最终的测试：潜入"挑战者深渊"的海底。此处位于马里亚纳海沟，英国研究船只"挑战者Ⅱ"号将它定义为世界海洋的最深点（1875年，"挑战者Ⅰ"号最早的站点之一即在此处附近建立）。

尽管“的里雅斯特”的压力舱比毕比的深海潜水球稍大，但它也只能容纳两人。在这次创纪录的潜水初期，海军部选任海军上尉唐纳德·沃尔什（Donald Walsh）为项目负责人，他是一个经验丰富的潜艇官员，安德里亚·雷希尼茨（Andreas Rechnitzer）则担任首席科学家。然而，雅克·皮卡尔并不打算放弃这次具有里程碑意义的探险。他声称，潜入世界最低点无疑是“疑难问题”的典型表现，因此他有权驾驶航行器。在多次争论之后，海军部同意让皮卡尔代替雷希尼茨进行潜水。

为了应付“的里雅斯特”号所面临的最大挑战，海军部在德国建造了一个更坚固的球体。同时，海军部工程师把漂浮物增长了8英尺（2.4米），并把视口缩小到直径只有2英寸（5厘米），这个大小只能容纳一只眼睛。经过一系列的试潜后，1959年10月，深海潜水器被运送到了西太平洋上的美军基地关岛。

水下珠穆朗玛

1960年1月23日，“的里雅斯特”号潜入的地点，被探险家、海洋学家罗伯特·巴拉德（Robert Ballard）在《深海探险的个人史》（*A Personal History of Deep-sea Exploration*）中称之为“海洋中的珠穆朗玛峰”。就在前一天晚上，深海潜水器被运到关岛西南方大约200英里（322千米）的潜水地点。汹涌的海浪敲打着航行器，一些部件被损坏了，要修复和更换还需要很长一段时间，但没有人想推迟开始时间。于是，在第二天凌晨，皮卡尔和沃尔什通过漂浮物内的通道，进入了潜水器的压力舱。上午8点23分，他们开始下潜。

与海面上的暴风骤雨不同，下潜一开始，“一切都变得非常平静、非常美丽”，1984年皮卡尔向记者简·桑德伯格（Jan Sundberg）说道。然而，当下潜到大约3.25万英尺（9 848米）深的时候，皮卡尔和沃尔什听到一声巨大的爆裂声。他们惊恐地检查潜水器上的报警信号。发现没有异常后，他们继续下潜。

下午一点，“的里雅斯特”到达了海底，此处深度为3.580 2万英尺（1.091 2万米），比珠穆朗玛峰还要高出两千多米。航行器的回声探测器发出海底就在附近的信号，不久之后，深海潜水器就在一团浅灰色的软泥中着陆，这种软泥和“挑战者”号探险家曾研究过的细小沉淀物是同一种物质。沃尔什之后说，被这些搅动的沉淀物包围就像“身处于一大杯牛奶中”。

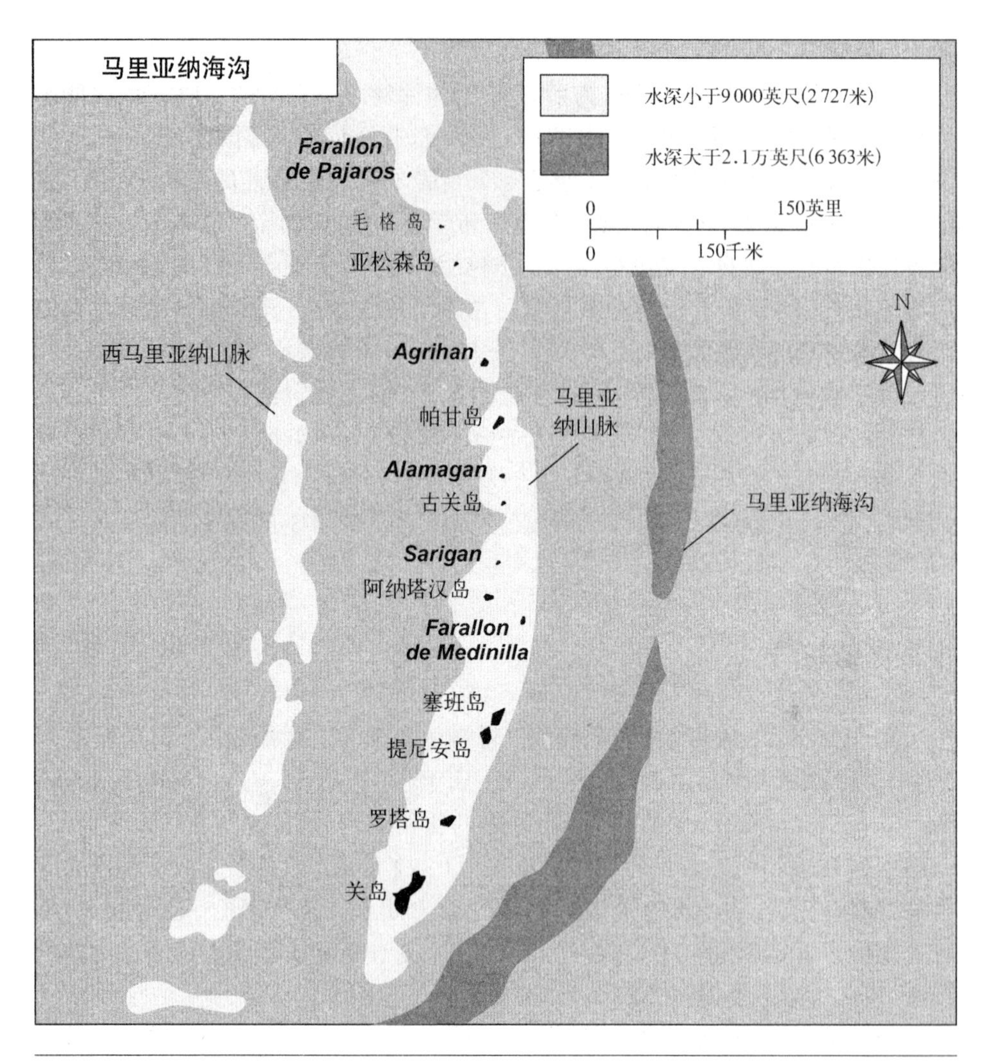

马里亚纳海沟，即"的里雅斯特"号破潜水纪录的地点，沿西太平洋中马里亚纳群岛的海岸线蜿蜒而行。海沟中的最低点，即"挑战者深渊"，大约在关岛西南200英里（322千米）处，而关岛则是马里亚纳山脉的最南端。

深海潜水器刚刚着陆，皮卡尔和沃尔什就报告说，他们看到一条1英尺（30.5厘米）长的比目鱼，似乎是鳎或者鲆，就躺在他们附近的海底上。这只让人震惊的鱼起身，慢慢拍打着水游去。这时，皮卡尔惊讶地发现，它竟然有眼睛，而这个深度阳光根本无法穿透。但是，之后科学家却对他们是否真的看到过一只鱼有争议。许多科学家认为，他们看到的动物实际上是海参，一种常出现于海底平原的原生生物。

从球体上方的视口观察登陆舱后，沃尔什明白了为什么他和皮卡尔在潜水时总是听到噪声。登陆舱是连接球体和入口的通道，它的一个树脂玻璃有了裂缝。在他们进入球体并被密封以后，登陆舱已经充满了海水，不过情况显示，裂缝还不足以造成直接的危险。

在海底停留了20分钟之后，皮卡尔和沃尔什将"的里雅斯特"的压载物或额外的重量——铁质小球，扔到了海里，然后开始上升。和下潜一样，他们的回归之路平静顺利。下午4点56分，深海潜水器回到了海面，他们在水下共停留了8个半小时。当他们从漂浮物的通道中出来的时候，喷气式飞机从他们头顶飞过，机翼划过海面，海军部用这种方式向他们表示祝贺。

在皮卡尔和沃尔什完成这次里程碑式的潜水后不久，当时的美国总统德怀特·D. 艾森豪威尔（Dwight D. Eisenhower）对他们进行了表彰，授予皮卡尔公共服务杰出贡献奖（Distinguished Public Service Award），授予沃尔什优质勋章（Legion of Merit）。1960年，皮卡尔获得西奥多·罗斯福杰出贡献奖，1970年和1971年，法国艺术、科学和文学协会、比利时皇家地理学协会分别授予他金质奖章，1972年，比利时政府授予他利奥波德勋章（Order of Leopold）。

寻找失踪的潜艇

"的里雅斯特"号还进行了另一次重要的探险。1963年4月10日，美国核潜艇USS"长尾鲨"号（Thresher）在一次演习中失踪，失踪地点是马萨诸塞州220英里（352千米）外的大西洋。没有人知道核潜艇发生了什么，也没有人知道潜艇上129个船员的情况。失事地点的海底有8 400英尺（2 545米）深，在当时，这个深度只有"的里雅斯特"号才能抵达。但是，"的里雅斯特"号在"挑战者深渊"潜水之后已经退役了，不过海军部还是命令将它运到波士顿，把它放入海中来寻找失事潜艇。

在经历多次失败后，8月18日，"的里雅斯特"号的驾驶员（既不是皮卡尔，也不是沃尔什）终于发现了散落在海底的已经扭曲的潜艇残骸。他们驾驶这个笨重的潜水器，并拍摄了大量的残骸照片。此后调查人员断定，巨大的压力使海水从输送管上的裂缝渗入了潜艇，如此严重的破坏使潜艇不断下沉，最终到达"爆炸深度"并发生自爆。

完成"长尾鲨"号搜寻之后，"的里雅斯特"号正式退役，被陈列在位于华

1932年，“的里雅斯特”号潜入了海洋中的最深处，即水下3.580 2万英尺（1.091 2万米）。图中是它正被吊离水中的情景（美国海军，照片号96801）。

盛顿的海军博物馆。1963年末，性能更先进的“的里雅斯特Ⅱ”号取代了“的里雅斯特”。1969年，这次轮到“的里雅斯特Ⅱ”号搜索另一艘失踪的海军潜艇——“蝎子”号（Scorption）。7月20日，“蝎子”号的具体位置被找到。就在同一天，宇航员尼尔·阿姆斯特朗（Neil Armstrong）第一次登上了月球。1984年，“的里雅斯特Ⅱ”号退役，它是最后一艘此类潜水器。

湾流之下

到1966年为止，雅克·皮卡尔一直担任美国海军顾问。但实际上，在马里亚纳潜水后不久，他就回到了瑞士，并开始与父亲合作，制造一种他们称之为浅水探海艇，或者叫“中船”的航行器。浅水探海艇由奥古斯特·皮卡尔设计，它的预期下潜深度只有2 000英尺（606米）。不过正因为这样，它可以比深海潜水器更大、更舒适，里面有点像小型客机的机舱。

雅克·皮卡尔向瑞士全国博览会的举办者提议，在即将举行的博览会上，用建造的浅水探海艇来搭载参观者参观日内瓦湖底的景色。主办方采纳了这个提议，1964年，博览会在洛桑举行。在此期间，浅水探海艇“奥古斯特·皮卡尔”号共进行了1.3万次航行，搭载3.3万人穿越了300英尺（91米）深的湖水。1962年3月25日，老皮卡尔在洛桑去世。

然而，雅克·皮卡尔不仅把中船看作一个吸引游客的砝码。他向位于马萨诸塞州科德角的伍兹霍尔海洋研究所提议，利用浅水探海艇对流经美国东部的大西洋部分——湾流进行探测，以便研究深海洋流和其中的海洋生物。1968年，50英尺（15米）长的航行器——“本·富兰克林”号（Ben Franklin）完工，它的名字取自政治家、科学家富兰克林，他兴趣广泛，湾流也是他的兴趣之一。这个浅水探海艇有25个视口，每个角上都有一个机动化螺旋桨，能够推动中船上下前后移动。船的底部配有巨大的电池，能够保证水下工作数周所需的电量。

1969年7月14日到8月14日，皮卡尔带领6个人完成了湾流探险，他们从佛罗里达的西棕榈海岸出发，最终到达加拿大新斯科舍（Nova Scotia）西南360英里（576千米）处。在整个旅行中，“本·富兰克林”号全程参与了潜水。这次探险所获颇丰，成果包括：数百小时长的磁带，海底声波定位图，数百张海底照片，以及描述浅水探海艇内日常生活的其他图片。

具有冒险精神的三代人

雅克·皮卡尔晚年最大兴趣是保护海洋及其生态，以避免由人类活动所造成的污染、过度捕捞和其他危害。例如，在1984年简·桑德伯格所做的一次采访中，皮卡尔就指出，将深海作为放射物质的倾倒场是非常危险的，这是因为科学家已经发现，洋流运动是在深海和海洋表面之间循环进行的。20世纪70年代，他成立海湖研究保护基金会。

皮卡尔晚年仍在继续进行潜艇的设计。他设计的三人潜艇——“羊皮纸”号（Forel），在欧洲进行了700多次湖泊潜水，应用于工业、科学和救援各方面。他还发明了多种游客潜艇。2008年，他在瑞士日内瓦湖畔的家中去世。

1958年，皮卡尔的儿子伯特兰（Bertrand）出生，他也在继续着家族的传奇——创纪录的航行。他回到了祖父曾深深热爱的大气层，并与英国副驾驶员布莱恩·琼斯(Brian Jones)一起,成为第一个驾驶气球进行不间断全球航行的人。这次航行历时20天,于1999年3月间进行。

在1960年1月的那次著名潜水中,奥古斯特·皮卡尔和雅克·皮卡尔的深海潜水器所创造的纪录(3.580 2万英尺,1.091 2万米),后人可以追上却永远无法打破,这是因为,他们已经到达了世界海洋的最低点。此外,在《美国深海潜艇发展史》(*The History of American Deep Submersible Operations*)中,潜艇工程师威尔·福曼(Will Forman)写道,皮卡尔的深海潜水器"确立的潜艇设计的许多基本标准,至今仍在使用"。尽管如此,就像毕比的深海潜水球一样,深海潜水器事实上也是一个结束。虽然深海潜水器不再系铁索,但它们的灵活性仍然很差;罗伯特·巴拉德等评论家说过,深海潜水器不像真正的潜艇,更像一个升降机。潜水器上的窗户又小又厚,这使得海底观测变得很困难,而且驾驶员完全不能接触水下世界。如果要对深海潜水器曾到达的那个世界进行真正的探测,就需要一种非常不同的潜水器。

十四

永远无法愈合的伤痕

——布鲁斯·希森、玛丽·萨普和绘制海底地图

制作普通地图是一份相对容易的工作。对于将要绘制的那片土地，创作者可以亲自走过，可以驱车前往，也可以从空中俯瞰。通常情况下，他们能够看到版图界限，然后进行测量，这个过程通常也不难。但海底制图就不会这么幸运了。他们的研究对象被成百甚至上千英尺的海水覆盖。如果让所有的海水都消失，制图将会方便得多。但是，科学和想象发生怎样的化学作用才会出现这种情况呢？

图中人物是哥伦比亚大学拉蒙特地质学观测站（后来的拉蒙特-多尔蒂地球观测站，现在属于地球学院）的布鲁斯·希森，在20世纪50年代到70年代期间，他和玛丽·萨普一起，制作了那个时代最完整、最易懂的世界海洋地图。在这个过程中，他们发现了新的地质特征，从而完全改变了科学家对于地壳形成和消亡方式的理解。

二十世纪五六十年代，在纽约哈得孙河附近的一幢改建过的公寓内，科学家们绘制了第一幅世界海底地图，这个地图显示了在没有海水的情况下，海底所呈现的样子。在地图绘制的筹备过程中，研究者发现了地壳的新特征，从而使科学家对地壳形成和变化方式的看法发生了改变。这次绘图的小组负责人就是布鲁斯·希森（Bruce Heezen）和玛丽·萨普（Marie Tharp）。

从化石到海底山脉

1947年初，当时雅克·皮卡尔还在准备潜水器的第一次试航，正是这个潜水器后来潜入了世界海洋的最低点，此时布鲁斯第一次被海底深度的魅力深深吸引。1924年4月11日，希森出生于艾奥瓦州文顿市，在这个州的马斯卡廷，他们家有一个火鸡农场，他就是在那里长大的。1947年，作为艾奥瓦大学的三年级学生，当时他正考虑是否主修古生物学（研究化石），这时他参加了哥伦比亚大学地质学教授莫里斯·尤因（Maurice Ewing）的演讲。那次演讲以及之后与尤因的私人会面，改变了希森的职业规划。

尤因在当时已经是海底地质学的权威。他在众多大学讲学，为的是寻找有前途的学生参与他的探险——最好不要报酬。希森正符合尤因心目中的新人形象。据大卫·M. 劳伦斯（David M. Lawrence）的《深渊中的剧变》描写，尤因曾问他："年轻人，你想去大西洋中脊探险吗？那里有许多山，但我们却不知道山体的走势"。大西洋中脊是巨大的水下山脉链，它像一条无形的脊椎一样，在大西洋的中心绵延。虽然"挑战者"号探险及其他探险活动都曾勘测过此地，但人们对它的了解仍然很少。

希森接受了尤因的邀请，并且将专业改为地质学。1948年春，获得地质学学士学位后，在马萨诸塞州科德角的伍兹霍尔海洋研究所，希森终于与尤因会合。在他们准备大西洋中脊探险期间，希森帮尤因设计了好几个水下录像机，这件事让尤因印象深刻。在之后的探险过程中，当尤因不得不离开的时候，他告诉希森，让他代替自己出任首席科学家，继续完成余下的旅行，这让这个年轻人惊讶不已。

那年秋天，希森在尤因的指导下开始研究生学习，并于1952年获得硕士学位，1957年获得博士学位。1948年12月，希森刚到哥伦比亚大学几个月后，他和尤因以及相关的科学家一起，到了纽约帕利德塞悬崖（Palisades）上的一幢公寓，此地位于哈得孙河的西岸，与哥伦比亚大学校园只有20英里（32千米）之遥。这幢公寓是银行家汤姆生·拉蒙特（Thomas Lamont）的遗孀捐赠给哥伦比亚大学的，经过改造后，尤因将这个新研究中心称之为拉蒙特地质学观测站。这个研究中心之后易名为拉蒙特-多尔蒂（Lamont-Doherty）地球观测站，现在属于哥伦比亚地球学院。

战争带来的职业

到20世纪50年代初为止，尤因、希森及其他科学家已经收集了大西洋海底的大量数据。将这些数据转化为地图的人是玛丽·萨普。

地图是萨普家族遗产的一部分。她的父亲威廉·埃德加·萨普（William Edgar Tharp）是美国农业部的土地测量员，也是一位地图绘制师。1920年7月

30日，玛丽·萨普在密歇根的伊普西兰蒂出生，此后由于父亲的工作需要，他们的住址频繁变更，几乎遍布了全国。

威廉·萨普告诉女儿，要选择自己真正喜欢的事情作为职业。玛丽后来进入了俄亥俄州立大学，这时玛丽并不确定自己想做什么，但她知道那肯定不是教师、秘书或护士，而这些是那个时代仅有的几个向女性开放的职业。最终她选择了英语和音乐，并于1943年毕业。

玛丽·萨普经常说，她选择地质学作为职业应该归功于珀尔·哈伯（Pearl Harbor）。1941年，日本袭击夏威夷军事基地，这个事件将美国卷入了第二次世界大战，青年男子纷纷走出大学和工厂，加入了军队。本来理科学生可以接管士兵留下来的工作，但他们的入伍让这种希望落空，于是许多高校和大学院系第一次向女性敞开大门。密歇根大学地质系就是其中之一，它不仅为女性学生提供学历课程，而且当完成课程的学习后，她们还可以在石油公司获得一份工作。于是，萨普和另外9名年轻姑娘一起进入了大学。

1944年，萨普获得地质学硕士学位，并进入俄克拉何马州塔尔萨的斯塔诺林德（Stanolind）石油天然气公司工作。她发现，她不被允许进行田野作业，而其他同样毕业于地质系的男生则可以。她和所谓的公司职员并无差别，仅仅是坐在办公室，收集男性职员发来的数据。即使她取得了塔尔萨大学的数学第二学位，她在公司里的地位也依然没有得到提升。1948年，就在她获得数学学位的同一年，她离开石油公司来到了纽约，希望在这里能够找到一份研究员的工作。

萨普求职经历的地点之一就是哥伦比亚大学，在这里她与莫里斯·尤因相遇。萨普向大卫·劳伦斯描述道，对于一位背景如此不寻常的

莫里斯·尤因博士，在伍兹霍尔海洋研究所开始了他的职业生涯。之后，他建立了拉蒙特地质学观测站（现在是哥伦比亚大学地球学院的一部分），并担任领导。他发明的设备、他领导的研究旅行，以及他训练的科学家，都对20世纪中期海洋学革命的发生有重要推动作用。

其他科学家：莫里斯·尤因（1906—1974年）

正是威廉·莫里斯·尤因和拉蒙特地质学观测站其他科学家的不懈努力，才造就了以下的各种成就——布鲁斯·希森和玛丽·萨普所绘制的海底地图大部分数据都来自他们，引起20世纪60年代地球科学"革命"的板块构造理论，其基础也是他们所收集的数据，这种理论对地壳形成和变化方式提出了新的观点。尤因强调，他们的科考船应该几乎不间断地出海，船上的男人（他不允许女性参与航行）则要24小时处于待命状态。而其中最努力的就是尤因自己了。

1906年5月12日，尤因出生于得克萨斯州洛克尼（Lockney）的一个穷人家庭。他获得奖学金进入休斯敦的莱斯学院（现在的莱斯大学），1926年他从这里毕业，并获得了数学和物理学的双学位。1927年和1930年，还是在莱斯大学，他先后获得了物理学的硕士学位和博士学位。

在20世纪30年代，尤因经常乘科考船，如伍兹霍尔海洋研究所的"阿特兰蒂斯"号进行航行。在这些探险中，他发现不同地方的海底，其地心引力也不相同，这说明海底所包含的岩石种类存在着差别。在第二次世界大战期间，尤因对水下声音传播方式的研究，直接导致了声波探测法的发明，这种方法被应用于远距离潜艇勘测。

1944年，尤因加入哥伦比亚大学地质学系。1949年，他建立了拉蒙特地质学观测站，从建立之日起一直到1972年，他一直担任这个观测站的负责人。同时，他也一直在伍兹霍尔海洋研究所进行研究工作。

在20世纪50年代到60年代期间，尤因和他的研究小组乘拉蒙特的研究船"魏玛"号（Vema）收集了海底数据，他们的研究途径有两种：回声定位（向海底发送声波并对回声的数据进行记录），或地震绘图（从海面上向海底投射炸药，记录爆炸的回声）。在1947年的一次测试中，尤因发现海底熔岩层比大家想象的要薄很多，与此相对应的是，它们所包含的化石都是在最近的地质时期形成的。事实证明，这个发现对那些研究海底形成的科学家是非常有价值的。

1972年，尤因离开了拉蒙特，开始在加尔维斯顿（Galveaton）的得克萨斯州立大学任教。1974年5月4日，他因中风去世。

女性，他这个地质学先锋“不知道该怎么办”，“最终他脱口而出‘你能绘图（精密性、技术性的画图）吗？”萨普说可以（她曾在密歇根大学兼职绘图），然后尤因就雇用了她，让她担任研究助理。

新式地图

起初，在尤因的实验室，玛丽·萨普有求必应，帮助了很多大学生。不过，布鲁斯·希森对她的制图情有独钟，很快玛丽就被任命为他的个人助手。在希森的一生中，他们一直是专业上的好搭档，生活中的亲密朋友。

1952年，希森和萨普开始绘制世界海底地图，这也成为他们的主业。传统的海底地图一般是等高线地图，即标示不同地貌的高度。然而，在20世纪50年代的冷战中，美国政府声称，苏联潜艇可能会利用海底的等高线地图，所以他们将此类地图作为机密，禁止任何人制作和出版。

制作标准图受阻，希森决定取而代之制作地形学地图，这种地图显示了如果将海水退去，从上方俯瞰海底时的情形。他以北大西洋西部为例，绘制了一幅简单的草图，然后让萨普继续完善这个理念。萨普告诉大卫·劳伦斯，与等高线地图相比，这种地图是一种更好的选择，因为“有了它，海底许多的纹理结构都可以知道”。与等高线地图可能达到的效果相比，它还“可以向更大范围的观众展示海底世界”。

为了制作地图，尤因、希森等人需要在北大西洋的不同区域进行测深（测量深度），然后萨普必须将这些数以千计的数据转化为大洋一边到另一边的六横断面或横截面。萨普和助理赫丝特·哈琳（Hester Haring）一起，将所测的深度与测深实施时科考船的位置相对应，从而形成了某一经度某一纬度的测量剖面。然后，以相同的比例进行绘制，就形成了海底不同部分的纵剖图。之后进行核对（有时候需要重新绘制），最后，萨普把所有部分按照从北到南、从西到东的顺序进行整合，这就像玩七巧板一样，最终拼出来的就是横断面地图。

“不可能”

当萨普把横断面地图拼起来的时候，她注意到有些异常：大西洋中脊的北部看起来似乎是两列平行的山脉，两者中间隔着狭长的山谷。大卫·劳伦斯的书中写道，尽管V字形的山谷在南段不太明显，但她仍然可以看到它就像"大峡谷一样深，但却宽广得多"。这个峡谷让萨普想到了在东非发现的大裂谷。1953年她把完成的地图交给了希森，并提议说，大西洋中脊可能有一个峡谷。不过，希森否定了她的提议。希森后来向《纽约人》的科普作家威廉·沃顿贝克（William Wertenbaker）说道，"我轻蔑地把它看成了妇人之见，直到一年后才相信了它的正确性"。

萨普向大卫·劳伦斯回忆说，当她向希森提出海底峡谷的猜想时，他沉吟道："不可能。它看起来太像大陆漂移了。"大陆漂移理论是德国地质学家（气象学家）阿尔弗雷德·魏格纳在1912年提出的理论。魏格纳声称，地球的板块最初是一块巨大的大陆，他命名为"联合古陆"（Pangaea）。魏格纳说，2 000万年前，联合古陆已经开始分裂。而新的大洋，如大西洋，就在各个分离的板块之间形成。昔日超大陆（supercontinent）的残余，即今天的大陆，仍然在地壳上缓慢地移动，就像在液体岩石组成的海上漂移的冰山一样，而这些液体岩石正是组成地幔的成分。魏格纳预言，地壳上大陆相互分离的地方，最容易出现深的裂缝或者峡谷。

20世纪50年代，大多数地质学家都反对魏格纳的理论。他们反对的主要原因是，魏格纳无法解释两点：一、是什么力量使大陆如他所描述的那样移动；二、如果大陆挤压海底，怎样才能防止它们被破坏。

环绕地球的伤痕

尽管希森否定了她的提议，但玛丽·萨普却对大西洋中部峡谷的存在确信不疑。不久后，支持她这个信念的证据就出现了，即在她不远处的一份表格。

当萨普忙于整理横断面地图的时候，一个大通信公司的研究机构——贝尔实验室，邀请希森追踪观测横跨大西洋的电话和电报光缆的中断，并将之与海地地震震中的数据进行比较分析。这个公司正计划架设新的海底电缆，因此它希望知道地震对电缆破坏的可能性有多大。希森将此任务中的地震绘制部分交给了一个研究生——霍华德·福斯特（Howard Foster）来完成，并嘱咐他，标注地震时所用的距离比例要与萨普的一致。

福斯特的绘图工作台就在萨普的隔壁，1954年的某一天，萨普注意到，福斯特的地震图和自己的海底峡谷图惊人地相似。而且，事实证明，由另一位同学所绘制的光缆中断图和前面的两幅图也非常吻合。这些地图的重叠使希森最终相信，萨普是正确的，海底峡谷是确切存在的。

1955年期间，通过对印度洋、红海、阿拉伯海、亚丁湾和东太平洋的考察，希森、尤因和萨普找到了证据证明，所有海洋的海底山脉都纵向分布着由地震所造成的峡谷。此外，很明显，印度洋地震带与向东非延伸的峡谷相连接。萨普之后向大卫·劳伦斯指出，这个事实只能说明一个问题，“连续的山脉群及其

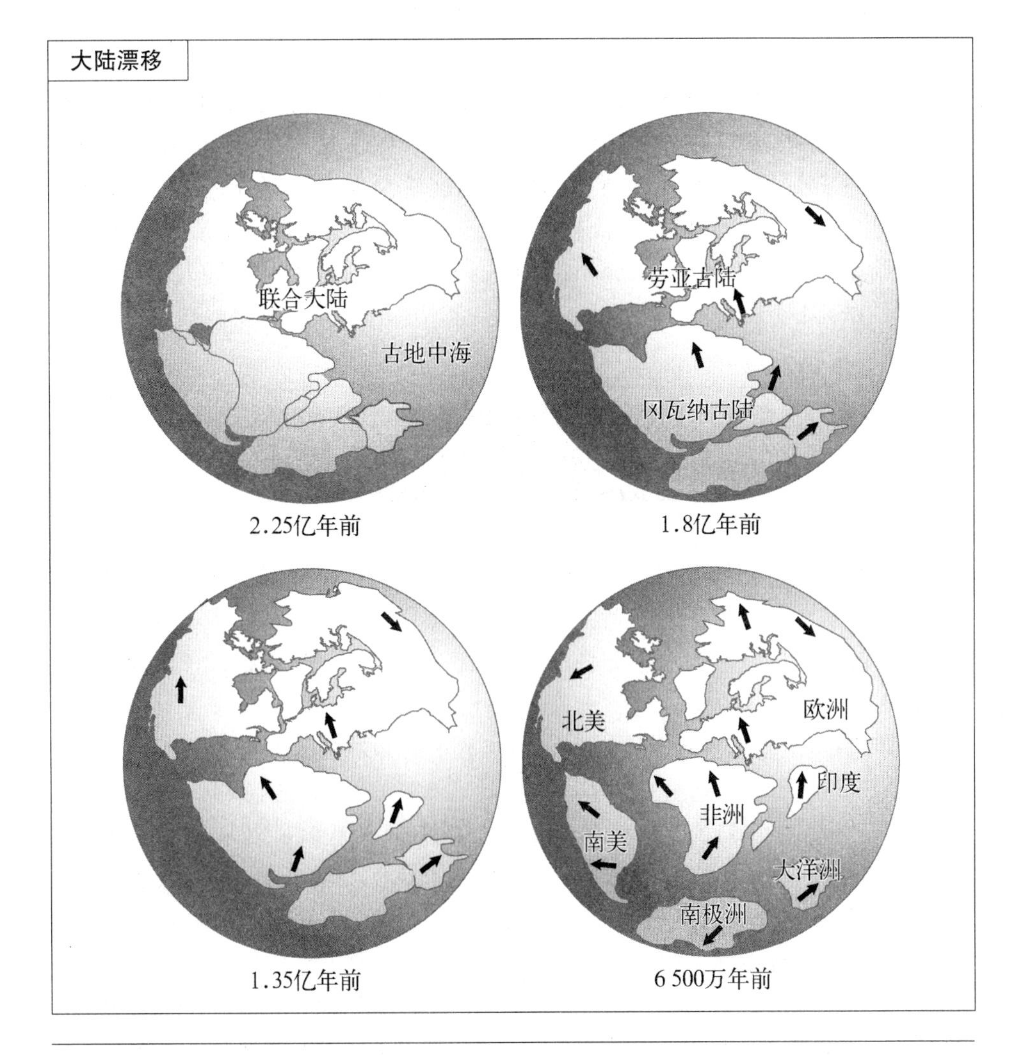

1912年，德国气象学家阿尔弗雷德·魏格纳提出，地球的所有大陆曾经是一个整体，即联合大陆（“全陆地”），它被一个海洋（泛大洋，“整海”）包围，然后才逐渐分离。对于魏格纳的大陆漂移理论，尽管地质学家反对其中的大部分，但却接受了它的一个理念，即一整个古大陆块。这些图表明了由联合大陆分裂成今天大陆的过程。

中部峡谷应该是地球表面的一个特征”。

大洋中脊是一个山脉群，大概4万英里（6 400千米）长，宽500多英里（800千米），最高峰达1.5万英尺（4 545米），它就像棒球上弯曲的接缝一样，蜿蜒横穿每个大洋，它也是这个星球上最大的地质特征。现在，希森认为，山脉中的峡谷是一种地球裂缝，即当火山运动把热的熔岩从深层地幔中挤压上来的时候，就形成了新的地壳，这些地壳中的裂缝就是峡谷。他将这些峡谷称作“永远无法愈合的伤痕”。

在1956年美国地质学联盟的一次会议上，尤因率先描述了地球的中脊和裂谷系统。而在1957年普林斯顿大学的另一个会议上，希森也提出了相同的论断。这些都证明了，长期被否决的魏格纳理论至少有一部分是正确的，这个发现使地质学家目瞪口呆。在普林斯顿大学的会议之后，该校地质学系系主任哈里·哈蒙德·赫斯（Harry Hammond Hess）这样对希森说，“年轻人，你撼动了地质学的基础！”

其他科学家：阿尔弗雷德·魏格纳（1880—1930年）

地质学家之所以反对阿尔弗雷德·魏格纳的大陆漂移理论，魏格纳非地质学家的身份是原因之一。魏格纳1880年11月1日出生于德国柏林，1904年获得天文学博士学位，他大部分的职业生涯都是以气象学家的身份度过的。他曾写过一本关于大气层的教科书，虽然此书受到极高评价，但地质学家并不认为从此他就有权利对地球的过去进行玄想。

尽管如此，魏格纳确实是在玄想，这大约开始于1910年。但另一方面，他也注意到，南美洲的东海岸看起来似乎可以嵌入非洲的西海岸，就像七巧板中相邻的两块一样。他也查阅了相关研究成果，报告显示，虽然两者中间横亘了浩瀚的大西洋，但这两个大陆却拥有相同的动物化石。以这些和其他证据为依据，他断定，这两个大陆以及地球的其他大陆曾经是一个完整的大陆块，经过几百万年的时间，它们逐渐分离。1912年，他开始四处演讲宣传这个理论，即大陆漂移理论。在第一次世界大战期间，他在战争中不幸负伤，康复后他开始将这个理论整理成书，即《大陆和海洋的形成》（*The Origin of Continents and Oceans*）。

1915年，此书出版，并在20世纪20年代多次再版。

尽管几乎所有的地质学家都反对魏格纳的理论，但魏格纳却不能回应他们的责难了。1930年11月，在一次研究极地洋流的探险时，在为被围困的同伴运送食物途中，魏格纳遇上了暴风雪，最终被冻死在格陵兰。没有了魏格纳，大陆漂移理论也好像要被冻结在同时代科学家的一片轻蔑声中，幸好还有一些支持者，例如英国地质学家亚瑟·霍姆斯（Arthur Holmes），他们的支持使这个理论保持了活力，直到二十世纪五六十年代，新一批的研究者出现，并意外发现了能证明这个理论的新证据。

艺术品

与此同时，希森和萨普继续进行海底绘制。另外，在准备了北大西洋的深度纵剖图之后，萨普利用所掌握的信息，制作了模拟海底情形的三维草图。她和希森多次进行修正和完善。他们以一个特定区域的绘图为标准，当他们觉得其他部分一样令他们满意了，最终的地图才真正出炉。

1957年，贝尔电话系统出版了萨普和希森的北大西洋地图，两年以后，美国地质学协会在更大的范围内再版发行了此地图。在地图中，大西洋中脊和峡谷的图片非常醒目，因为它们几乎占了海底的三分之一，而事实也证明，该地图非常畅销。

1961年，另一幅地图——南大西洋地图也出版发行。这个地图表明，位于东非和南美之间的海底山脉，其形状和东非、南美这两个“七巧板”完美地契合。三者不仅契合，轮廓也是平行的，这种现象的唯一解释就是，正如魏格纳所声明的那样，它们曾经是连为一体的。

1963年，萨普和希森完成了他们的第三幅地图——印度洋地图。和之前一样，这幅地图也是黑白两色，但《国家地理》杂志的编辑决定，它们希望有一个彩色的版本。因此，他们雇用了澳大利亚画家海因里希·贝兰（Heinrich Berann）与萨普和希森一起合作完成此图。1967年10月，《国家地理》出版了全彩色地图。在接下来的8年中，萨普、希森和贝兰一起，制作了其余海洋的彩色地形学地图，这些地图全部由《国家地理》杂志印刷发行。最后，他们把所有

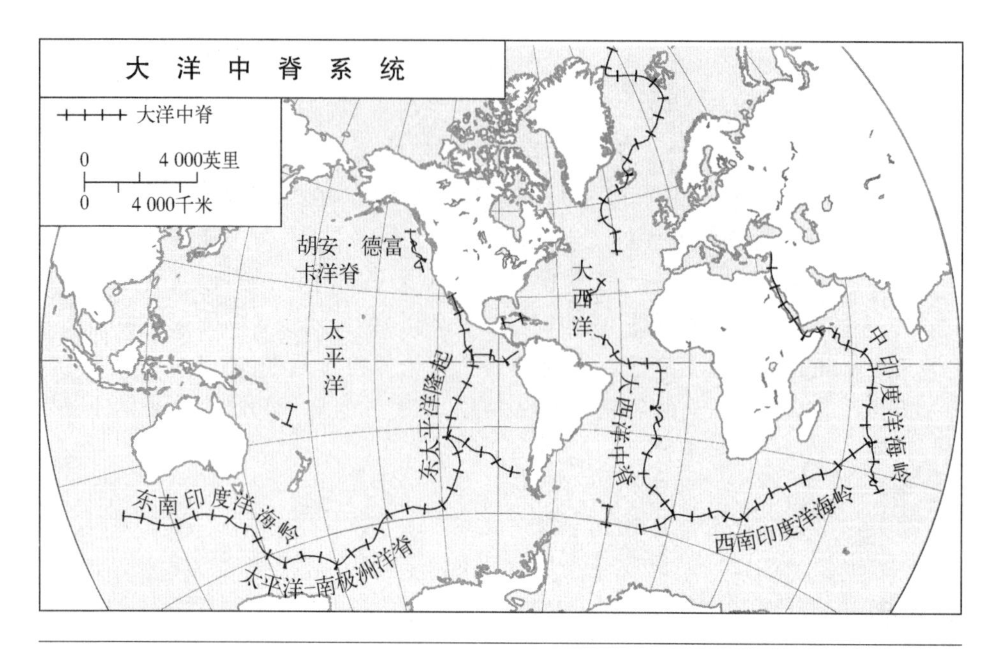

20世纪50年代，玛丽·萨普、布鲁斯·希森和莫里斯·尤因指出，就像棒球上的接缝一样，在世界大洋的海底，蜿蜒着一条几乎连续的山脉-峡谷系统，他们将之称为大洋中脊。

的作品集结成一，命名为《世界海底》（*The World Ocean Floor*），1977年《国家地理》出版了这幅地图。

玛丽·萨普这样对大卫·劳伦斯说，《世界海底》“使科学家和普通大众……第一次对地球的一个巨大部分有了一个相对真实的印象”。劳伦斯自己则认为，事实不止这样。在《麦卡托的世界》（*Mercator's World*）的一篇文章中，他写道：这幅地图“是一个令人感动的艺术品，它使观众激起了神秘和未知的感觉，唤起了伟大的探险精神”。

不仅是绘图员

尽管与玛丽·萨普的合作绘图使布鲁斯·希森声名远扬，但他不仅是一个海底绘图员。他发明了新的海底研究仪器，如一种设备，它不仅拥有一个能承受巨大水压的照相机，而且还连接一个能够提取海底沉积物样本的提取器。他进行了无数次的航行来研究浊流，即水下沉积物之“河”，正是它塑造了各个大陆的边缘。1971年，他与查尔斯·D. 哈洛威（Charles D. Holloway）一起创作了

《深海的面貌》（*The Face of the Deep*），这是一本描述性的地质学著作，其中包含了数百幅照片，这些照片要么来自从船上放入水中的照相机，要么来自载人或自动化潜艇的照相。1973年，希森获得了美国地质学协会授予的库鲁姆地质学奖章，1977年，美国地质学联盟又授予他沃尔特·布切尔奖章。

虽然希森和玛丽·萨普在世界地图上曾灌注了很多的心血，但希森并没有活着看到世界地图的出版。他曾在海军部担任了几年深海潜艇发展顾问，1977年初，就在他和萨普向《国家地理》递交了世界地图样稿后不久，他登上了海军部的第一艘核动力潜艇NR-1，从冰岛出发开始了雷克雅内斯海岭（Reykjanes Ridge）探险之旅。1977年6月21日，希森突发心脏病去世，这时他正准备潜入海岭进行勘测。1999年，为了纪念希森，海军部将一艘调查研究船以他的名字命名。

玛丽·萨普一直为拉蒙特观测站工作，直到1983年退休，此后她开始在纽约奈阿克（Nyack）的家中进行私人的制图和咨询工作。由于一直受到布鲁斯·希森科学声望的遮蔽，无论是大西洋中脊峡谷的发现，还是海底地形学地图的绘制，萨普都没有受到应有的赞誉。不过，在1997年11月，这个遗憾得以稍许弥补，国会图书馆称誉萨普是为绘图做出突出贡献的四人之一，并对她进行了表彰。1999年，为庆祝国会图书馆地质学和图片部建立100周年，图书馆再次表彰了萨普的贡献。同年，伍兹霍尔海洋研究所女性部授予萨普女性海洋学先锋的称号，2001年，萨普成为拉蒙特-多尔蒂地球观测站授予的第一个传统奖得主，表彰“她作为一个海洋学先锋，作为在当时如此男性化的领域中的先锋女性，毕生所做的贡献”。1978年，国家地质学协会授予希森（已去世）和萨普哈伯德奖章。

与萨普和希森的地图相比，今天的海底地图更加详细和准确，但对那个时代来说，他们的地图提供了最好的海底地质学信息汇编。这些地图也为大陆漂移理论提供了新的证据，同时它们也刺激其他科学家进一步研究这个曾被遗弃的理论。在《深渊的巨变》中，大卫·劳伦斯写道，“《世界海底》地图打开了科学家和公众的眼睛，从此他们开始以一种全新的方式看待地球。”

十五 创造与破坏

——哈里·赫斯和板块构造理论

1957年，当听到布鲁斯·希森对大洋中脊及其峡谷的描述时，哈里·赫斯，这位新泽西普林斯顿大学地质学系的负责人惊叹道，"年轻人，你已经撼动了地质学的根基！"在以后的几年中，赫斯本人提出了解释地壳变化方式的新理论，从而成为地质学根基重建过程的领路人。他的理论，即板块构造理论，彻底颠覆了科学家对地球的理解方式。

哈里·赫斯，1950年到1966年间担任普林斯顿大学地质学系主任，他所提出的海底扩张理论，揭示了在海底之下地壳如何形成和消亡（普林斯顿大学图书馆）。

山　脉

哈里·哈蒙德·赫斯（Harry Hammond Hess），1906年5月24日出生于纽约城，在密歇根州的阿斯伯里帕克（Asbury Park）长大。他的母亲是伊丽莎白·赫斯，父亲朱利安·赫斯是纽约证券交易所的一名职员，他们家境富足，生活优越。

1923年赫斯进入耶鲁大学。开始时他主修电力工程，后转入地质系，并在1927年获得该专业的学士学位。之后两年，他在北罗得西亚（今天的赞比亚）的英美矿业担任地质勘测专家。

回到美国后，赫斯开始在普林斯顿大学攻读研究生课程，并最终在1932年获得哲学博士学位。毕业后他在新泽西州的罗格斯大学任教一年，之后又在位于华盛顿的卡耐基研究院（Carnegie Institution）的地质实验室进行了一年的研究。1934年，他与安妮特·彭斯（Annette Burns）结婚，同年，赫斯成为普林斯顿大学的一名教师，并在这里度过了一生。他在1950年到1956年间担任普林斯顿大学地质学系主任。

1934年，他以比较低的级别——海军上尉的身份加入海军预备队。在第二次世界大战爆发后，他被分配到纽约城工作，任务是测定德国潜艇的位置。但他并不喜欢办公室工作，因此他请求调往海上。1944年，他成为"约翰逊岬角"号（Cape Johnson）的海军官员，这艘船主要用于太平洋上军人的运送，不久后他成为这艘船的船长。

"约翰逊岬角"号装有回声测深器，这个设备通过向水下发送声波，利用声学设备测量回声返回所经过的时间，就可以测量出海面到海底的距离。这个设备的军事目的是防止船只进入浅水区，但赫斯命令只要船只在行进，测深器就得打开，这样就可以形成连续的海底剖面图。除了别的收获外，他还因此取得了海底最深点——马里亚纳海沟的测深数据。

1945年，在测深记录器的帮助下，赫斯发现了平顶的海底山脉，他以普林斯顿第一位地质学教授阿诺尔德·亨利·居约（Arnold Henry Guyot）的名字将之命名为"guyots"。赫斯断言，这些海底平顶山是死火山。它们平坦的顶部使赫斯猜想，这些山脉曾经露出过海面，只不过海水的侵蚀使山顶最终磨灭，但是测深器测得它们的深度竟然是水下1.2英里（2千米）。这些平顶山使赫斯明白，这个地质特征在海中的位置将会发生极大的改变。

地壳传送带

在战后的日子里，哈里·赫斯在普林斯顿一直思考着水下平顶山和大洋中脊的问题。赫斯注意到，离平顶山越远，太平洋中脊的山脉所处的位置就越深，这从他战时绘制的测深剖面图中就可以清晰地看出来。

1957年，赫斯听取了布鲁斯·希森对全球大洋中脊和峡谷的描述，之后他就开始思考，这个发现将会在多大程度上影响人们对地球发展的认识，尤其是阿尔弗雷德·魏格纳受到全世界反对的大陆漂移理论。魏格纳认为大陆在坚固的海底上行进，而地质学家则反对此种论点。然而，1959年左右，在吸收了有关平顶山的知识后，赫斯却得出了一个不同的结论：海底本身就在移动。

与希森和莫里斯·尤因一样，赫斯也认为，大洋中峡谷是地壳上的薄弱点，地幔中的熔岩和岩浆从这里沸腾喷发。赫斯认为，就像沸水导致翻滚的水流一样，地幔中的对流运动促使岩浆上升。赫斯说，当岩浆凝固以后，它会将已有的海底推裂开来，并在裂缝的两边形成两个山脊。山脊通常位于海洋中部，这是因为，海底在相反的两个方向上受到推压的速度是一样的。

虽然希森已经揭示了地壳产生的一种方式，但他并没有解释地壳如何消亡。因此，他认为地球会慢慢地越变越大。赫斯不同意这个观点，相反，他认为，最古老的海底地壳会沉入深的沟渠中（即海沟中），然后从这里再次被吸收入地幔。因此，地壳就像是在一个传送带上，凭借上升和下降对流产生的动力，它日夜不停地来回于地幔和地球表面之间。赫斯是第一个完整描述地壳运动周期的科学家。

赫斯的传送带理论很好地回答了反对者对大陆漂移理论的主要质疑。

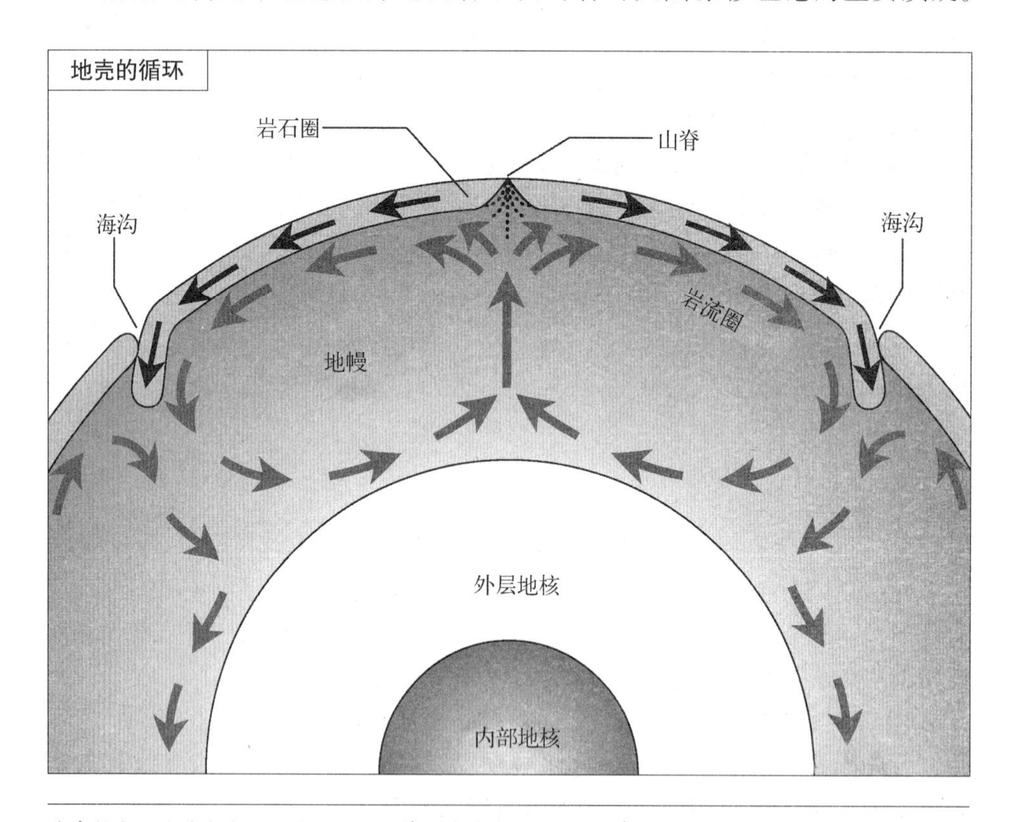

海底扩张理论是由哈里·赫斯和罗伯特·迪茨（给这个理论命名）联合提出的，根据这个理论，地幔中的对流运动使熔岩上升，并从大洋中脊的海底裂缝中进入地壳。正如沸水中促使翻滚运动产生的对流一样，地幔中的对流也是因为温度的不平衡引起的。这样，地壳最外层的坚硬岩石，即岩石圈，最终在海沟中被推回到地幔。

1962年，他发表了一篇正式文章《洋盆的历史》（*History of the Ocean Basins*）来描述这个思想，其中写道："大陆是不会被未知的动力推动在海底地壳上行进的""相反，它们会在地幔上自主地移动，比如它们先来到山脉顶部，然后再向两边水平移动"。赫斯解释道，大陆之所以会在海底上移动，是因为大陆由岩石组成，而它比形成海底的火山玄武岩要轻。

赫斯的理论也可以清晰地解释莫里斯·尤因1947年的发现，即大西洋海底上的沉积层比大家想象的薄得多。而且它所包含的化石都没有早于白垩纪时期，即1.44亿年前到0.65亿年前，而更加古老的化石在大陆上却早已被发现。赫斯断言，海底岩石大部分都非常年轻，最多2亿到3亿年的历史，即属于地质时期。因此，它没有时间积聚厚的沉积层和岩石。

海军研究部的地质学家罗伯特·迪茨和赫斯的观点在本质上是一样的。迪茨将他的理论称为"海底扩张"理论。1960年，在递交给海军研究部的一份报告中，赫斯首先发表了这个理论，而同在一个部门的迪茨直到1961年才发表，因此，就这个理论来说，赫斯通常被给予了更多的荣誉。然而，在一般情况下，迪茨的术语却可以同时指代这两个理论。

地磁震荡

哈里·赫斯将自己的海底扩张理论称为"地质诗话"。因为与海底平顶山的定位相比，支持这个理论的证据比较少。但是，在20世纪60年代，不同领域的研究都为赫斯的理论提供了证据。

证据之一来自海底岩石磁性的研究。一些岩石，包括火山玄武岩在内，它们含有一种含铁的磁铁矿结晶，它的排列位置与地球磁场方向一致。早在20世纪初，法国和日本的科学家就发现，在过去的地质时期，由于不知名的原因，地球磁场有时会发生倒转，磁场中心从北极变成了南极。火山岩中磁铁矿结晶的排列和岩石形成时磁场的磁极一致。当岩石冷却后，结晶就被固定在这些位置，从而形成了罗伯特·巴拉德在《永恒的黑暗》（*The Eternal Darkness*）中所称的"化石指南针"。20世纪60年代初，通过对陆上火山岩样本的年代鉴定，科学家开始制作记录过去磁性翻转时间的时间线。

第二次世界大战期间，为了确定敌方潜艇的位置，磁力计应运而生，但海底岩石的磁性不必用磁力计直接取样就可以进行勘测。1955年和1956年，来自斯克利普斯海洋学中心（位于拉霍亚）的罗纳德·梅森（Ronald Mason）和亚

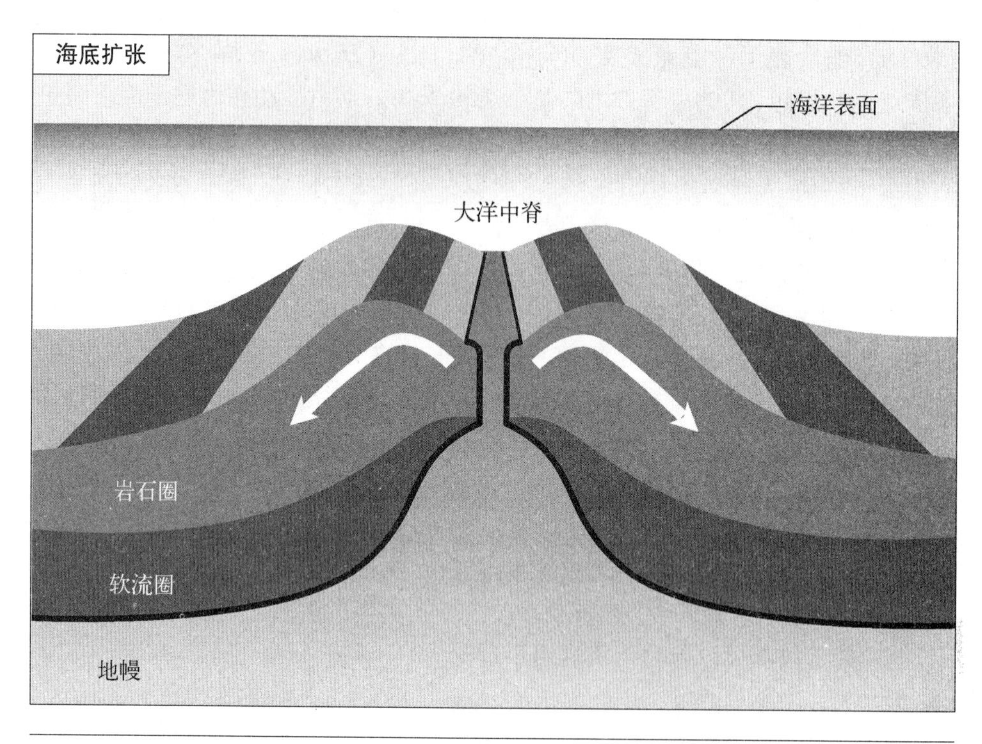

这幅图以更近的视角描述了大洋中脊的海底扩张。熔岩在地幔中受到挤压不断上升，然后从山脊峡谷的出口或裂缝中迸出，最终达到地壳表面。当滚烫的岩浆接触到冰冷的海水时，岩浆固化，同时将海底向另一个方向挤压。当海底从峡谷中退离以后，它就形成了山脊的新山脉。

瑟·拉夫（Arthur Raff）驾驶着科考船从北美西岸出发，船尾拖曳着磁力计驶入了太平洋东北部。他们发现，海底岩石的磁力在交互的方向上显示，就像斑马的斑纹一样。这些磁条沿着此区域内3个著名的地震断层偏移，然后在大陆架附近戛然停止。

1962年，英国地质学家弗雷德里克·瓦因（Frederick Vine）第一次听说板块扩张和后来所谓的磁性条纹，这一年，他从剑桥大学毕业。一年后，瓦因在剑桥攻读研究生，他和导师德鲁蒙德·马修斯（Drummond Matthews）在印度洋的卡尔斯伯格海岭（Carlsberg Ridge）附近发现了磁性条纹。这些磁条和海岭长长的轴线相平行，并在海岭另一侧形成几乎相同的图式。

在1963年9月的《自然》杂志上，瓦因和马修斯发表了一篇题为《海洋山脊上的地磁异常》的文章，提出了他们的磁性图理论，在文中他们说道：

与此一致，事实上它是当今海底扩张思想和地球磁场周期翻转理论的引申……海洋山脊中心的海底主地层，如果它形成于地幔中的上升对流之上，它就会被磁化，且磁性方向与地球磁场方向一致……一旦发生海底扩张，这些或者是正常磁极或者磁极已经发生翻转的部分，就会从海底山脊中心退离，且退离方向与山脊顶部平行。

山脊两侧的磁条相互吻合，瓦因和马修斯解释道，这是因为，山脊两侧的岩石在相同的时间和地点形成，而且是以几乎相同的速度向两边分离。

几乎同时，加拿大地质学家劳伦斯·莫里（Lawrence Morley）独立提出了与瓦因和马修斯相似的理论，这个有关海底扩张和磁条之间联系的假设就被称作瓦因-马修斯-莫里假设。最初，几乎所有的地质学家都不相信这个假设，因为他们或者怀疑海底扩张的真实性，或者怀疑是否存在磁极翻转。然而，就在不久后，不同的科学家在不同的海岭都发现了磁条的存在，其中莫里斯·尤因创立的拉蒙特地质学观测站的好几位科学家就在其中。1965年的几大发现：太平洋-南极洋脊两侧的剖面图呈现完美的对称；一个非常精确的磁极翻转时间线被发现，它和地球的磁性图式非常契合；在深海沉积物中发现了磁性翻转的迹象，这些发现使许多研究者确信，瓦因-马修斯-莫里假设是正确的。

撼动地质学界

水下地震的新信息为海底扩张理论的论证提供了又一条线索。到20世纪60年代为止，水下地震震中的定位比10年前要准确得多，那时霍华德·福斯特（Howard Foster）正为布鲁斯·希森制作地图。

1965年，加拿大地质学家、水下地震研究专家约翰·图佐·威尔逊（J. Tuzo Wilson）发表新的论点，他认为地壳被分成巨大坚硬的若干部分，他将之称为板块。他预言，板块之间的界限有3种：如果两个板块都在扩张，那它们交界的地方就会形成大洋中脊；如果板块正面相撞，就会形成山脉或者海沟；如果板块交互而过，平行移动的巨大地震断层就会形成。他将这种新发现的地质断层命名为转换断层，因为它们最终会变成山脊或者海沟。威尔逊预测，断层沿线的地震范围局限在其末端山脊和海沟之间的区域，而断层另一边的板块会一直向相反的方向移动。拉蒙特的一个研究员——林恩·塞克斯（Lynn Sykes），在对以海底山脊为中心的12次地震中的地壳运动进行分析后，于1965年提出声明：威尔逊的假设是正确的。塞克斯同时断定，他看到的这些运动与海底扩张是一致的。

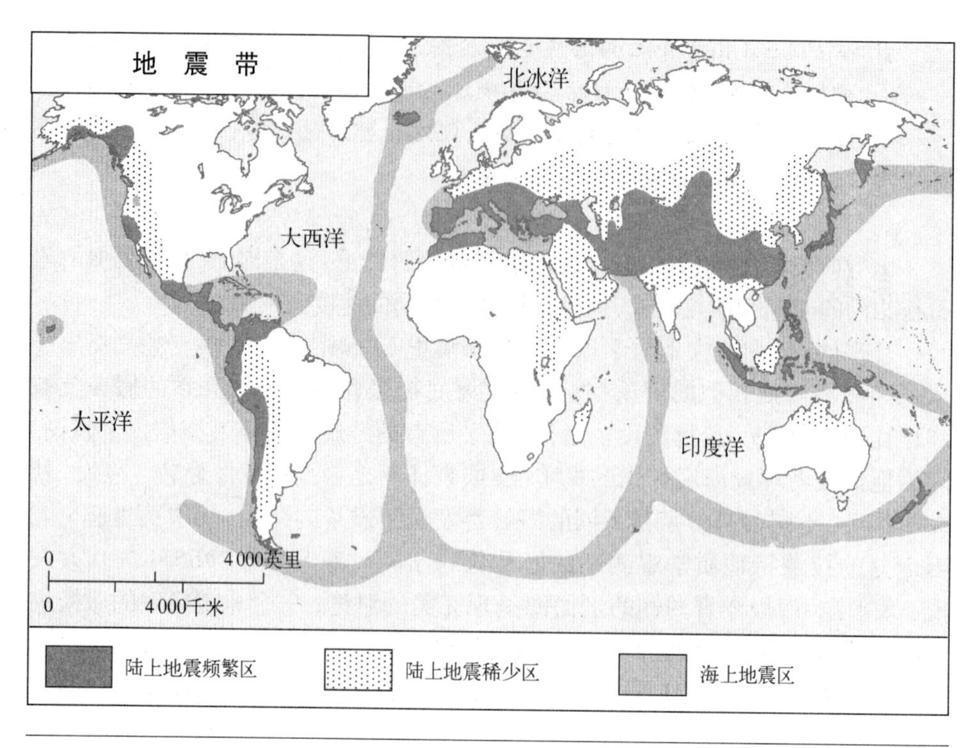

早在20世纪20年代，科学家已经发现，世界上某些地方地震发生非常频繁，而有些地方则非常稀少。这幅地图表明了世界不同地区的地震发生频率。图中所标示的“地震带”勾勒出了地壳活跃部分的轮廓，即板块的轮廓，而大陆正是在板块之上行进。地震研究的成果有助于使地质学家接受20世纪60年代出现的新理论，即板块构造理论。

社会效应：地球运动塑造人类生活

海底扩张和板块构造的平均速度是每年1英寸(2.54厘米)，对一个人来说，这个速度可能太慢了，不会对人的一生造成什么影响。但是，板块运动却对整个人类社会有重要意义。

最显而易见的影响是自然灾害：火山爆发、地震和由海底地震引起的巨大波浪，即海啸。2004年12月，一次巨大的海底地震（里氏9.0）引起了高达90多英尺（27米）的海啸。巨大的波浪席卷了印度尼西亚、斯里兰卡和附近地区，海浪摧毁了岸上的居民点，造成了大约28.8万人死亡或失踪。

加利福尼亚、日本、阿拉斯加以及其他位于板块衔接处的地区，都曾发生灾难性的地震。由于地震和火山是板块相互碰撞和摩擦的信号，因此，地震多发区也经常会发生火山爆发。环太平洋的板块衔接区有如此多的火山，因此它们被称为“火山带”（Ring of Fire）。

板块构造并不是只有坏的影响。地球运动将许多矿物质带到地表，也形成了新的矿物质，而这些正是技术进步所需要的。美国西部蕴藏的矿物质，如金、银、铜和铅，大部分都来自注入潜没区的火山岩浆。石油、天然气和煤等矿物燃料是人类交通、热能等的主要能量来源，这些矿物燃料也主要聚集在由板块运动形成的地貌之中。而火山岩风化以后是异常肥沃的土壤，这也就能解释，为什么明知道是活火山，但人们还愿意在火山附近生活。

既然板块构造对人类生活有如此巨大的影响，因此，板块运动的研究就具有了多重现实意义，它可以帮助科学家预测地震和火山喷发可能发生的地点和时间，它能帮助勘探者确定矿物、石油和天然气的位置，当然也包括一些代用能源，例如地热能（地球内部热能将水加热，然后由水产生的能量）。而其中最重要的是，板块构造的研究可以帮助科学家将地球视作一个活生生的、变化的整体，从而更好地审视地球的现状和未来。

同年，同样在拉蒙特工作的杰克·奥利弗（Jack Oliver）和布赖恩·伊塞克斯（Bryan Isacks）发现，由于深源地震（这些地震的震中在地幔而不是地壳中）的发生，在汤加岛（Tonga）附近，60英里厚的地壳堆积层被推入或拉入了地幔之中。这个过程叫作潜没，它也是哈里·希森描述的地壳循环的最终环节，即将海底扩张产生的地壳破坏、回收。潜没的存在为希森的理论提供了更有力的证据。

板块构造理论革命

1967年，地质学家詹森·摩根，也是赫斯和弗雷德里克·瓦因的同事

（1965年进入普林斯顿大学），将这些新兴的地球理论进行了综合。摩根把地壳运动当作几何习题来分析，并成功破解了坚硬的岩石（即威尔逊所谓的板块）如何在球体上移动和相互作用的难题。他的工作使图佐·威尔逊的转换断层、山脊和海沟等问题得到了新的融合。与此同时，来自瓦因母校——剑桥大学的地质学家丹·麦肯齐（Dan Mckenzie）也进入了这个领域。

1968年初，拉蒙特-多尔蒂地球观测站的地质学家萨维尔·勒皮雄（Xavier Le Pichon），运用电脑软件，将摩根的预测与地磁条、地震和过去板块运动的数据进行了比较。他发现，预测结果与已有的数据完全吻合。摩根和勒皮雄的研究，为正在形成的板块运动理论提供了精密的论证。这个理论就是板块构造理论，此语来自希腊语"tekton"，意为"兴建"。

1967年，普林斯顿大学的詹森·摩根（Jason Morgan）为板块构造理论提供了精密的论证，解释了坚固的岩石在球体表面如何移动和相互作用（普林斯顿大学）。

板块构造理论认为，地壳被分成7个大板块，12个小板块。岛屿和大陆是由相对较轻的岩石形成，他们构成了海平面以上的地壳板块部分。在地球重力、地幔中的对流运动以及一些仍然未知的动力的推动下，板块在地球表面缓慢地移动着（自从地壳形成伊始，这种移动就一直持续着）。它们会在某些地方相互推离，这时地幔中的岩浆就会从裂缝中喷出，从而形成新的海底山脊。而有时它们会迎面碰上，这时它们或者相互碰撞发生摩擦，或者只是擦肩而过。当发生碰撞时，在地心引力的作用下，某个板块会位于另一板块的下面，这个板块的一边就被推回到地幔之中，而另一边则高高耸起，形成一列新的山脉。地震和火山是板块衔接的标志，这里发生着剧烈的地壳运动：创造或毁灭。

在1966、1967年美国地质学联盟春季会议和1966年11月的专题研讨会上，大量颇有建树的研究文章被发表，范围包括地球磁条、地震和地壳运动的精确模型。大量涌现的证据使大多数地球科学家从板块构造的怀疑者变成了信仰者。在1974年出版的《海底》（*The Floor of the Sea*）一书中，威廉·沃顿贝克（William Wertenbaker）写道："很多人认为（这些年是）地质学历史上最辉煌的时期。" 1967年，布赖恩·伊塞克斯、杰克·奥利弗和林恩·塞克斯发表了一篇很有影响力的文章——《地震学和新全球构造地质学》，并提出了一个新的观点。到此时为止，几乎所有人都开始相信，作为阿尔弗雷德·魏格纳大陆漂移理论的延伸，这个理论从根本上来说是正确的。哈里·赫斯的海底扩张理论（此时已经被纳入到板块构造理论之中），也得到了充分的证明和讨论：在1967年的会议上，赫斯主持了一个此主题的座谈会，会上有70份论文被提交。

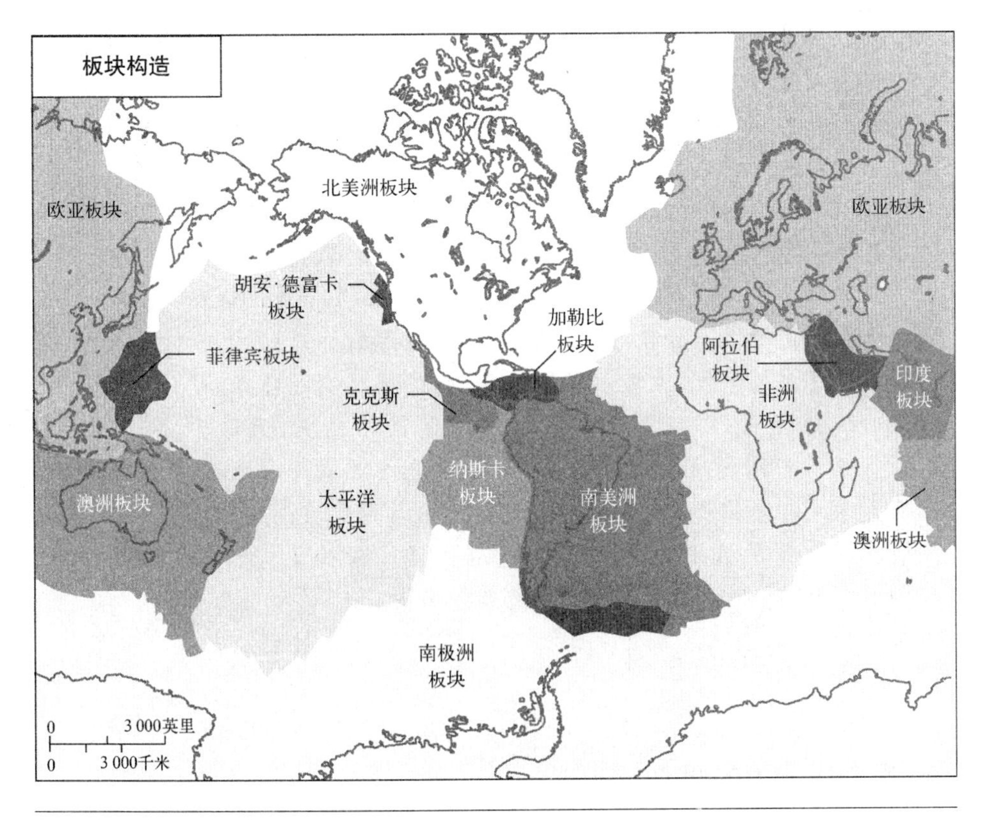

作为魏格纳大陆漂移理论的延伸，板块构造理论在20世纪60年代中期已经被普遍接受。它声称，地壳被分为7个大板块和大约12个小板块，如图所示。受到地幔中对流和其他动力的推动，这些板块一直处于运动状态。在板块相互冲撞和摩擦的地方，就会发生地震和火山。

相关链接：其他星球上的板块

对于一个星球来说，没有板块的话，情况可能会更好。比如说，即使发生地震和火山爆发，星球外壳也不会被撕裂开。然而，科学家早已下了论断，正是板块运动才能使地壳保持“生命力”。

就目前的研究来说，地球是太阳系中唯一拥有活跃板块运动的星球。要拥有运动着的板块和再生的外壳，星球必须要有内部热量，这种内热的外泄可以使板块移动，并创造新的外壳。在太阳系的早期，火星和月球，可能也包括水星，都拥有足够的内热，因此它们也有活火山和运动着的板块。但是这些星球都太小了，无法保存内热，因此在很久之前它们就停止了运动。

金星可能仍然保持着地质构造上的活跃性，但科学家也无法确定。1979年，“金星先锋”号太空飞船在金星的高层大气中检测到了大量的硫黄，不过在随后的几年中，硫黄含量就开始下降，这说明当时曾发生过一次大的火山喷发，才导致那么高的硫黄含量。“麦哲伦”号太空飞船在20世纪90年代所拍摄的金星雷达图像中，有些地貌和地球上的火山链和海沟非常相似。但是，没有人敢说它们就像真的一样。

木星的两颗卫星，木卫一（Io）和木卫三（Ganymede）为木星的地质学活跃提供了最有力的证据。1979年，“旅行者1”号在木卫一上观测到了火山喷发，太空科学家推测，在那里可能还存在着一大池滚烫的液体硫黄。木卫三的表面也分成不同的几块，就像板块一样，而且它们中间还有裂缝，但没有人知道这些板块是否还在运动。即使木卫一和木卫三很小，它们也可能拥有可以产生对流运动的物质，而这些对流运动导致了板块的移动。例如，在木卫三的冰雪覆盖的表层之下，很可能存在着一个流动着的深海。

一个富有影响力的职业

与阿尔弗雷德·魏格纳不同，哈里·赫斯亲眼见证了自己的观念被科学界接受。他的海底扩张理论，他对山脉群、岛弧和多种矿物质的研究，都使他饱受赞誉。例如，1966年，美国地质学协会授予他彭罗斯奖章（Penrose Medal），不久后，他被选举为美国科学院院士。

1962年，肯尼迪总统任命赫斯担任美国科学院太空科学部的负责人，任务是为国家航空航天局提供建议。在任期间，赫斯辅助完成了美国太空计划的形成，其中就包括人类第一次登月。1969年8月25日，就在这次史诗般的壮举完成后一个多月，在伍兹霍尔的一次委员会会议上，赫斯突发心脏病去世。国家航空航天局为他追加颁发了公共服务杰出贡献奖。

赫斯参与开启的地质学革命已经得到蓬勃发展。科学作家将20世纪60年代提出的板块构造理论，与天文学界的革命（即科学家开始接受波兰天文学家尼古拉斯·哥白尼所提出的地球围绕太阳转动的理论），以及查尔斯·达尔文提出自然选择进化论后生物学界所发生的革命相提并论。有了板块构造理论，无论是山脉和岛屿的升起，还是地震和火山爆发等破坏性运动，地球上的地质活动第一次得到了合理的解释。它也提高了海洋学的地位，因为板块理论证明了深海既是地球板块的孕育之所，也是板块消亡的埋葬之所。总之，正如美国地质调查局在《动态地球》（*This Dynamic Earth*）中引用威尔逊的话，板块构造理论证明了“地球不是一个死气沉沉的雕塑，它是活生生的、动态的”。

十六

深海中的河流

——亨利·施托梅尔和洋流

在洋流、海风、潮汐和其他动力影响下，海洋表面总是呈现复杂多变的形态。然而，到20世纪中期为止，大多数科学家仍相信深海是平静的、毫无变化的，也没有上层水域中打转的漩涡。使这种观点得到改变的第一人，是海洋学家亨利·施托梅尔（Herry Stommel）。施托梅尔研究湾流等主要浅海层洋流，他绘制了第一幅深海洋流图，并解决了洋流如何使海水在全球范围内、在冷热之间、在海面和深海之间不断循环流动的问题。以他的研究为基础，科学家成功揭示了洋流和气候之间重要的、有时候也是危险的联系。

吵闹的童年

1920年9月27日，亨利·梅尔森·施托梅尔在美国特拉华州威明顿出生，他的父亲瓦尔特·施托梅尔（Walter Stommel）是德裔化学家，他的母亲是玛丽安·梅尔森（Marian Melson），在他还是婴儿的时候，他们就把他带到了瑞典。施托梅尔夫人不喜欢那里的生活，于是，1925年，她与丈夫离婚并回到了美国。在他们回到美国后不久，亨利的妹妹安妮出生，他们一起在纽约布鲁克林区长大。他与妈妈、离婚的姨妈及其女儿、外祖父母和曾祖母一起生活，施托梅尔在自传《著作选集》（*Collected Works*）中将这里称作“脾气暴躁的、争吵不休的疯人院”。为了逃避无休止的家庭争吵，他只能与家中另一个男性——他的外祖父交谈，或者是阅读科学书籍。

施托梅尔获得奖学金进入耶鲁大学，并于1942年取得学士学位。毕业后他考虑了多种职业，包括政府、法律等，但他最终选择攻读天文学的研究生。然而，第二次世界大战一触即发，他不得不中止了学业。作为一个和平主义者和战争的坚定反对者，施托梅尔毅然加入了军队，但他并没有在军队服役，而是被安排为海军学生教授解析几何学和航空学。

1944年，施托梅尔加入位于马萨诸塞州科德角的伍兹霍尔海洋研究所（WHOI），担任研究助理。莫里斯·尤因是后来的哥伦比亚大学拉蒙特地质学观测中心（现属于地球学院）的负责人，施托梅尔与他一起合作改进了声波定位仪，这种定位仪是用声波来侦察潜艇的水下位置。施托梅尔在《海洋的风景》（*A View of the Sea*）中写道，战争期间在伍兹霍尔海洋研究所的工作经历使他"对海洋产生了浓厚兴趣，继而决定继续留在这里工作"。他对研究海洋物理特性的物理海洋学尤其感兴趣。1950年，他与伊丽莎白·布朗（Elizabeth Brown）结婚，共育有3个孩子。

湍急的流水

在伍兹霍尔海洋研究所，亨利·施托梅尔主要研究洋流。20世纪40年代晚期，他的研究刚刚开始，此时多个主要的浅层洋流已经被人们所熟知，比如，墨西哥湾流，它携带着温暖的海水，沿北美洲东南海岸一路向北，然后向东穿越大西洋；再如，黑潮（Kuroshio Current），它沿太平洋西侧向北行进，途经日本和西伯利亚的各大海岸。

在20世纪40年代末到20世纪70年代期间，亨利·施托梅尔制作了世界主要的浅层洋流和深层洋流的模型（伍兹霍尔海洋研究所）。

到19世纪末为止，科学家已经发现，浅水洋流的主要动力是风力和地球自转。赤道附近的信风将海水向西吹，中纬西风则把海水向东吹。地球自转造成的作用称之为科氏力，在科氏力的影响下，风和水流在北半球向右偏转，在南半球则向左偏转。这些因素合力的后果就是海水向大洋中心

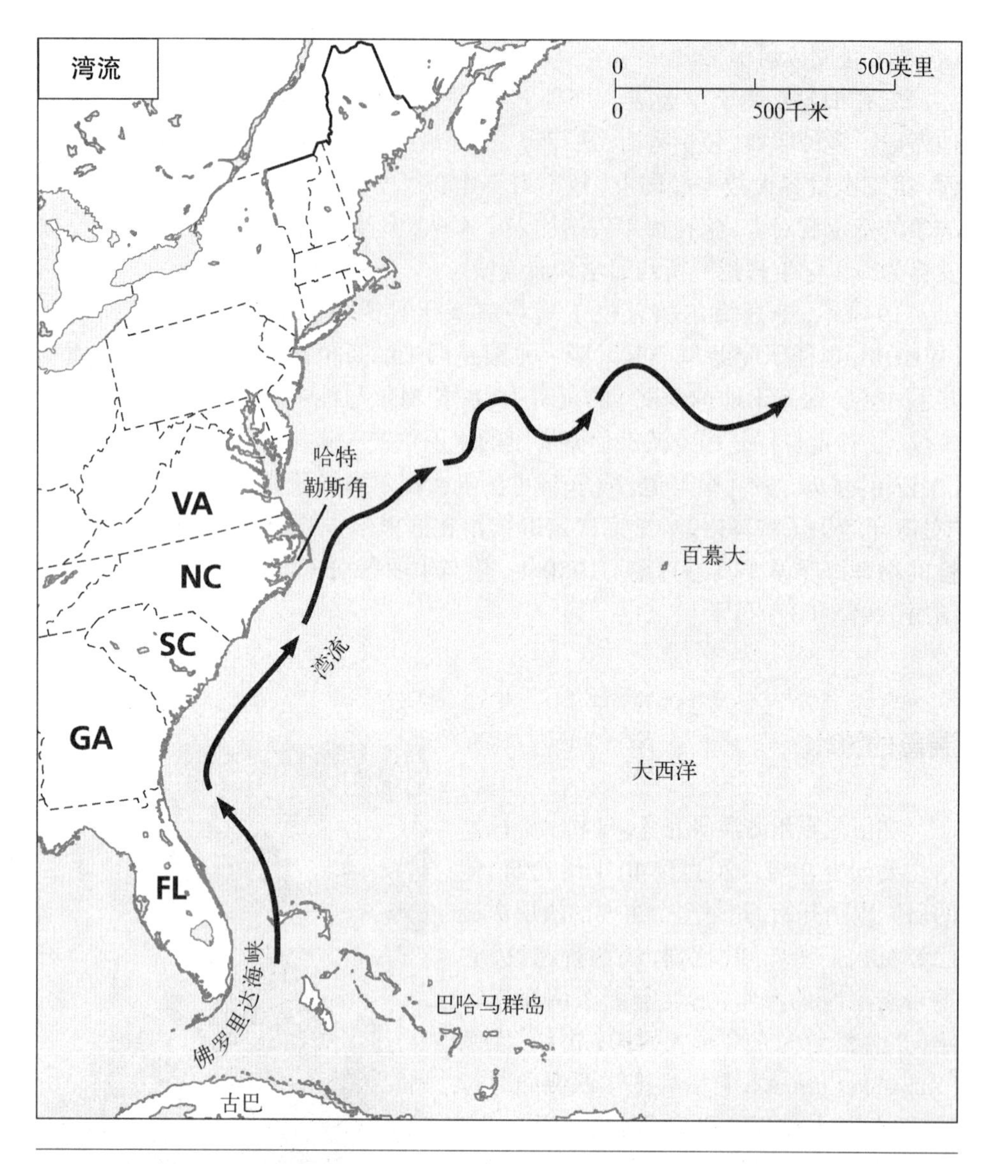

湾流，湍急而细小的温暖浅海洋流，曾被称作“海洋之河”，它从佛罗里达南端出发，沿美国东南海岸一路向北，一直到哈特勒斯角（Cape Hatteras）。然后它东转穿越太平洋，将温暖的海水带到了西欧。

聚集。不过，赤道附近的海水在太阳的照射下受热膨胀，并高出海平面些许，在地球引力的作用下，海水从聚集的“小山”上退离，这样，海水就形成一个环形，而不是都向海中心堆积。由此形成的大型海水运动就叫作大洋环流，它在北半在风力、摩擦力和地球自转造成的科氏力（Coriolis force）的联合作用下，大洋表面的海水以环形流动，即所谓的大洋环流。图中显示的是北大西洋环流，包括湾流、北大西洋洋流、加那利洋流和北赤道洋流。北西风和南信风促成了这个环流的形成。就像北半球其他的环流一样，北大西洋环流以顺时针方向流动，南半球的环流则按逆时针方向流动。

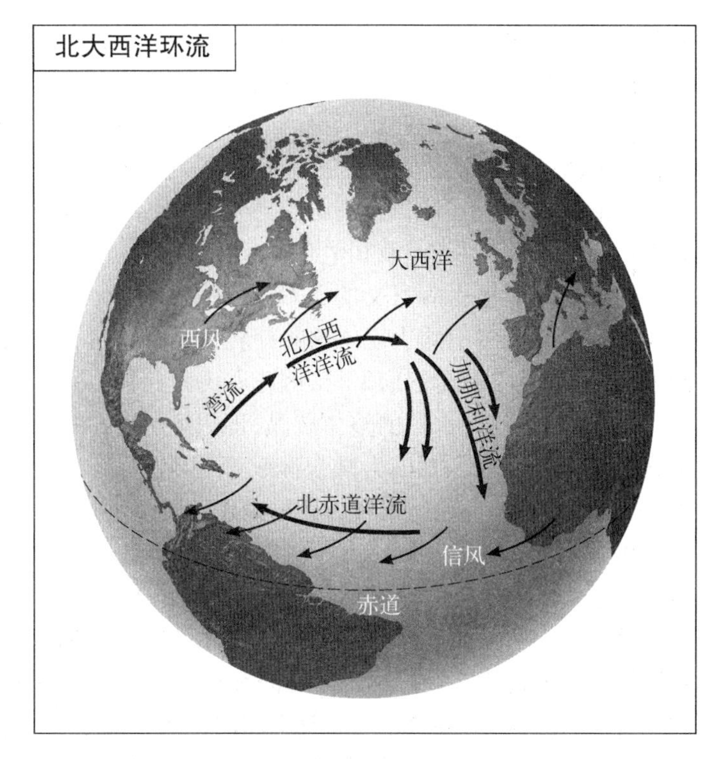

球和南半球分别以顺时针和逆时针方向旋转。最有名的洋流都集中在这些大洋环流附近。

1946年，伍兹霍尔海洋研究所的一个同事使施托梅尔的注意力转向了神秘的浅水洋流。众所周知，大洋环流西侧的洋流狭窄而湍急，而东侧的则既宽阔又舒缓。没有人能够解释出现这种差异的原因。为了解开这个谜团，施托梅尔开始运用一种简单的数学模型来分析洋流运动，在当时，这种技术处于世界领先地位。他的模型向世人展现了地球自转力、风力以及大陆边缘与水之间的摩擦力三者之间如何相互作用，进而造成了浅海洋流。

分析表层洋流

首先，施托梅尔考察了世界最著名的表层洋流之一——湾流。早在1770年，本杰明·富兰克林就对这个洋流进行了研究并绘制了地图。19世纪中期，美国海洋学家马修·方丹·莫里（Matthew Fontaine Maury）将湾流称为“海之河”，并写道，“世界上再没有第二条水流像它这样壮观”。20世纪40年代，科学家将湾流作为北大西洋环流西侧的标志。

1948年，施托梅尔发表了一篇重要的文章——《风海流的西向强化》，文中他描述了湾流和其他风生洋流的流动模式。在美国国家科学院所编的施托梅尔传记评论集中，施托梅尔的同事卡尔·文施（Carl Wunsch）写道：这篇文章“标志着动力海洋学（对洋流及其他海水运动的精密研究）的诞生”。

在这篇具有里程碑意义的文章中，施托梅尔断定，地球自转对表层洋流的影响在不同纬度有不同表现。这些旋转的水柱越接近两极，水柱轴心（始终与地表垂直）与地轴就越趋向平行，因此科氏力的影响就越大。

施托梅尔写道，水柱的整体漩涡，即涡度，主要取决于两个因素：相对漩涡和地转漩涡。风力和摩擦力联合形成了相对漩涡。而引起科氏力的是地转漩涡，其动力主要来自地球旋转。根据物理学原理可知，在地球的任何地方，水柱的整体涡度都是恒量的。因此，如果纬度的改变造成了地转漩涡的变化，那相对漩涡也必须随之变化，变化幅度相同，但方向相反。

施托梅尔解释道，在北半球，当水流沿着大洋环流的西侧向北行进时，地转漩涡作用力会使它按照逆时针方向旋转。为了保持整体涡度的守恒，它就必须获得相对漩涡，从而获得顺时针方向的作用力。如果这些作用力没有得到平衡，水流就会越来越快，最终造成大涡流或者是海上龙卷风。

根据施托梅尔的理论，这种平衡力来自海水碰撞大陆边缘所产生的摩擦力。海水流速越快，产生的摩擦力也越大。大洋环流西侧的洋流，如湾流，由于它需要大量的摩擦力来平衡其他的作用力，所以这些洋流非常湍急。与此形成对比的是，大洋环流东侧南向流动的洋流，当它到达赤道时，地转漩涡就消失了（这里的地转漩涡是零）。为了保持涡度的守恒，洋流就必须失去反方向的相对漩涡。在这些作用力的综合影响下，洋流的流速就变得很缓慢。

反向流

洋流非常重要，像湾流这样的洋流虽然只影响到海洋中10%的水域，但其辐射范围却可达到水下1 340英尺（400米）。20世纪50年代，施托梅尔将目光转向深层洋流，正是它们影响了海洋的剩余部分。当他开始研究时，同时代大多数的海洋学家却怀疑是否有深层洋流存在。

当时，研究者已经发现了一种薄的水层，即温跃层，在这里水温下降得很快，而且它只存在于浅层洋流的海域之下。在这里，温度不是随着深度的增加缓慢地下降，而是骤然下降，这种现象使施托梅尔意识到，肯定有一些力量“支撑”着温跃层。他断言，这种力量就是从深海泛上来的冰冷海水。

与1948年的文章中所提出的漩涡理论一样，施托梅尔认为，海水从深海中上泛就像海水流向赤道一样，这两种运动都会从遥远的极地把海水带走，并因此加大了它的地转漩涡。为了保持总体涡度的守恒，深海冷水必须从赤道远离，从而降低地转漩涡的影响，由于风力无法抵达深海，因此相对漩涡对这种运动的影响很小，同时，大部分海水与大陆也没有接触，所以也不存在摩擦力的问题。

1955年，施托梅尔深化了这个理论，他预言，在湾流下面存在着一个冷水流，路径与湾流一样，但方向相反。几乎就在同时，英国研究者约翰·斯沃洛（John Swallow）发明了一种浮舟，通过调整浮舟的密度（密度决定它可以下潜的深度）可以使它停留在特定深度的海洋中。当洋流经过这个深度时，浮舟顺流而下，并向追踪船发出声音。根据这个声音，研究者就可以确定浮舟移动的速度和方向。

1957年3月，斯沃洛和施托梅尔联手，合力验证施托梅尔的预测。沿着湾流在美国东南部的流经路线，斯沃洛将浮舟放入了水下，略深于湾流所在的深度。正如施托梅尔所预测，斯沃洛发现，他的浮舟大部分都以极快的速度向南移动。之后，在全世界的洋盆西侧都发现了流向赤道的深层洋流。

1958年，施托梅尔将他对于湾流和洋流的观点集结成书，发表了《湾流：一种物理学和动力学的论述》（*The Gulf Stream: A Physical and Dynamical Description*）。卡尔·文施这样评论这本书，“它可能是世界上对海洋循环进行动力描述的第一本书”。

大传送带

由于和伍兹霍尔海洋研究所的负责人保罗·费伊（Paul Fye）意见不合，施托梅尔在1959年离开了伍兹霍尔。20世纪60年代的头四年，施托梅尔在哈佛大学教授海洋学，但在那里他并不开心。在他的《文集》中有一篇自传体散文，他在文中提到，他感觉自己格格不入，而且他认为，哈佛大学的其他老师都看不起他，因为他没有很高的学位。1963年，他转投麻省理工学院气象学系，并在那里担任物理海洋学教授，一直到1978年。

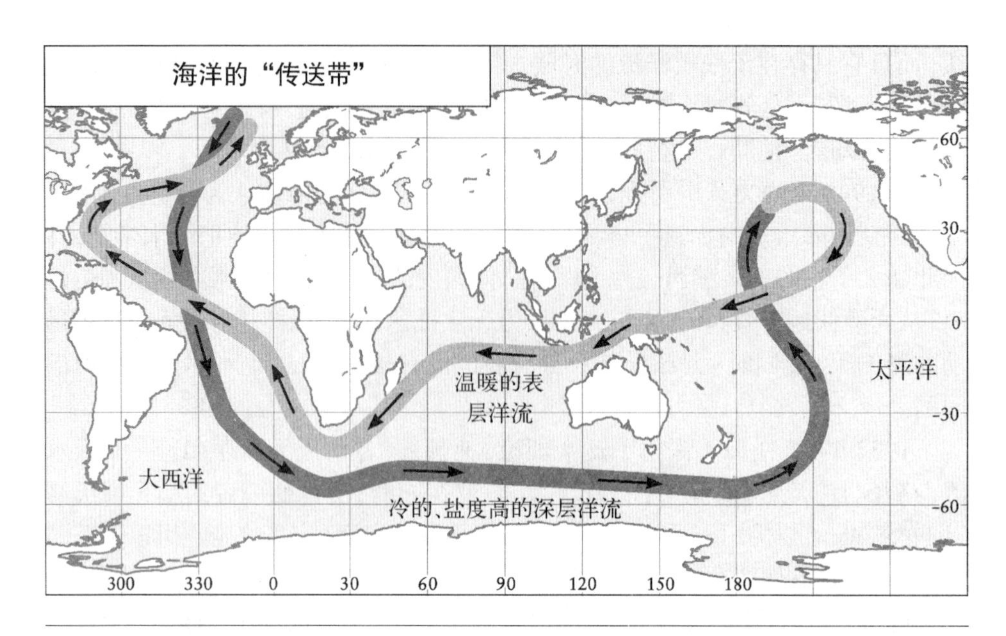

亨利·施托梅尔研究了温盐循环的具体细节。温盐循环使冰冷的、盐度高的深层洋流与温暖的、盐度低的表层洋流发生交换，世界海水就好像处于一种永不停止的“传送带”上。

20世纪60年代，施托梅尔扩展了他的浅层和深层海水循环的理论。他断定，在循环的决定因素中，密度至少和地转漩涡具有同等的重要性。海水的密度取决于它的温度和盐度。盐度是指海水中的盐和其他可溶解有机物的含量，在一定量的水中，这些物质的含量越多，它的盐度就越高。冷水比温水的密度大，盐度越高密度也越大。水的密度越大，它也就越重，所以在地心引力的作用下，密度大的水总处于密度小的水之下。运用这些原理，施托梅尔提出了新的理论，后来被称作温盐循环（Thermohaline Circulation），这个词来自拉丁语，意为“热”和“盐”。

正如施托梅尔和其他人所指出的，世界上最重要的温盐循环应该被称作“大传送带”，因为它使海水在温暖的表层和寒冷的深层之间、在极地和赤道之间永不停歇地进行着循环。在挪威海中，温暖多盐的湾流在冰岛北部和格陵兰岛附近被送上了“传送带”，开始了下降的过程。冰冷的西风将这个表层洋流的热量一扫而光，海水开始变冷、变沉。温度的降低和高盐度使海水变得如此之重，它几乎下降到了海底。

最终，这些冰冷的、高盐度的海水注入了格陵兰岛和挪威的海盆之中，而且溢满连接格陵兰岛、冰岛和苏格兰的水下山脉，即岩床。然后，这些海水涌入大西洋海底，开始了一段漫长的南行。这些海水，再加上拉布拉多海（Labrador Sea）冰冷的海水、盐度极高的地中海海水，以及其他漩涡中温暖的海水，它们共同组成了北大西洋深层水（North Atlantic Deep Water）。该水团不断南行，穿过赤道，最终到达南大西洋。

在南美最南端，这个深层水团向东偏转，进入南洋，而这里深受南极绕极流（Antarctic Circumpolar Current）的影响。然后，深层水的大部分与南极海底海水汇合，从澳大利亚南端穿过，向北前进，汇入太平洋。当到达赤道附近时，在温暖信风的吹拂下，这些海水受热膨胀，密度降低并升到海面。现在，它已变成温暖的表层洋流，在穿过印度尼西亚群岛以后，它最终达到印度洋，然后开始向非洲西进，途中它从热而窄的阿拉伯海获得了很多盐分。它向南经过莫桑比克和非洲东南海岸，此后开始加速。

这个温暖的洋流一路向西，在穿过非洲最南端的好望角后，开始转向北方，经过巴西和委内瑞拉海岸后进入加勒比海。当达到佛罗里达附近时，它变回了著名的湾流。湾流继续着它的旅程，一直到达寒冷的极地，这里是它发源的地方，它也将在这里重新开始漫长的旅行。完成整个旅程需要大约1 000年的时间。

全球研究和局部研究

亨利·施托梅尔一直深情怀念着他进入这个领域的最初日子，那时他和其他科学家总是出海进行研究，他们的大部分机械发明也都是来源于这个时期，卡尔·文施将他们的研究称作“绳子-封蜡海洋学研究”。尽管如此，随着工作的不断展开，与过去的旧方法相比，新兴的计算机和其他复杂的电力设备能够为科学家提供更广泛和更精确的海洋数据。

从20世纪60年代末到70年代，施托梅尔一直鼓励或亲自领导在世界海洋中进行大型的国际性观测计划，这些计划拥有最先进的技术，可以对施托梅尔和其他科学家的水循环理论进行检验。这些计划包括：地球化学海洋断面研究计划（GEOSECS）、美-英中大洋动力学实验（MODE），以及这次实验的后续部分——多边形-中大洋动力学实验（POLYMODE）。相比之下，这个时期施托梅尔自己的研究重心是特定区域的循环，如南极绕极流、印度洋和地中海。

这些研究使施托梅尔和其他物理海洋学家意识到，海洋循环比自己想象的要更复杂和多变。他们发现，海洋中不仅包括了大的、永恒的模式，如表层漩涡和温盐循环，它还包括了一些小型的环状涡流，直径只有10—100英里（16—161千米）。这些环状涡流持续的时间很长，但并不是永久性的，这就好像是整个大气中的某地天气系统一样。更多的数据表明，海洋循环会随着时间的变化而轻易地、经常性地发生变化，有时甚至是戏剧性的变化，就像是每天的天气都在变化一样。

社会效应：全球变暖和大洋环流

20世纪50年代末，亨利·施托梅尔进行了一个实验，在两个相连的容器内分别装入温暖的、盐度含量高的水和冰冷的、盐度含量低的水，看这两个容器之间的循环会是怎样的模式：是从盐度高的一方注入盐度低的一方，还是从冰冷的一方注入温暖的一方。海洋学家已经发现了证据，证明温盐循环的过程和这个实验几乎相同。事实上，在过去的地质时期中，海洋传送带曾多次改变方向，甚至完全停止，这些改变应该与气候的突然变化有关。

今天，大多数科学家都认为，由于人类燃烧煤、石油等矿物燃料，导致大气中二氧化碳和某些气体含量的增加，从而造成了全球变暖。温度的提高引起了冰河融化，大量淡水涌入了大西洋。全球变暖使印度洋等热带地区变得更热，在这种情况下，海面水位更加难以下降。华莱士·S. 布洛克（Wallace S. Broecker）是哥伦比亚大学地球中心的物理海洋学家，也是第一个用“传送带”来指称全球温盐循环的科学家，他认为，这些改变将会导致温盐循环传送方向改变甚至中断。他断言，这些情况最终将引起地球气候的突然剧变，地球甚至可能再次进入冰河时代。

2004年，布洛克在给《金融时报》的一封信中写道，“研究发现，在过去的几万年间，一些微小的原因曾导致地球发生了巨大的变化”，而二氧化碳含量的增加，“正是一个巨大的导火索”。因此，他发出警告，人类向大气中释放过多的二氧化碳无疑是在“挑逗发怒的野兽”，它们随时会以不期然的方式报复人类。2005年12月，英国科学家发现，湾流和其他温盐洋流正在逐渐减弱，这个发现为布洛克的理论提供了有力的证据。

大范围调查

1978年，保罗·费伊刚辞职，亨利·施托梅尔回到了伍兹霍尔海洋研究所。他一直在这里工作，直到1992年1月17日他在马萨诸塞州法尔茅斯因心脏病去世。20世纪80年代初，施托梅尔和另外两位科学家一起，将海洋流动的数学模型进行了改进。此外，施托梅尔制作了一个新的数学模型，这个模型解开了困扰他一生的问题，即海洋的温度和盐度之间为什么有如此密切的关系。

尽管施托梅尔以洋流研究而闻名，但在他漫长的职业生涯中，他几乎对物理海洋学的每个方面都进行了调查和研究。例如，他研究过积云、潮汐，还研究过浮游生物，这些漂浮着的微小动物和植物是海洋大型动物的主要食物来源。

这些辛苦的工作终究得到了回报，施托梅尔也因此获得了不少很有分量的奖项，比如1989年的国家科学奖章，1983年他成为克拉福德奖（Crafoord Prize）获得者之一。克拉福德奖由瑞典皇家学院设立，所表彰的科学家的研究领域都是诺贝尔奖所未包含的，因此，它就等同于诺贝尔奖。此外，施托梅尔所获得的奖项还包括：国家科学院阿加西奖章（Agassiz Medal）、美国科学发展协会罗什斯提奖（Rosenstiel Award）、美国气象学协会斯韦尔德鲁普金质奖章（Sverdrup Gold Medal）和伍兹霍尔海洋研究所比奇洛奖章（Bigelow Medal）。1959年、1977年和1983年，他先后成为美国国家科学院院士、苏联科学院院士和伦敦皇家学会成员。在施托梅尔传记论集中，卡尔·文施将施托梅尔称作"有史以来最早的和最重要的物理海洋学家"。

十七

飞越海洋

——阿林·文和“阿尔文”号

有人说，“阿尔文”号（Alvin）像一个白色的澡盆玩具，也有人说，它更像流行儿童故事中的拖船“英雄”——“拖船小嘟嘟”（Little Toot）。由于体积小的缘故，它的灵活性也很强，驾驶员说，驾驶它就像开飞机一样。因此，虽然外形不抢眼，但它却参与了20世纪末海洋学最重要的几次探险和发现。“阿尔文”号曾帮助收集板块构造理论的证据，寻找著名远洋客轮RMS“泰坦尼克”号的残骸，探查那些就像来自另一个星球的奇怪生物体。不过话说回来，“阿尔文”号应该感激的不仅仅是它的名字，更是物理学家、物理海洋学家阿林·文（Allyn Vine）。

水下测深

1914年6月1日的俄亥俄州加勒茨维尔（Garrettsville），屠夫埃尔默·文（Elmer Vine）的妻子璐璐·柯林斯（Lulu Collins）生下一子，这就是阿林·文。在十几岁时，文从附近电话工厂的废品堆中收集材料，然后进行发明创造。1936年，他获得海勒姆学院（Hiram College）物理学学士学位，海勒姆学院是位于俄亥俄州海勒姆附近的一所小型学院。1940年，他从位于宾夕法尼亚州伯利恒的利哈伊大学（Lehigh University）毕业，并获得地质学硕士学位（1973年，利哈伊大学又授予他名誉博士学位）。在海勒姆学院期间，他与未来的妻子阿德莱德·荷顿（Adelaide

Holton）相遇。

文在利哈伊大学的导师是莫里斯·尤因，即后来哥伦比亚大学拉蒙特地质学观测站（现属于地球学院）的负责人，而此观测站是世界海洋学和地质学研究的领导核心。20世纪30年代末的那几个夏天，文陪同尤因一起乘坐伍兹霍尔海洋研究所的科考用船——“亚特兰蒂斯”（Atlantis）号进行了多次海上考察。1940年，文正式成为伍兹霍尔海洋研究所的成员。

文的第一次专业研究是利用回声绘制海底地图。第二次世界大战期间，他利用这项技术帮助美国海军成功破解了水下声音传送与海水温度之间关系的难题。文和尤因还改造了深海温度测量器，当潜艇来往于不同的深度时，这种设备可以不间断地记录当时的温度。对于移动中的潜艇和海面船只来说，这些仪器性能的提高意味着测量工作更加精确而有效。有了深海温度测量器，潜艇就可以确定海洋中温度变化层——温跃层的位置。通常情况下，海面船只利用声呐定位仪（用于声音导航和声音测距）向海面下发送声波，科学家分析这些声波的回声就可以确定敌方潜艇的位置，但如果温跃层是固体，发送的声波就会被弹回，这样，声呐定位仪就难以侦测到“隐藏”在温跃层下面的潜艇。同时，改良后的深海温度测量器还可以精确地计算出在某个深度时潜艇所需要的压舱物（额外的重量）的数量，从而增加了潜艇的安全性。为了表彰文为深海温度测量器所作出的贡献，1972年，美国海军授予他海军部海洋学家奖，颁奖评语写道，文的发明创造拯救了“无数的生命和上百万美元的船只设备”。

阿林·文是世界最著名的人控研究潜艇（即“阿尔文”号）之父（伍兹霍尔海洋研究所供图）。

从战争结束一直到1950年左右，文一直在海军部兼职（他的主要工作是在伍兹霍尔海洋研究所），后来他也经常为海军部提供咨询。根据维多利亚·A.卡哈尔（Victoria A. Kaharl）在《水之子：“阿尔文”号的故事》（*Water Baby: The Story of Alvin*）中的记录，文在海洋学设备和船只设计改进方面提供了诸多意见，以至于“曾经有个海军官员说，战后海军部所进行的研究有三分之一来自文的想法”。有些想法看起来很奇怪，但他的朋友拉玛尔·沃泽尔（Lamar Worzel）在1914年（此时文已经去世）说道，“某些想法最初看起来很不合逻辑，但当最终完成以后，你会发现，它是多么伟大的胜利啊”。

“小海豹”

在潜艇工作的经历使阿林·文确信，潜艇或者类似的潜水器对海洋学研究非常重要。文认为，出于安全方面的考虑，战争期间的潜艇都没有视窗，但是和平时期的潜艇不再需要这种自我保护措施。这样，通过潜艇的窗户，人们就可以对深海的地质结构和深海生物进行直接观察。1956年2月29日，在华盛顿的一次海洋学会议上，文发表讲话，“如果想测量什么东西的话，一个好的工具比人要更有效，但人却更聪明，他可以感知未成形的东西，并能够对问题做出解答”。

文的陈述得到的是一片沉默，这说明大多数听众都不同意他的观点。不过，文很快就在雅克·皮卡尔和奥古斯特·皮卡尔“的里雅斯特”号的同事中找到了自己的支持者。1957年，海军研究办公室在意大利对“的里雅斯特”号进行试潜，文当时也参与了整个过程，他对这次试潜印象深刻，并极力推荐海军研究办公室购买“的里雅斯特”号。不过，他也意识到了这个潜水器的局限：虽然它潜入的深度是其他潜水器所无法达到的，但它的视窗太小，而且它几乎无法横向移动。1958年，在购入“的里雅斯特”号之后，海军官员唐纳德·沃尔什（Donald Walsh）开始管理这个潜艇，安德里亚·雷希尼茨（Andreas Rechnitzer）则是负责潜艇计划的首席科学家，他们在事后都曾对文说过，他们中意的潜艇应该更小、更灵活，而且有大大的窗户。

哈罗德·弗勒利希（Harold “Bud” Froehlich）负责为“的里雅斯特”号制作机械臂，他也更喜欢小型的潜水器。弗勒利希在明尼苏达的一家大型企业——通用磨坊（General Mills）工作。这家工厂以制造早餐麦片而闻名，不过它也拥有一个机械部，用来设计并制造先进的设备。

在与文、雷希尼茨和沃尔什就理想的科研潜艇应具备的特征进行商谈后，1958年前后，弗勒利希绘制了新潜水器的草图，并亲切地把它称为“小海豹”。他提议，就像威廉·毕比的深海潜水球或皮卡尔潜水器的压力舱一样，“小海豹”也应该有一个乘务舱，这个舱应该是铁质的球体，两边收缩，形状就像鱼一样。整个潜水器的长度只有18英尺（5.5米）。“小海豹”潜入的深度虽然不如深海潜水器深，但比一般的潜艇还是要深许多，而且更重要的是，它能够在水下移动相对长的距离。

建造潜水器

1962年初，弗勒利希试图说服海军研究办公室的负责人查尔斯·B.马森（Charles B. "Swede" Momsen）赞助修建"小海豹"。当时马森正在考虑雷诺兹金属公司（后来的雷诺兹铝业）J. 路易斯·雷诺兹（J. Louis Reynolds）的提案，即建造一个大型的潜水器——"阿鲁明纳"号（Aluminaut）。要得到海军部的财政拨款，马森必须找到一个愿意租借这个潜水器的研究机构，以便分担潜水器建造时所需的费用。1958年，在文的强烈推荐下，伍兹霍尔海洋研究所决定向马森提供援助。但此时他们与雷诺兹的谈判却破裂了。

不过，马森以及包括文在内的伍兹霍尔海洋研究所的科学家都很满意弗勒利希的设计。1962年春，马森和伍兹霍尔海洋研究所发出联合公告，对潜水器建造进行公开招标。弗勒利希所在的通用磨坊最终中标，1962年9月4日，这个食品巨头与伍兹霍尔海洋研究所签订了合约。

早在合约签订之前，参与这个项目的伍兹霍尔海洋研究所的研究小组——他们自称为深海潜水组，已经决定将这个未来的潜水器命名为"阿尔文"号。从官方解释来看，这个名字是阿林·文姓名的缩写，因为正是由于他对潜水器重要性的一贯坚持，才会有"阿尔文"号的出现。然而，从非官方角度来看，这个名字的灵感应来源于伍兹霍尔海洋研究所总部办公室门上的图像。图中画的是一只花鼠，它是一首流行歌曲中的主角，后来还被拍成了动画片，而且它的名字就叫阿尔文。

在通用磨坊与伍兹霍尔海洋研究所签订合约后不久，利顿工业公司（Litton Industries）就并购了通用磨坊的机械部，并于1962年末开始建造"阿尔文"号。利顿公司委托得克萨斯州的Hahn & Clay公司制作乘务舱，希望他们利用一种格外坚固的钢合金——HY100来制作3个乘务舱。每个乘务舱直径6英尺10英寸（2.06米），壁厚1.33英寸（3.37厘米）。

1964年2月，在位于圣安东尼奥的西南研究中心，工程师们利用最新型的坦克对其中的一个乘务舱进行了承压能力测试。工程师们本来打算通过增加坦克上的压力来给球体不断增压，直到球体碎裂并完全毁坏。但事实是，坦克竟然先报废了。当压力增加到与水下1万英尺（3 030米）的水压相同时，坦克的保险阀突然爆裂，惊吓中的工程师们又被坦克里的汽油淋了一身。而位于一旁的乘务舱则安然无恙，几乎毫发未损。

科学成果：轻型塑料

"阿尔文"号的船体，即乘务舱的外壳部分，所使用的材料不但要轻，而且要能够承受巨大压力。设计师选用了一种叫复合泡沫塑料的新型浮力材料，它由数百万个中空的小球组成，环氧树脂将这些小球黏合成一个坚固的整体。在黏合之前，这些小球都经过了一定的加工，它们的大小以及其他特性都极其接近，而普通塑料则是在液体状态下被注入气体，就像吹肥皂泡一样，这样形成的小球相互之间的差异就比较大。复合泡沫塑料的浮力非常大，根据罗伯特·巴拉德的描述，"一块冰柜大小的复合泡沫塑料，所拥有的浮力能够托起一吨的重物"。而且它非常坚固，极难被压碎。

"阿尔文"号使用的复合泡沫塑料，其中的泡沫是由玻璃制成，当然，利用陶瓷（陶土）和聚合材料（塑胶）也能制成相似的泡沫塑料。现在，复合泡沫塑料被广泛应用于工业领域，大到高性能的飞机制造，小到可以延时开启的医药胶囊，已经成为日常生活中必不可少的一部分。毫无疑问，它们最主要的用途之一是制造像"阿尔文"号这样的设备，范围包括了从标志浮标到近海石油勘探等各种水上漂浮物。

在不久的将来，可能会出现由铝或其他金属制成的复合塑料。它们将拥有和固体金属一样的硬度，但重量却轻了一半，这对航天航空工业来说将会是一个非常大的转变。要使未来新一代的太空"驮马"——航天飞机，既成本低廉同时又性能可靠，复合金属塑料就显得相当重要了，这与复合玻璃塑料对"阿尔文"号的重要性可以相提并论，而"阿尔文"号也可以算作深海研究的"驮马"。

"阿尔文"号启航

1964年5月，"阿尔文"号竣工。完成后的潜水器长22英尺（6.6米），宽8英尺（2.4米）。"阿尔文"号的白色外壳由玻璃纤维制成，这种材料既坚固又轻便，球体顶部有一个名为瞭望塔的凸出部分，在球体后方是一个巨大的螺旋桨，两侧各有一个稍小一点的螺旋桨，其中一边还有一个不锈钢的机械臂，其末端带有一个钳子或爪子。乘务舱能够容纳5个人，还开有5个窗户：朝前一个，两侧各一个，向下一个，向上一个，而上面这个就是球体顶部的舱门。球体的下层用来存放电池组和压舱物。

6月5日，阿林的妻子阿德莱德在伍兹霍尔"启动"了"阿尔文"号。她将一瓶香槟酒在"阿尔文"号的机械臂上，从而以最古老的方式为"阿尔文"号进行了洗礼。文已经告诉了她，机械臂是这个潜水器外壳最坚固的部分。当香槟沫漫过那个他曾付出心血的潜水器时，阿林乘坐的法国潜艇"阿基米德"号正处于大西洋水下3英里（4.8千米）。不过，他及时地回到了伍兹霍尔海洋研究所，并在8月参加了"阿尔文"号的第二次载人潜水。

伍兹霍尔海洋研究所深海潜水组之后一步的工作是为"阿尔文"号建造一艘母舰。这种水上船只可以将潜水器运送到潜水地点。伍兹霍尔的工程师丹·克拉克（Dan Clark）把两条96英尺（29米）长的海军弃用浮舟，即平底船，整合成了一条双体船，并从其他船只上弄到了主机。两条铁拱把这两个平底船连接起来，铁拱下面还悬挂着"阿尔文"号的支船架。1965年3月，这艘母舰完成，深海潜水组按阿林母亲的名字把它命名为"璐璐"。在《无尽的黑暗：深海探险的个人史》中，探险家、海洋学家罗伯特·巴拉德这样说道，"璐璐"是"我迄今见过样子最奇怪的船"。

在40年的职业生涯中（1964—2004年），阿林共进行了1 000多次潜水，那个时代所进行的重要的深海探险，他大部分都参加了（伍兹霍尔海洋研究所）。

搜寻炸弹

很快,“阿尔文”号就获得了一次验证自己实力的机会。1966年1月17日,正在西班牙海岸上空进行常规巡逻的美国空军B–52轰炸机,与正要给它加油的空中加油机突然发生碰撞,当时机上载有4颗氢弹。两架飞机同时坠落,机上人员大部分丧生,所搭载的氢弹虽然是真正的弹头,却并未打算投放。其中3颗落到了陆地上,并很快被找到。但第四颗却失踪了。陆军官员断定,它肯定是落入了大海中。

大家一致认为,必须立刻找回丢失的炸弹。新闻报道也引发了世界性的恐慌,认为致命性的武器将被引爆,西班牙南部正处于潜在的危险之中。美国军方也忧心忡忡,他们既害怕苏联截获这枚炸弹并得知其中的秘密,又害怕恐怖分子找到这枚炸弹,对美国进行威胁。于是,海军部派遣多架货机,将“阿尔文”号和它之前的对手——雷诺兹“阿鲁明纳”号(1964年完工,同年,“阿尔文”号

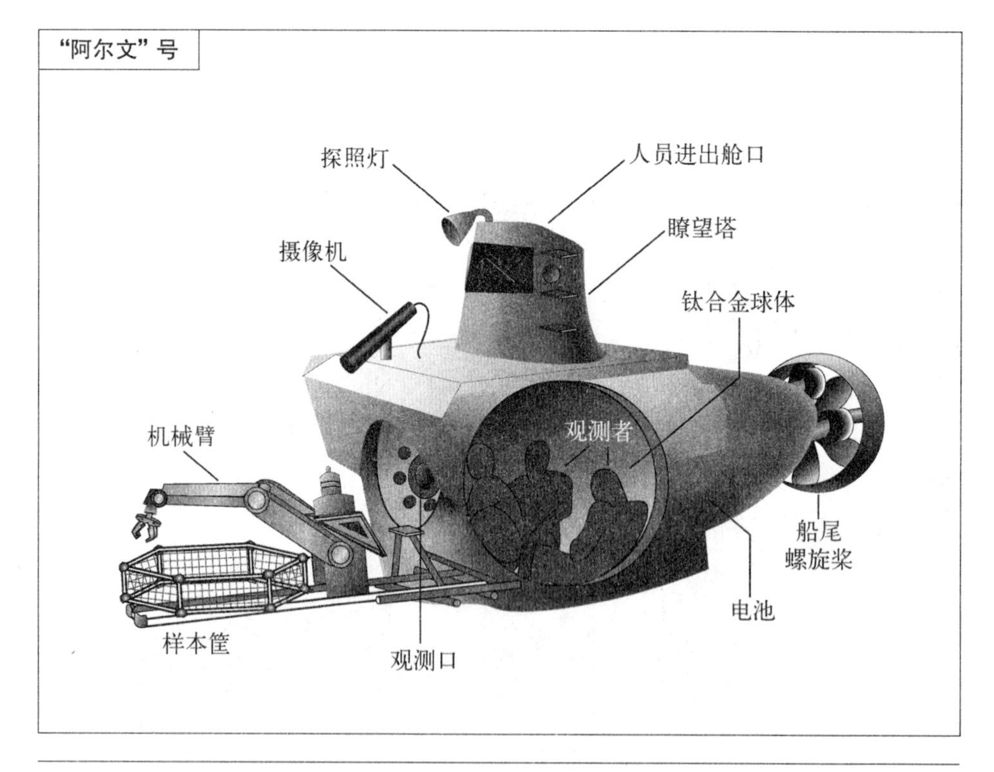

此图是1975年“阿尔文”号的结构图。不久后,它的外形和结构发生了改变,比如又增加了一个机械臂,船体和乘务舱也变得更加坚固。

启航）运到了西班牙，以便协助进行搜寻。

那里的海底崎岖不平，充满了悬崖和峡谷，他们需要更加仔细地搜寻；海底的泥土非常容易被搅动，稍不慎海水就变得浑浊不堪，因此，他们必须把海底泥土打包运走，这样的工作持续了1个月。3月5日，在水下2 550英尺（758米）深的一个陡峭斜坡上，“阿尔文”号上的3名船员终于找到了这颗炸弹，当时，弹身上还缠绕着一个巨大的降落伞。

“阿尔文”号在降落伞上系好起重绳，前来援助的“米萨”号（Mizar）试图将这枚炸弹拖出海面。但不幸的是，起重绳断了，炸弹再次落入了海底。“阿尔文”号和“阿鲁明纳”号不得不再次开始搜寻，9天后他们终于又找到了它。这次炸弹落到了一个峡谷，比第一次落入的地点要深360英尺（109米），而且它所处的位置是一个悬崖的边缘，这个悬崖高800英尺（242米）。

海军部担心炸弹永久失踪，于是他们使用了水下搜寻器（CURV），这是一种通过电缆控制的全自动设备，主要用来搜寻鱼雷。水下搜寻器寻找炸弹的第一次尝试就成功了，不过它却和降落伞缠在了一起。海军部不想面对以后可能出现的失败，于是海面船只上的指挥者决定，将水下搜寻器、炸弹以及降落伞一起打捞上来。1966年4月7日，这枚炸弹终于被打捞上来，大家都松了一口气，此时距它失踪差不多已经3个月了。

沉没的潜艇

1968年，“阿尔文”号自己也遇到了麻烦。在10月16日一次普通的下水中，“璐璐”号上用来支撑支船架的两根缆绳突然断裂，还没关闭舱门的“阿尔文”号就掉入了水中。潜艇上的3名船员很快逃离，但潜艇却被海水灌满了，并最终沉到了5 000英尺（1 515米）深的海底。由于暴风雨及其他原因，直到1969年6月，科学家通过“米萨”号的水下照相机才最终确定了“阿尔文”号的位置。

1969年9月，“阿尔文”号终于“获救”，这次成功的打捞，部分归功于“米萨”号，部分则应归功于“阿尔文”号的老搭档——“阿鲁明纳”号。为了把提升棒插入潜艇的舱口，“阿鲁明纳”号船员不得不把“阿尔文”号的瞭望台打碎。提升棒上系着的一根尼龙绳与“米萨”号上的绞盘相连，船员们转动绞盘，把灌满了水的“阿尔文”号提到了水下50英尺（15米）的地方。由于船上的甲板无法承受“阿尔文”号的重量，因此，先由潜水员为它缠上绳子和网，然后再由“米萨”

号把它拖到马撒葡萄园岛（Martha's Vineyard）附近的平静海域。

令人惊讶的是，除了“阿鲁明纳”号毁坏了它的瞭望塔之外，这个小潜水器竟如此坚韧，丝毫没有一点大伤。而船员们落下的三明治，尽管被水泡过了，但仍然可以食用。事实上，他们留在潜艇内的午饭，很多都比在冰箱里保存的还要好。科学家断定，在氧气稀薄、温度接近冰点的水下，由细菌引起的腐烂比在陆地上缓慢得多。因此，一些人所提议的垃圾处理方案，即将它们倾倒入深海，看起来并不是一个明智的选择，因为在深海中垃圾不会很快分解。

1968年的这次沉没是“阿尔文”号的最大危机，但却不是唯一的危机。1967年，它被一条剑鱼攻击。1971年，另一种大型鱼类，大马林鱼，又攻击了它。不过，它们对潜艇主体并没有造成什么伤害，相反，它们自己受的伤可能更严重。剑鱼前端的“剑”插入了“阿尔文”号的玻璃纤维外壳中，它无法动弹，并被一直拖到了海面，最终成为船员晚饭餐桌上的美味。

法-美中大洋海底研究工程

1974年，“阿尔文”号参与了法-美中大洋海底研究（French-American Mid-Ocean Undersea Study），简称FAMOUS工程，向海洋科学界展示了自己的真正实力。为了更好地了解地壳运动，全球范围内展开了科学研究的热潮，这个工程就是其中的一部分。两艘法国潜艇和“阿尔文”号一起参与了这个工程，它们是：“西安纳”号（Cyana，从雅克·库斯托“蝶形潜水器”演变而来，比“阿尔文”号稍轻，潜入深度为1万英尺［3 030米］），“阿基米德”号（皮卡尔FNRS-3的后继潜艇）。它们一起探测了大西洋中脊及其峡谷，这些巨大的海底地貌因布鲁斯·希森和玛丽·萨普的海底绘图，以及20世纪60年代板块构造理论所进行的研究而闻名于世。法-美中大洋海底研究工程不仅对大西洋中脊进行了第一次人工勘测，同时，它也开创了载人潜艇大规模联合作业的先河。

工程负责人决定勘测大西洋中脊北纬36度到37度的部分，这个区域方圆60英里（96千米），和美国大峡谷差不多大小。勘测点的具体方位是亚速尔群岛（Azores）西南400英里（640千米），正位于纽约和葡萄牙里斯本之间。这个区域被认为是大西洋中脊上普通的一段，而且以每年1英寸（2.54厘米）的速度进行着活跃的海底扩张运动。

在潜艇进行潜水之前，研究者要在海上对这个区域进行细致的声呐和地震探测，并利用可移动摄像机拍摄海底地图，这个过程大约需要好几年的时间。

1973年8月2日，法国方面负责这个项目的首席科学家萨维尔·勒皮雄（Xavier Le Pichon）乘"阿基米德"号完成了这个工程的第一次潜水。1974年，"阿尔文"号和"西安纳"号也加入了进来。"阿尔文"号刚刚改装了一个新的乘务舱，与过去的铁质球体不同，新的乘务舱由极其坚固且轻便的钛铁合金制成，它可以下潜到水下1.2万英尺（3 636米），几乎是过去下潜深度的两倍。改造后的"阿尔文"号就可以与"西安纳"号一起，探测峡谷中的最深区域，那里的平均深度是9 500英尺（2 879米）。

在峡谷中心的海底上，科学家们发现了无数的裂缝，这些裂缝和中脊几乎完全平行，宽度从1英寸（2.54厘米）到几码的都有。岩浆从这些裂缝中喷出，冷却之后形成了枕状熔岩，这种火山岩在大陆上从未发现。根据不同的形状，研究者给这些枕状熔岩起了各种名字，比如"干草堆"、"牙膏"、"打碎的鸡蛋"等。在峡谷中心还有一个狭窄的新火山带，由于地震不断发生，这里的岩石都被粉碎成了一堆堆的碎片。之后，科学家对从峡谷中收集的岩石样本进行了测定，结果显示，这些岩石的历史都不到10万年，以地质学标准来说，它们才形成没多久。

那年夏天，3艘潜艇共进行了44次潜水。它们带回了3 000多磅（1 362千克）的岩石样本、无数的水样本、一些沉积岩心以及10万多张照片。这些数据再加上潜艇上工作人员的观测报告，都为哈里·赫斯的海底扩展理论提供了决定性证据，而且，它也发展了板块构造理论，之前这个理论的所有知识都是20世纪60年代科学家们用更间接的方式获得的。

海底"驮马"

在为海洋科学服务的40年间，"阿尔文"号把来自不同单位的无数研究者运到了深海中，有了"阿尔文"号的帮助，他们才完成了那些重大的发现。1987年，伍兹霍尔海洋研究所负责潜艇设计的巴里·奥尔登（Barrie Walden）向《深海》（*The Deep Sea*）的作者约瑟夫·华莱士（Joseph Wallace）说道："地质学家用它来研究海底的组成；微生物学家用它来获取新品种的深海细菌；化学家则试图用它来洞察地球的化学作用。"

在它的服役生涯中，"阿尔文"号的基础设计基本没变，却经历了多次修改和完善，其中最大的改变应该是1973年更换新的钛合金乘务舱。1978年，它更换成钛合金舱架，又安装了一条机械臂。这些改进使实际下潜深度比预期的安全操作深度多出两倍还多，从20世纪60年代的6 000英尺（1 818米）一下提高到1994年的1.476 4万英尺（4 500米）。1994年是“阿尔文”号启航30周年，那时，这个潜艇上的所有元件都已被更换掉了。

在“阿尔文”号6月的“生日”时，阿林·文却没能庆祝那个重要的时刻。他在伍兹霍尔度过了辉煌的40年职业生涯。起初，他是作为一个物理学家进入伍兹霍尔海洋研究所，1950年他又被分在海洋学部，1963年成为资深科学家。此外，他还设计了其他的海洋学研究工具和设备，例如，性能更好的回声测深仪和可以拍摄海底画面的摄像机。20世纪70年代初，他发明了一种新方法，在恶劣的天气条件下可以更好地搬运重型设备、潜艇和小船。

未来趋势：他们能到达多深

下表显示的是，利用不同的潜水保护装置或潜水器，人类所能达到的最大深度。

潜水者或潜水器（Diver or Diving Vessel）	最大深度（Greatest Achievable Depth）
装备有水下呼吸器的潜水者	一般认为，在100英尺（30米）以下潜水是危险的，而在250英尺以下（76米）就更加危险，这是因为，血液中的氮会造成一种精神错乱，即氮麻醉。但是，在2003年，装备着水下呼吸器的潜水员创造了1 033英尺（313米）的潜水记录
核潜艇	800—1 000英尺（242—300米）
穿铠装潜水服的潜水者	1 968英尺（600米）
深海潜水球	3 028英尺（923米），1934年8月15日创造的纪录
“阿尔文”号潜艇	1.476 4万英尺（4 500米）
载人潜艇	2.141 4万英尺（6 526米），1989年4月11日由日本3人潜艇“深海6500”（Shinhai 6500）创造的纪录
深海潜水器	3.580 2万英尺（1.091 2万米），1960年1月23日“的里雅斯特”号创造的纪录

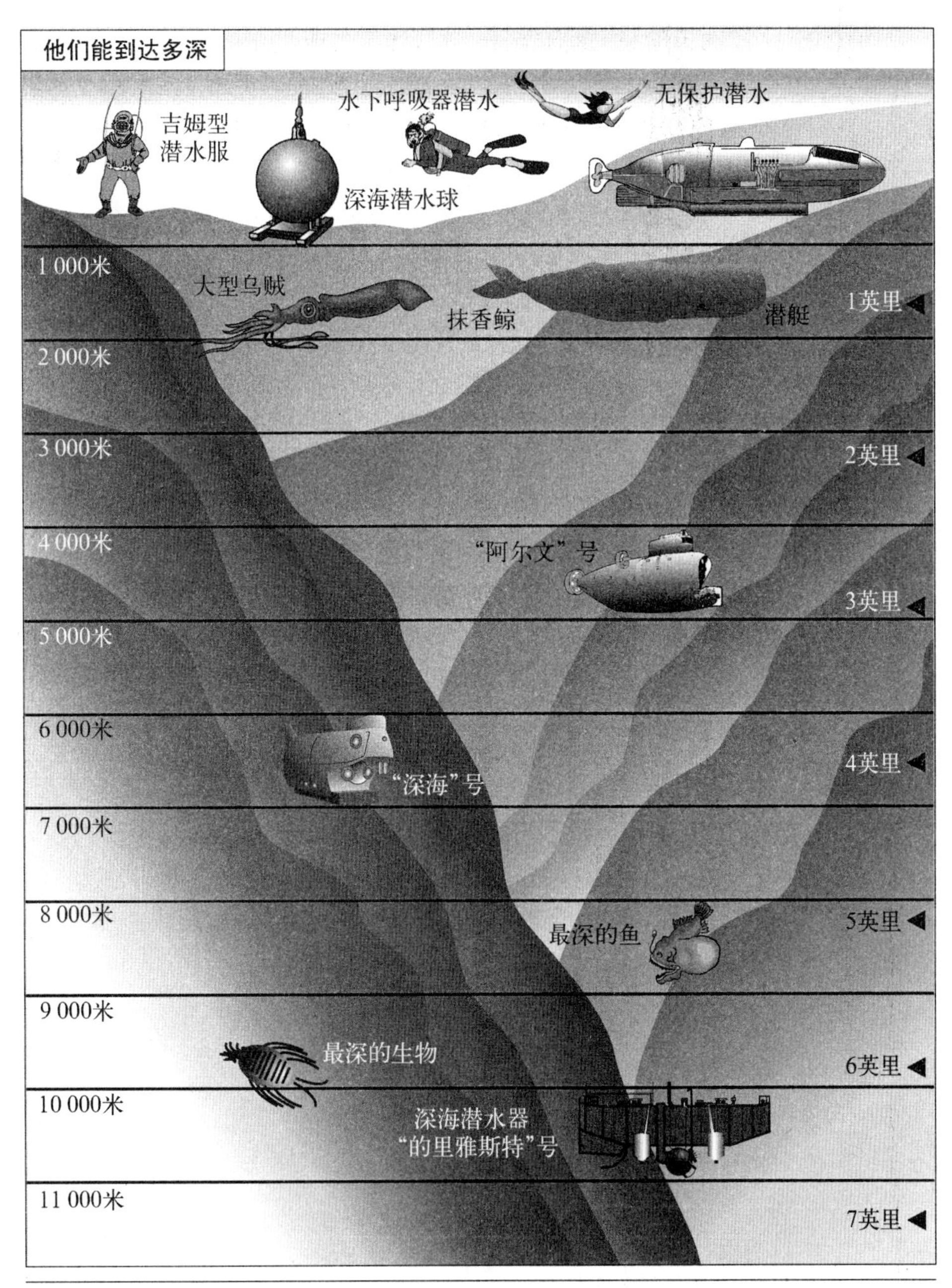

这个图表对无保护的个人、潜艇以及一些动物所能达到的最大深度进行了图解。例如，抹香鲸能到达水下3 773英尺（1 150米）。20世纪90年代，史密森学会进行一次名为"海洋星球"（Ocean Planet）的展览。根据这次展览的数据，鱼所在的最深纪录是2.746 0万英尺（8 370米），而一种无脊椎动物创造了动物所能达到的最深纪录——3.219 9万英尺（9 789米）。

1982年，文被选为国家工程院院士，并获得了多项荣誉，包括：为海洋学和工程学所设立的洛克希德奖（Lockheed Award）、船舶设计师和海洋工程师协会所设立的布莱克里·史密斯奖章（Blakely Smith Metal），这两个奖都是在1987年获得的。1979年，他从伍兹霍尔退休，不过他仍以荣誉科学家的身份继续在那里工作。1994年1月4日，文在伍兹霍尔小镇的家中因心脏衰竭而去世。在他去世后，美国当代海军史专家加里·威尔（Gary Weir）这样评价文："他是当代科学的中枢，他的思想既天马行空又前后关联，这是其他人所无法比拟的。"

在文去世后，"阿尔文"号又服役了10年，共完成了4 000多次潜水。不过，就在2004年10月，伍兹霍尔海洋研究所宣布，这个古老的潜艇不久后将会退休。取而代之的是一个更先进的航行器。该新式潜艇的预期潜水深度是2.145 0万英尺（6 500米），比"阿尔文"号的潜水深度多6 600英尺（2 000米），这意味着世界99%的海底它都可以到达。毋庸置疑，这个新潜水器将会取得伟大的成就，但这也无法抹杀"阿尔文"号对人类历史的影响，正是凭借这个又小又奇怪的航行器，人类才第一次如此仔细地看到了海底的样子。

十八

管虫与泰坦尼克号

——罗伯特·巴拉德及水下探险

20世纪末，无论发生于何时的海洋学重大发现，似乎都能看到罗伯特·巴拉德（Robert Ballard）的身影。他是第一批勘探大西洋中脊的科学家，并因此为板块构造理论提供了直接证据。他也是最早对生活在海底热液口的奇怪生物群进行研究的探险家。他参与了发现"黑烟囱"的探险，这种像火山一样的海底烟囱会喷出黑色颗粒浓雾，进而形成了地球上的矿产。

巴拉德既致力于建造载人潜艇和自动化潜艇，同时也设计了深海图像设备。利用这些设备，他发现并勘测了可能是有史以来最有名的失事船只——RMS"泰坦尼克"号的残骸，从而将海洋学与考古学成功地结合了起来。此外，他也勘测了许多其他的失踪船只，并最终建立了深海考古学。不过最重要的是，就像威廉·毕比和雅克·库斯托所做的那样，巴拉德激发了一代人保护和开发海洋的热情。因此，他可能是世界上最有名的海洋学家。

加利福尼亚梦想家

1942年6月30日，罗伯特·杜南·巴拉德在堪萨斯州威奇托（Wichita）出生，不过他是在海边长大的。他的父亲切斯特·巴拉德（Chester Ballard）是一个工程师，在航空航天局工作，在巴拉德出生后不久，父亲就带着妻子哈利特（Harriet）和他们的3个孩子搬到了加利福尼亚的圣迭戈。在第二次世界大战期间及之后，圣迭戈到处是海军官员，所以，当巴拉德还是一个孩子时，他就听说了很多海战的故事。

在巴拉德长大一些后，他读到了儒勒·凡尔纳的小说《海底两万里》，并梦想成为像书中尼莫船长一样的水下探险家。此后，他就开始钓鱼、冲浪、用通气管潜水，并在十几岁时学会了用水下呼吸器进行潜水。他给位于拉霍亚的斯克利普斯海洋研究所写信，询问如果想更多地了解海洋应该做些什么。巴拉德的信使斯克利普斯的海洋学家诺里斯·雷克斯多（Norris Rakestraw）深受感动。在他的帮助下，巴拉德参加了1959年斯克利普斯所举办的夏令营。作为夏令营的内容之一，他跟随斯克利普斯的研究船进行了旅行，这次旅行使他坚定了成为海洋学家的信念。

在选择大学时，巴拉德接受了另一位斯克利普斯科学家的建议，选择了加州大学圣巴巴拉分校来完成本科学业（和圣迭戈一样，圣巴巴拉也是海滨城市）。他主修了化学和地质学的双学位，并于1965年毕业。接着他又在夏威夷大学地球物理中心学习了一年。为了赚取生活费和支付南加州大学研究生第二年的学费，他在一个海洋公园训练海豚并和它们一起表演。1966年，他与一名医院接待员结婚，并很快有了两个儿子。巴拉德和他的妻子以离婚收场，1991年，巴拉德再婚，并又生了两个孩子。

在大学期间，巴拉德是预备役军官培训团的成员，1967年，在从美国陆军调任到海军后，他被要求立即服役。海军部任命他为联络官，负责海军研究办公室和伍兹霍尔海洋研究所之间的联络工作。伍兹霍尔海洋研究所位于马萨诸塞州科德角，是一个民间非营利性的研究组织。1970年，巴拉德在海军部服役结束，此后他留在

罗伯特·巴拉德发现了远洋邮轮“泰坦尼克”号的残骸，他也是许多深海失事船只主机的发现者。他参与了20世纪末很多伟大的海洋学发现。比如，下潜海中为板块构造理论收集了直接证据。比如海底热液口的发现，在这些热液口周围生活的生物群和之前所知的地球生物有很大不同。

了伍兹霍尔海洋研究所，并担任海洋工程方面的研究助理。1974年，他完成了在罗得岛大学（University of Rhode Island）的研究生课程，并获得了海洋地质学和地球物理学的博士学位，他的毕业论文选择了在当时还很有争议的板块构造理论作为主题。

潜艇支持者

当罗伯特·巴拉德还是一个年轻海军军官时，刚刚进入伍兹霍尔海洋研究所的他就懂得抓住一切可以探索深海的机会，而且作为他的特殊爱好，他尝试了各种各样的深海航行器。1969年，他乘雅克·皮卡尔设计的中船“本·富兰克林”号，在湾流之下进行了为期一个月的航行，从而完成了他的第一次水下之行。之后他乘海军部建造的“的里雅斯特Ⅱ”号进行了潜水，这是曾创造潜水纪录的“的里雅斯特”号的后继者。

在伍兹霍尔期间，他对海洋研究所的三人潜艇——“阿尔文”号非常熟悉。巴拉德第一次驾驶“阿尔文”号是在1971年，但到1972年底，他已经成为驾驶“阿尔文”号次数最多的科学家。20世纪70年代初，由于政府和科学界对水下探险的兴趣逐渐减弱，“阿尔文”号和其他潜水器面临着财政危机，这时巴拉德帮助伍兹霍尔海洋研究所找到了能够租借这些潜水器的赞助商。

其中最著名的是，巴拉德使“阿尔文”号成功参与了法-美中大洋海底研究工程，作为美国海军和伍兹霍尔海洋研究所的研究潜艇，“阿尔文”号和另外两艘法国航行器：深海潜水器“阿基米德”号和小型碟形潜艇“西安纳”号，一起完成了1973年到1974年间的大西洋中脊的探险。巴拉德自己也参与了这次考察。他随“阿基米德”号和“阿尔文”号一起下潜，并协助“阿尔文”号的母舰——“璐璐”号上的船员完成工作。经过多次潜水，巴拉德和其他参与这次工程的科学家完成了观测报告，这份报告坚定了科学家们接受板块构造理论的信念。

意料之外的绿洲

在罗伯特·巴拉德参与的所有探险中，最重要的一次海洋学探险却对生物学产生了影响，讽刺的是，巴拉德本人对这个领域一点都不感兴趣。那次探险延续了法-美中大洋海底研究工程的做法，继续对中洋脊上的峡谷进行勘查，考察地点是厄瓜多尔附近加拉帕戈斯群岛周边的加拉帕戈斯峡谷。而正是在厄瓜多尔，当地的鸟类和动物使查尔斯·达尔文大受启发，进而提出了著名的自然选择进化论。这次探险的目的是找到中洋脊上火山活动的第一手信息，另外，有研究者曾报告，这个区域中有温度极高的深海水，所以这次探险的科学家也计划找出其源头。由于巴拉德在深海图像技术方面的专业知识，他担任了这次探险的首席技术专家。

为了寻找他们所认为的产生离奇高温的热泉，1977年2月，"阿尔文"号进行了潜水。当下潜到水下8 000英尺（2 440米）的峡谷时，潜艇上的人员：杰克·科利斯（Jack Corliss）、俄勒冈州立大学的提杰尔德·范安德尔（Tjeerd Van Andel）和驾驶员杰克·唐纳利（Jack Donnelly）感到周围的水温突然上升。几乎就在同时，他们发现自己已经身处在奇异生物的包围之中，到处是紫色的海葵、像粉色蒲公英一样的球体、短尾小龙虾、白色的螃蟹以及巨大的蛤蜊和贻贝。

像这样的深海绿洲，之前从未被报道过。尽管并没有生物学家随行，但潜艇上的科学家明白，当他们看到这些奇异生物时，一个伟大的生物学发现已经完成。巴拉德在自传《探险》（*Exploration*）中写道，麻省理工学院地质学家约翰·埃德蒙（John Edmond）这样总结科学家们的感受："这就像和哥伦布一起航行一样"。

科学家们轮流进行了一次又一次潜水，并在有热水流出的海底裂缝周围发现了多个动物种群。这些热液口，即后来所谓的裂隙，从中流出的海水是如此之滚烫，看起来就像炎炎夏日柏油路上的空气一样，闪闪发光。除了螃蟹、贻贝这些在第一个热液口已经发现的生物体外，科学家们在其他的热液口还观测到了一种巨大的蠕虫，这种蠕虫有白色的管状嘴，嘴中伸出几条柔软的、血红色的触角，这些触角高达8英尺（2.4米）。

起初，没有人知道如此多的生物怎样获得足够的食物来维生。生物学家只知道，所有的深海生物都直接或间接地依赖卷入深海的植物或浅层浮游动物的残骸。但要让这些有机"雪状物"维持热液口生物群的生命，似乎不太可能。

不过，科学家们很快就找到了解开这个生存之谜的线索——他们把在"阿尔文"号潜水中所捕获的生物体带回了海上，这些动物发出了极大的臭味，像鸡蛋腐烂的味道。经过检测发现，其中存在着硫化氢气体。而热液口流出的海水也有同样的臭味，证明这些海水中同样含有大量的硫化氢和其他硫化物。

对大多数生物体来说，硫化物是有毒的，但生物学家知道，有几种细菌却可以将这些硫化物分解掉，但这些细菌通常是在沼泽中发现的。1979年，为了研

此图将浅海中的生物链与热液口的生物链进行对比。两者的初级制造者都是能够自己制造食物的生物体：浅海中是浮游植物（微小的、漂浮的植物和植物性微生物），热液口是化能合成微生物（分解硫化物）。浅水食物链的第二层是食草动物，如桡足动物，它们以浮游植物为食；热液口食物链的第二层是像管虫这样的动物，它们从寄居在自己身体里的化能合成菌中获得食物。浅水中的初级食肉动物以食草动物为食，相反，热液口的食草者则是以热液口表面的细菌和其他微小生物为食。在浅海中，初级食肉动物是第二级食肉动物的食物，第二级食肉动物又被第三级食肉动物吃掉。在热液口，小型动物以细菌为食，它们自身又被鱼和蟹类吃掉。

究热液口生物，科学家们专门进行了一次潜水，之后，生物学家对这次潜水及之前“阿尔文”号潜水所收集的热液口物种进行了检测和分析，结果表明，在热液口附近存在着大量的“食硫”微生物。科学家因此断定，是这些微生物为热液口的所有生命群落提供了食物。一些热液口动物以微生物为食，同时它们也成为另一些热液口动物的食物，而某些热液口动物，比如管虫，则是把微生物置于自己体内，并从中吸取养分。

在这个具有跨时代意义的发现公布后数十年，研究者在世界各地的深海热液口和冷液口，都发现了类似的奇异生物群落。在2000年6月出版的《科学美国人》(*American Scientist*)中，有一篇文章将热液口生态系统的发现称作“近200年间海洋生物学最伟大的发现”。这些生物也是目前所知唯一不依赖太阳能的地球生物，对它们的研究，使海洋学家对地球生物的本质有了新的认识，也使他们开始重新思考外星球上生物存在的可能性。

“黑烟囱”

1979年，罗伯特·巴拉德参加了一次探险，这次探险直接导致了对热液口和热液生物群的又一个重大发现。在下加利福尼亚半岛附近的太平洋中，他和其他科学家发现了很多像火山一样的“烟囱”，有些高达30英尺(9.2米)。但这些“烟囱”的顶部开口并没有熔岩喷出，相反，由于包含了大量的硫化物和其他可溶解性矿物，其中喷出的水黑乎乎的，看起来就像烟一样。经过研究者测算，水温有时会达到650℉(392℃)，这个温度足以将铅熔化。和1977年发现的热液口一样，这些“黑烟囱”的四周也布满了各种热液口生物，比如螃蟹、管虫等。

巴拉德和其他科学家断定，在热液口喷出的海水(即热泉)，落到海底的过程中，当它遇到更冷的海水时，其中所包含

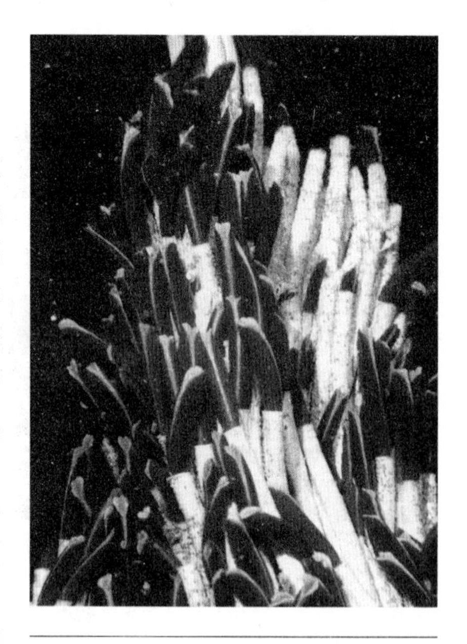

在20世纪70年代末发现的热液口动物中，这些管虫是最引人注目的，它们从管中伸出的血红色触角高达8英尺(2.4米)。后来的研究发现，管虫身体中寄居着一种可以分解硫化物的微生物，它们就是靠这种微生物来获得营养物质(凡·多弗实验室[Van Dover Laboratory])。

的矿物质就会冷却、沉淀，最终形成“黑烟囱”。这些“黑烟囱”会因自身重力而倒塌，或者是被地震损坏，留下的沉淀物中包含了丰富的铜、铁、锌等矿物质，不过只有在地壳运动把它们带回地表后，它们对人类的价值才能真正体现。

“黑烟囱”和其他的热液口一样，应该也是地球循环系统的一部分。1979年，约翰·埃德蒙等人提出，地球上所有海水都是从海底热液口循环而来，此循环周期大约为1 000万年。这个循环可以解释，为什么世界各地海水的化学成分如此接近。

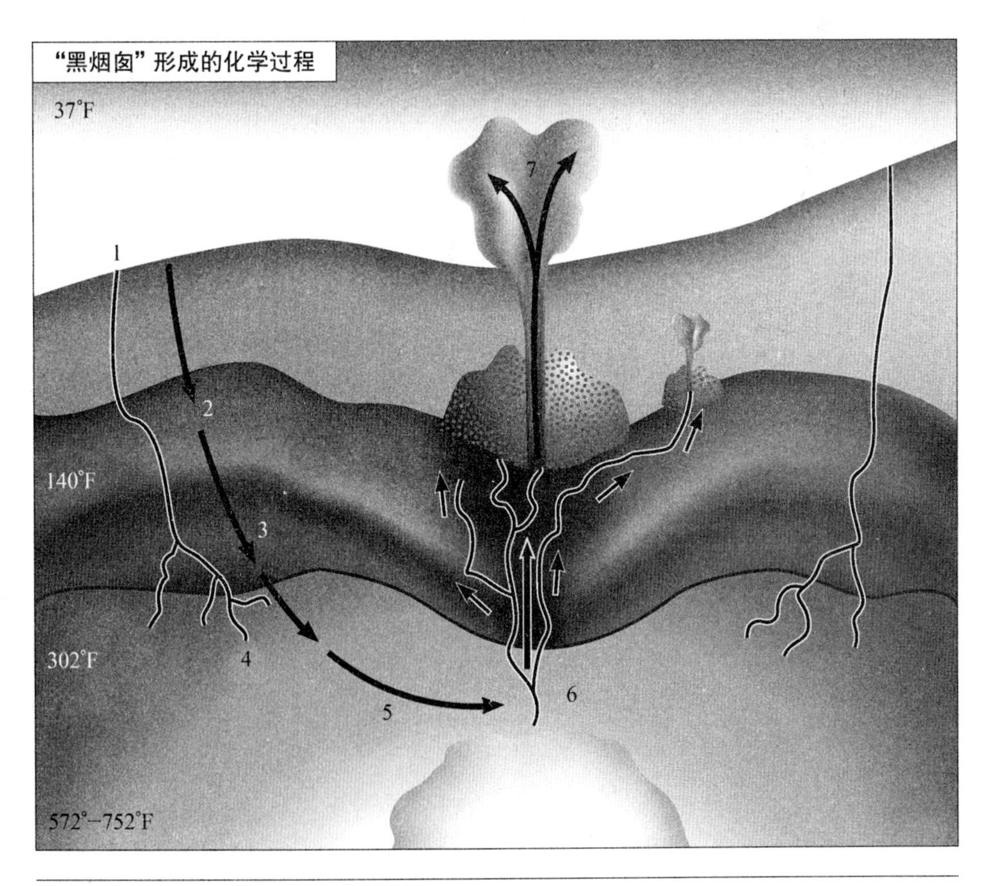

这幅图展示的是“黑烟囱”形成的化学过程。在海水渗入地壳后① 一些元素从海水中分离：首先是氧气和钾。② 然后是钙、硫酸盐和镁。③ 海水继续下渗，当到达又热又低的岩流层时，海水开始升温，地壳中的钠、钾和钙被溶解进海水中。④ 当海水遇到熔岩时，它的温度继续上升，这时锌、铜和硫黄就会被溶解到水中。⑤ 然后海水开始上升，并再次回到地壳表面。⑥ 最终从海底热液口喷出，由于含有大量的可溶解性矿物质，这时的海水就呈现出黑色。⑦ 在喷出热液口以后，这些极热的海水遇到了冰冷的海水，它们所包含的矿物质（尤其是硫化物）就会冷却成固态，这些矿物质不断堆积，就形成了“黑烟囱”。

亲历者说：一个陌生的世界

维多利亚·A.卡哈尔的《水之子》是关于“阿尔文”号的著作，根据此书描写，当杰克·科利斯第一次看到热液口生物群时，他更多感到的是困惑而不是兴奋。他用水下电话向“璐璐”号上正在进行监听的自己的研究生黛博拉·斯提克斯（Debra Stakes）问道：“深海不是应该像沙漠一样吗？”

在回想了自己在学校学过的为数不多的生物学课程后，斯提克斯回答道：“是的。”

“噢，但这里却有这么多的动物。”杰克说道。

在罗伯特·巴拉德的自传——《探险》中，他这样描述自己对这个海底绿洲的第一印象：

> 突然，在我们的探照灯下出现了一大片橘粉色的蒲公英，它们蓬松的头部和上面细小的花丝网随着“阿尔文”号的压力波左右摇摆。枕形熔岩堆上布满了厚厚的贝壳，这些贝壳向外凸出，有些足有1英尺长。在一些独立的熔岩堆上，深棕色的贻贝已经形成了亚克隆（Subcolonies）。当我们将表层的一些蛤蜊打开时，让我们惊讶的是，贝壳里面的肉呈现一种看上去营养丰富的肉红色，就像刚刚切下的牛排一样。

其中最奇怪的是管虫。卡哈尔引用了科学家约翰·波特尔斯（John Porteous）写给女朋友的信，“管虫看起来就像尼龙管一样，大约有15英寸（38厘米）长。亮红色的、大约1英尺长的鳃毛从这些管子中伸出”。

从没有人见过这样的生物。所以，杰克·科利斯把生物群分布最密集的热液口之一命名为“伊甸园”，就一点都不奇怪了。

从潜艇到机器人

20世纪70年代，罗伯特·巴拉德只提倡像“阿尔文”号这样的载人潜艇，因为人类借此可以对深海进行直接的勘测。但到了20世纪80年代，他的观点发生了改变，他声称，在一般情况下，与由人驾驶的潜艇相比，由海上船只控制的自动化设备即遥控潜水器（ROVs）造价更低廉，因此也更适宜大量生产。

和父亲一样，巴拉德对机械非常感兴趣，他自己也设计遥控潜水器。他设计的第一个遥控潜水器非常简单，是一个装有3个照相机的雪橇状机器，名字叫声学导航水下地质勘测器（ANGUS）。声学导航水下地质勘测器可以在水下持续作业12—14小时，大约是"阿尔文"号可持续时间的3倍，母舰通过绳索来拖动它，每次下水它能拍摄1.6万张照片。声学导航水下地质勘测器参与了法-美中大洋海底研究工程，它的任务是对大西洋中脊进行巡察和拍照，以便科学家决定"阿尔文"号的下潜位置。第一张海底热液口和"黑烟囱"的照片都是由声学导航水下地质勘测器拍摄的，正是有了这些照片作为证据，"阿尔文"号的科学家才决定对这些不寻常的现象进行直接观测。

1981年，在美国海军和国家科学基金的资助下，巴拉德建立了深潜实验室（Deep Submergence Laboratory），隶属于伍兹霍尔海洋研究所机械部。在这里，他设计了更先进的摄像潜水器——"阿尔戈"号（Argo），潜水器上捆绑着一个更小型的机器人——"杰森"，这个机器人有一个摄像头和一个机械臂。这些名字都源自古老的希腊神话：一个叫杰森的探险家，乘坐一艘叫阿尔戈号的船来寻找金羊毛。"阿尔戈"号上的3架摄像机都具有极高的灵敏度，在几乎完全黑暗的环境下也可以拍摄影像。这些影像不间断地被传回到海面上，通过母舰上的监视器就可以实时掌握水下的状况。如果摄像机发现了一些有趣的东西，科学家就可以派遣"杰森"下潜，进行更近距离的观测。

争论焦点：出席还是"远程呈现"

罗伯特·巴拉德认为，像"阿尔文"号这样的人控潜水器（HOVs）并不是深海探险的最佳工具，为此他还列出了诸多理由。他指出，由于人控潜水器的电池必须在海上更换，而且需要频繁更换，所以它们每次在水下只能停留几小时。而且它们的移动速度很慢，"阿尔文"号每小时只能移动2英里（3.2千米）。因此，它们不能有效地大范围勘测。它们也不能涉入可能对它们的乘客造成危险的地方，比如狭窄的峡谷。据维多利亚·卡哈尔记载，1979年巴拉德曾对《科德角时报》的一个记者说，"人控潜艇必然消亡"。而另一方面，像"杰森"这样的机器人可以达到巴拉德所谓“远程呈现”的效果，他这样定义这个词，“能够将你的精神、你的眼睛和你的思想投射到海底，能够超越你的身体”。

尽管载人潜水器有如此多的不利因素，但巴拉德还是乘“阿尔文”号下潜了，因为只有这样才能亲眼看到RMS“泰坦尼克”号和其他沉船的残骸，而这些是他职业生涯后期的主要研究对象。其他的科学家，比如，第一个驾驶“阿尔文”号的女科学家辛迪·凡多弗（Cindy Van Dover）也曾说过，对他们来说，亲眼看到深海是他们研究经历中必不可少的一部分。在凡多弗的论文集《章鱼的花园》中，她写道：“用自己的双眼亲眼看到海床，这是一种不可描述的优势。我的一个同事曾经指出，如果让一个人选择是看巴黎的录像还是亲临巴黎，他肯定会选择后者。”这样看来，人控潜水器和遥控潜水器很可能会继续在深海开发中发挥重要作用，而且两者也常常合作。

寻找“泰坦尼克”

当罗伯特·巴拉德决心为遥控潜水器的有效性寻找更具说服力的证据时，他的心里明白自己真正想做的事其实是，寻找和探测20世纪最有名的失事船只——RMS“泰坦尼克”号。这艘奢华的被认为是“不沉之船”的远洋邮轮，在它的第一次航行中，就驶入了北大西洋的冰山之中，并在1912年4月14日—15日的夜间沉没。由于船上的救生艇备用不足，“泰坦尼克”号2 200名乘客中，有1 500多人丧生，其中很多都是美国和英国的上流社会人士。“泰坦尼克”号沉没时所在的大体位置是知道的——在加拿大纽芬兰岛东南方350英尺（563米）的大西洋中，但那里的海水非常深，“泰坦尼克”号的残骸也从未被找到过。从20世纪70年代初开始，巴拉德就一直期望能够有机会寻找这艘失事船。

1985年8月，巴拉德乘坐研究船“科诺尔”号（Knorr）开始了“泰坦尼克”号搜寻之旅，声学导航水下地质勘测器和“阿尔戈”号也被带到了船上。在那里，他与事先约好的一组法国科学家进行了会面，他们从6月开始就已经到达了这个地点。为了测试新型的高分辨率船用声呐定位仪，经过巴拉德和法国科学家的商议，他们对一个150平方英里（239平方千米）的区域进行了系统的扫描。然后巴拉德和船员们（还包括早前调到“科诺尔”号上的3位法国科学家）

用“阿尔戈”号对这个区域继续进行图像研究。

9月1日凌晨，船上的厨师把小睡中的巴拉德叫醒，让他查看屏幕，屏幕中显示的是“阿尔戈”号摄像机上的信息。巴拉德在睡衣外套了一件连身衣就慌忙跑向了控制中心。因为有充分的事前准备，他对“泰坦尼克”号的每个细节都非常熟悉，因此，他立刻就认出了屏幕上显示的是“泰坦尼克”号的一个汽锅，它静静地躺在1.25万英尺（3 813米）深的海底。

巴拉德从来不羞于向公众宣扬自己的发现，因此，当他还身处海上的时候，他就给媒体报告这个消息。于是，他的发现成为全世界的头条新闻。在他回到伍兹霍尔以后，他告诉等待已久的众多记者，“泰坦尼克”沉没时已经一分为二了。他所发现的汽锅只是船体前面三分之一的一部分，它以45度角一头扎在海底的沉积物之中。在它一英里之外发现了船体的后面部分，即船尾，但两者却是背对着背静置的。他补充说，除了四散的碎片之外，中间部分的残骸都不存在了。巴拉德又说，在他第一次看到那个汽锅以后的8天中，“阿尔戈”号和声学导航水下地质勘测器上的照相机和摄像机拍摄了2万多张失事船的照片，其中有许多手工艺品，如瓷碟、酒瓶、银盘，但最让人动容的是空空如也的救生艇起降机。

恶劣的天气使巴拉德在那一年都难以到达“泰坦尼克”号的失事地点，1986年7月，他乘“阿尔文”号回到了残骸的所在位置，这次他又带了一个新的设备——“小杰森”，他将它比作一个“会游泳的眼球”。为了观察这个已经腐烂的邮轮的内部情形，巴拉德指挥“小杰森”落在了“泰坦尼克”号巨大的楼梯之上，结果他发现，船体表面都悬挂着针形的铁锈，似乎就是山洞里的钟乳石一样。这次潜水的整个过程都被记录了下来，这段影像很快广为流传（楼梯本身，以及船上的其他木制部分，都保存了很长时间，直到被蛀木生物损坏）。这个小机器人拍摄了更多的手工艺品照片，这些东西都是船上的乘客遗留下来的，比如一只男人的鞋子、一个洋娃娃的头。到此时为止，对“泰坦尼克”号的发现和探测是巴拉德所有成就中最为人所知的。

水下考古学家

在“泰坦尼克”号发现之后，水下考古学成为罗伯特·巴拉德的挚爱。之前的考古学家只能研究深度不超过200英尺（61米）的海域中的沉船，但巴拉德计划利用他和其他科学家发明的新技术，将研究范围扩大到深海中的失事船只。在无数次的采访中，他都反复说道："把全世界的博物馆合并起来，也不及深海中保存的历史丰富。"

巴拉德还发现和探测了好几艘失事船只，其知名度和"泰坦尼克"号不相上下。它们包括：在第二次世界大战中沉没的德国战舰"俾斯麦"号（Bismarck），1989年6月，巴拉德在东大西洋3英里（4.8千米）深的水下发现了它的残骸；1915年被德国潜艇击沉的豪华邮轮RMS"路西塔尼亚"号（Lusitania），1933年，他搜寻到了这艘失事船；第二次世界大战期间在太平洋被日本击沉的航空母舰USS"约克镇"号（Yorktown），1998年5月，他发现了失事的航母。1997年，他在地中海探测到了8艘罗马时期的失事船，之后不久，在以色列附近的地中海，他又发现了两艘年代更久远的失事船，它们大概有2 700年的历史，属于腓尼基人。这些是迄今在深海中发现的最古老的船只。

巴拉德还曾调查过黑海。黑海是一片内海，之所以引起巴拉德的兴趣，是因为黑海深处没有可溶解的氧气，而大多数海水都有这种成分。没有了氧气，腐蚀木船的蛀木生物就难以存活，所以，巴拉德认为黑海中的沉船会保存得格外好。在这个海域中，他定位了4艘拥有1 500年历史的沉船，2004年，他利用最新的遥控潜水器"赫拉克勒斯"号（Hercules）对部分沉船进行了探测。"赫拉克勒斯"号也是第一个远程控制的深海古代沉船挖掘器。巴拉德也试图寻找证据证明：黑海曾经是个淡水湖，但7 000年前的一场大洪水使地中海海水注入，从而形成了现在的黑海。

后来，巴拉德晋升为伍兹霍尔海洋研究所海洋开发部的负责人，并成为应用物理学和工程学的资深科学家，不过1997年他却离开了伍兹霍尔。1999年，他成立了自己的研究机构——探测所（IFE），隶属于康涅狄格州米斯蒂克市（Mystic）的米斯蒂克水族馆。探测所的探险由巴拉德和其他人员发起，他们利用载人潜水器和包含了机器人和图像系统的潜水器进行探险，从而将深海考古学的范围扩展到深海领域。

争论焦点：应该怎样处理"泰坦尼克"号

从发现"泰坦尼克"号后第一次对媒体的谈话开始，罗伯特·巴拉德就一直坚持认为，除了必要的拍照以外，人们不应该"打扰"这艘邮轮的残骸。同时，他极力主张将这个遗址作为水下博物馆来保存，以便纪念在这次海难中失去的生命。

然而，巴拉德的提议并没有实现的现实基础。"泰坦尼克"号残骸位于国际水域，因此没有哪个国家有权决定怎么做。1987年7月，一个法国组织打捞并贩卖了船上的手工艺品。这种行为不仅遭到了巴拉德的强烈谴责，其他对水下考古学感兴趣的科学家也纷纷提出抗议。为了反击这种行为，巴拉德提出，可以允许游客乘坐深海潜水器到海底观看沉船，这个提议遭到了沉船打捞公司的反对。2002年，就在法院裁决这个提议生效后不久，巴拉德向自由作家米歇尔·拉里贝提（Michelle Laliberte）讲道："我对这个游览的想法有强烈的信心，它是一个完美的方法，可以很好地监督打捞者的行为。"

1999年，在讲述了自己的诸多水下考古的冒险经历之后，巴拉德向《新闻》的作者埃利·利尔（Eli Lehrer）道出了自己的体悟：

> 这些研究的理念就是复述历史——选择人类历史上的一个非常非常重要的时刻，然后走近它并发现它的物理碎片，从而使人们可以关注并思考它。我们进行调查，寻找事件发生的原因，并允许观众分享这种经历。希望通过我们的努力能够把历史带回人间……我将致力于建造深海博物馆。

探险家和教育家

罗伯特·巴拉德不仅把自己视作一个探险家和科学家，而且他还以一个教育家的标准要求自己。他创作了大量的文章和书籍，四处进行演讲并参加专门的电视节目，这样做的目的不仅是向公众传播自己对海洋的热爱，同时也向人们提出预警，日益增长的人口数量将会对海洋及其生态系统造成危害。巴拉德向公众进行科学普及的尝试非常成功，1987年《发现》杂志刊登了弗雷德里克·古登（Frederic Golden）写巴拉德的一篇文章，文章中写道，巴拉德的一位同事把他称作"长鳃的卡尔·萨根"（Carl Sagan，萨根是一位宇航员，20世纪80年代，他制作了一部极受欢迎的电视系列纪录片——《宇宙》[*Cosmos*]）。

巴拉德尤其关注青少年的发展，他希望他们能对海洋和科学感兴趣，就像曾经年少的自己一样。在他完成“泰坦尼克”号发现之后，他收到了上千封孩子们的信，这使他深受鼓舞。1989年，他设立了“杰森”项目，世界各国的学生都可以参加，利用他发明的无线电通讯设备，就可以使成百上千的孩子看到科学家对海洋进行探险的即时影像。之后，他将这个项目扩展为“杰森教育基金”，以鼓励孩子们对科学和技术的兴趣。

就像威廉·毕比和雅克·库斯托的遭遇一样，声誉日隆也为巴拉德招致了众多批评。有些批评者指责他将名誉据为己有，而这些是许多科学家共同参与完成的。例如，参加“泰坦尼克”号打捞前期部分的法国研究者就抱怨，巴拉德几乎很少向媒体提及他们的贡献。

然而，也有很多科学家对巴拉德的科学工作及他的精神和热忱表示了敬意。他获得了无数的荣誉和奖励，包括海军研究部海洋学主席团委员（1985年）、美国科学发展协会西屋奖（Westinghouse Award）（1990年）、国家地质学协会哈伯德奖章（Hubbard Medal）（1996年）、Sigma Xi科学研究协会公共财富奖（Common Wealth Award）（2000年）、国家人文学科基金会国家人文学奖章（National Humanities Medal）（2003年）。1986年，《发现》将巴拉德选为本杂志年度科学家，从2000年开始，他就成为国家地质学协会的常驻探险家。

2001年，当时的美国总统乔治·W.布什（George W. Bush）任命巴拉德等16人组成海洋政策委员会，这个组织负责推荐海洋资源管理、保护和使用的改进方式，对海洋相关设备和技术进行评估，以及向计划进行海洋作业的同类机构、各个州和当地政府提供建议。2002年，巴拉德成为罗得岛大学海洋学研究院海洋考古学学院的院长，并在2003年成为加州大学圣巴巴拉地质学系的名誉副教授。

皮特·德琼（Peter de Jonge）在2004年5月的《国家地理》上发表了一篇文章，关于巴拉德某次探险，他写道：“此时（巴拉德）很有远见，他已经在畅想下次或下下次探险。”2000年，巴拉德对米歇尔·拉利伯特说，他希望航海史每隔100年至少能找到一条沉船，这样就可以再现人类航海史的全景。或许这样的想法并不新鲜，几乎每个人都可以提出类似的方案，但罗伯特·巴拉德绝对是那个亲自实践的人。

十九

水与火

——约翰·德莱尼和海底火山

在陆地上，火山的爆发通常意味着灾难的到来。当火热的熔岩漫过火山边的时候，人们四散逃命，农田和房屋则会永远消失。然而，在海底，火山是一种生的契机，而不是毁灭。地幔中的熔岩从火山口喷涌而出，然后凝固，最后成为地壳新的部分。这些喷出的流体中溶解有营养丰富的矿物质，从而催生了大量的微生物，反过来，这些微生物又成为其他生命体的食物来源。事实上，一些科学家认为，地球生命就起源于海底火山口。

如要研究海底火山如何创造新地壳以及如何孕育生命，研究者必须亲临火山爆发的现场（或在爆发后不久勘测）。不过，火山喷发的时间和地点很难确定，而要指挥研究者和科考船立刻到达喷发地点则难上加难。华盛顿大学地质学家约翰·德莱尼（John Delaney）是海底火山研究的专家，他希望，通过建立一种水下联络网，最终揭开这些令人畏惧的自然力量的神秘面纱。

与爆炸的不解之缘

约翰·R. 德莱尼出生在一系列可怕的爆炸之后，但这次爆炸不是自然引起的，而完全是人为原因造成的。1941年12月8日，他在夏威夷珍珠港出生，就在前一天，日本飞机偷袭了美国珍珠港海军基地，这次事件促使美国对日宣战，从而正式卷入第二次世界大战。此时，德莱尼一家都在珍珠港，因为他的父亲是一个海军机械师。

德莱尼成长于北卡罗来纳的夏洛特市，年少的他更喜欢运动而不是科学。高中时的棒球表现也为他带来了利哈伊大学的奖学金，这个大学位于宾夕法尼亚州伯利恒市。就在那里，他深深喜欢上了地质学，并于1964年取得这个专业的学士学位。毕业后德莱尼在一家矿业公司做勘测员，以便为日后的学业赚取费用，之后他分别在弗吉尼亚大学和亚利桑那大学攻读硕士和博士学位。

在博士研究期间，他到厄瓜多尔附近的加拉帕戈斯群岛进行研究调查，这次旅行使他的研究兴趣发生改变。他在那里的活火山附近生活和工作了6个月，之后他决定将火山研究作为自己的主攻方向。1977年，他博士毕业，论文题目是《关于海底火山形成的玄武岩及其中所包含的气体》。同年，他以海洋地质学家的身份进入位于西雅图的华盛顿大学。在这里，他开始了职业生涯，并成为华盛顿大学海洋学院海洋地质学和地球物理学专业的教授。

约翰·德莱尼，华盛顿大学海底火山研究专家，他对火山喷发后立即滋生于海底的细菌进行了研究，同时仔细分析了"黑烟囱"。他致力于建立永久的水下观测和联络系统，有了这个系统，一旦发生火山和其他深海活动，科学家就可以在最短时间内获得相关信息（华盛顿大学）。

1980年，德莱尼乘"阿尔文"号潜入了大西洋中脊，这次经历使他坚定了亲自调查海底火山的决心。2004年，他对《科学》杂志的记者大卫·马拉科夫（David Malakoff）这样说道："它改变了我的人生。我意识到我不要做一个实验室学者。"在对这次旅行获得的海底岩石进行研究后，他发现，这些矿物上图式与他早前在陆地上发现的一些矿物图式非常相似。于是他坚信，对海底活火山系统的更多研究，将会有利于揭示矿物形成和沉积的方式。

从那时起，德莱尼乘"阿尔文"号对海底火山进行了多次勘测，其中值得一提的是胡安·德富卡板块（Juan de Fuca Plate），它是一个小构造板块（8万平方英里，20.72万平方千米），位于北美海岸东北部大约200英里（322千米）处，距离德莱尼西雅图的办公室只有一天的航程。地震和火山的不断发生使这个板块开裂，因此这里包含了海底扩张和潜没两种地质学特征。

20世纪80年代，德莱尼辅助组织了“洋中脊跨学科全球实验”（简称RIDGE）计划，这是一次对中洋脊的多学科研究，由美国国家科学基金会赞助。这次计划的目的是，对中洋脊沿线的、由地球内部上升到地壳的移动物质和能量进行物理学、化学和生物学的研究。与以往对这些进程结果的简单绘制不同，这个计划要求在进程发生时进行即时勘测。“洋中脊跨学科全球实验”观测地点中最吸引德莱尼的是胡安·德富卡板块的其中一段，即恩德沃（Endeavor）。

令人兴奋的火山爆发

虽然约翰·德莱尼并不是一名生物学家，但他对罗伯特·巴拉德等人在1977年发现的热液口生物群非常感兴趣。科学家后来发现，生活在热液口的动物都直接或间接地依赖一种细菌，这种细菌能够将过热水中溶解的硫化物转化为营养物质。研究者还曾报道，在刚刚喷发的海底火山附近，有大团大团的这种微生物从上面飘过，就像纷扬的雪花一样。

1991年4月，“阿尔文”号上的科学家在墨西哥海岸不远的东太平洋隆起中，发现了刚刚喷出的枕状熔岩，里面还混合着管虫和其他热液口动物烧焦的尸体。听到这个消息后，德莱尼非常兴奋。但研究者在这个地点只收集到了很少的数据，因为海水中充斥着大团白色的微生物，它们就像从海底伸出的巨大翅膀一样。科学家们断定，就在几天前这里刚刚发生了火山爆发。

1993年6月26日，太平洋海洋环境实验室的克里斯托弗·福克斯（Christopher Fox）和其他科学家，利用声音侦测系统（SOSUS）记录下了一系列地震沿胡安·德富卡山脊向北移动30余英里（48千米）的过程。这个消息让德莱尼更加兴奋，因为他知道，此类地震预示着将会有海底火山爆发。

要说服海洋学家放弃研究机会或改变既定的研究行程是异常艰难的，不过德莱尼得知，福克斯已经成功劝说正在地震点附近工作的两组科学家，要求他们绕道而行并调查可能爆发的火山。这些研究者发现，在系列地震停止的地方，有大量的热水柱涌上海面。遥控潜水器上的摄像机显示，这里有一条至少4英里（6.4千米）长的火山裂缝。在裂缝的一端，新生的枕状熔岩堆周围布满了亮黄色的微生物，而就在附近，海底裂缝中喷涌出大量的雪状微生物，这个情景正如科学家在1991年所发现的一样。

古微生物

听说了这些探险经历后，德莱尼期待能亲自看到这些新生的喷发地点。1993年10月，他和华盛顿大学的两位同事获得了乘"阿尔文"号潜入这些地点的机会。和此前的科学家一样，在新生的熔岩附近，德莱尼的研究团队也发现了大块的疑似细菌的团状物。他们捕获了一些这种浮游生物，在带回海面后，母舰上的微生物学家将它们置于培养皿中培育，并第一次对它们进行了成功鉴定。

到1994年，来自华盛顿大学的约翰·巴洛斯（John Baross）等科学家已经证明，这种热液口微生物根本不是细菌，或者更确切地说，它属于更为古老的生物纲，即所谓的古菌（Archaea，意为"古老的"），早在1977年，伊利诺伊大学的生物学家卡尔·伍斯（Carl Woese）就对古菌进行了第一次描述。古菌是地球上最古老和最原始的生物种群。从起源上来看，古菌和普通细菌的差异要比植物和动物之间的差异更大，当然这要把像人这样的多细胞生物排除在外。和这些水下微生物一样，已知的许多古菌种类生活环境都极其恶劣，比如，极热（温度高达235°F，即113℃，比水在海平面的沸腾温度还要高）、没有氧气、富含硫化氢和其他硫化物，这种环境对其他生物是致命的，但这些古菌却可以茁壮成长。

在1998年《海洋》（*Oceanus*）秋冬刊的一篇文章中，德莱尼把这次发现，即古菌从海底喷发的物质中滋生并向中心扩散，称作"洋中脊跨学科全球实验的主要成果之一"。他声称，从1993年开始，在许多火山地点都发现了相同的微生物。不过，包括德莱尼在内的科学家都难以确定，到底是火山爆发促使了营养物质的流动，从而导致这些微生物快速繁殖，还是通过喷发，使这些微生物从海底巨大的潜流中"逃生"。

德莱尼和很多科学家相信，地球上的第一个生命体很可能是像深海古菌这样的生物。研究者认为，在地球形成早期，海底裂口和火山附近很可能就有生命存在，因为一般认为，那时的火山活动比今天要频繁得多。同时，地球表面也不断受到闪电、彗星和流星雨的袭击，这些自然现象使年轻的地球伤痕累累，身处深海中的微生物则可以免受这些伤害。20世纪80年代初，杰克·科利斯、萨拉·霍夫曼和约翰·巴洛斯首先提出了这个观点，他们后来都在俄勒冈州立大学任教。

相关链接：冰冷月球上的温热海洋

约翰·德莱尼认为，木星的卫星之一——木卫二，其冰盖之下的海洋中可能存在着科学家们之前所发现的热液口微生物，其他存在火山活动和液态水的巨大星球也可能存在这种微生物。在《海洋》1998年秋冬刊的一篇文章中，德莱尼进一步解释道，太空探测器发现的证据表明，木卫二内核是坚硬的岩石，外面环绕着大约60英里（100千米）厚的水，这些水很可能以液态形式存在，最外层要薄一些，是冰冻的软泥和冰盖。德莱尼说道，木星和其他卫星所产生的引力使木卫二获得了足够推压，从而通过摩擦产生了热能，而且还可能由此产生火山活动。他指出，1979年，太空探测器"旅行者"号拍摄了木星的另一个卫星——木卫一上活火山的照片。

德莱尼说道，早在20世纪80年代初，太空科学家斯蒂芬·W. 斯奎尔斯（Stephen W. Squyres）和雷·T. 雷诺兹（Ray T. Reynolds）最早提出，如果木卫二像地球的深海一样，也含有液态水和足以支持火山活动的热量，那么，它也会有类似的微生物，这些微生物以这些能量为营养来源。德莱尼相信斯奎尔斯和雷诺兹是正确的，他也极力主张对木卫二进行更深入的勘测，以便获取关于其地质条件的更多信息。从1977—1980年间，德莱尼在月球与行星研究所（Lunar and Planetary Institute）和约翰逊航天中心（Johnson Space Center）担任访问科学家，同时，他在美国国家航天航空局委员会任职，计划向木卫二等木星卫星发送探测器。

"黑烟囱"露出水面

作为一个海洋地质学家，约翰·德莱尼对罗伯特·巴拉德和其他"阿尔文"号科学家在1979年发现的"黑烟囱"非常感兴趣。当富含矿物质的热水从海底喷出，并与冰冷的海水接触时，其中的硫化物就会沉淀，从而形成了这些"黑烟囱”。1984年，德莱尼乘“阿尔文”号第一次看见了“黑烟囱”。在电视节目《新星》（Nova）进行的一次采访中，他将这次潜水过程描述为“绝对让人畏惧”。1991年，在胡安·德富卡山脊上，他发现了世界上已知的最大的“黑烟囱”，有15层楼那么高。他按日本电影中著名的怪物名字，将它命名为“哥斯拉”，哥斯拉最终因自己的体重而崩溃，许多大型“黑烟囱”最终的命运也是如此。

当“黑烟囱”口喷出的热水遇到冰冷的深海水时，其中溶解的矿物质就会变成固体颗粒，所以这些热水就会呈现黑色（美国国家海洋大气管理局商业部）。

德莱尼将“阿尔文”号潜水中获得的部分“黑烟囱”带回到实验室，并对它们进行了分析，但如果想对“黑烟囱”的结构有更多的了解，仅靠这些碎片是远远不够的。而且他想探明，如果将“黑烟囱”移走，生活在周围的动物将会受到怎样的影响。因此，在1998年6月到7月，他与美国自然历史博物馆的埃德蒙·A.马兹（Edmond A. Mathez）领导了一次探险（由美国航空航天局资助），将胡安·德富卡山脊所在海底的几个“黑烟囱”完全提升到了海面。美国自然历史博物馆之所以同意协作，其条件是将其中的一个“黑烟囱”放置在它新建的地球行星展馆。这次探险也被纳入纪录片《新星》，这个节目于1999年3月30日首播。

德莱尼和马兹先用牵引机器人“杰森”拍摄了将要作业区域的照片。“杰森”收集了上万张数字照片和大量的声呐数据，它的异频雷达收发机也获得了具体的位置信息，计算机将这些数据进行综合，最终形成了一份详细的海底地图。然后科学家使用了一种叫遥控海洋学平台（简称ROPOS）的机器人潜水器，用它带有的水下链锯将4个高10英尺（3米）、重达1.5万磅（1.021 5万千克）的“黑烟囱”从海底上分离了出来。这些“黑烟囱”既笨重又易碎，所以，机器人潜水器先用一种金属网的笼子将它们固定，其中当然也包括了寄生在它们中的管虫、微生物和其他生物体，这些笼子上都系有8 000英尺（2 440米）长的绳子，与一个强有力的绞盘相连，通过绞动绞盘，它们就被一起提到了海面上。

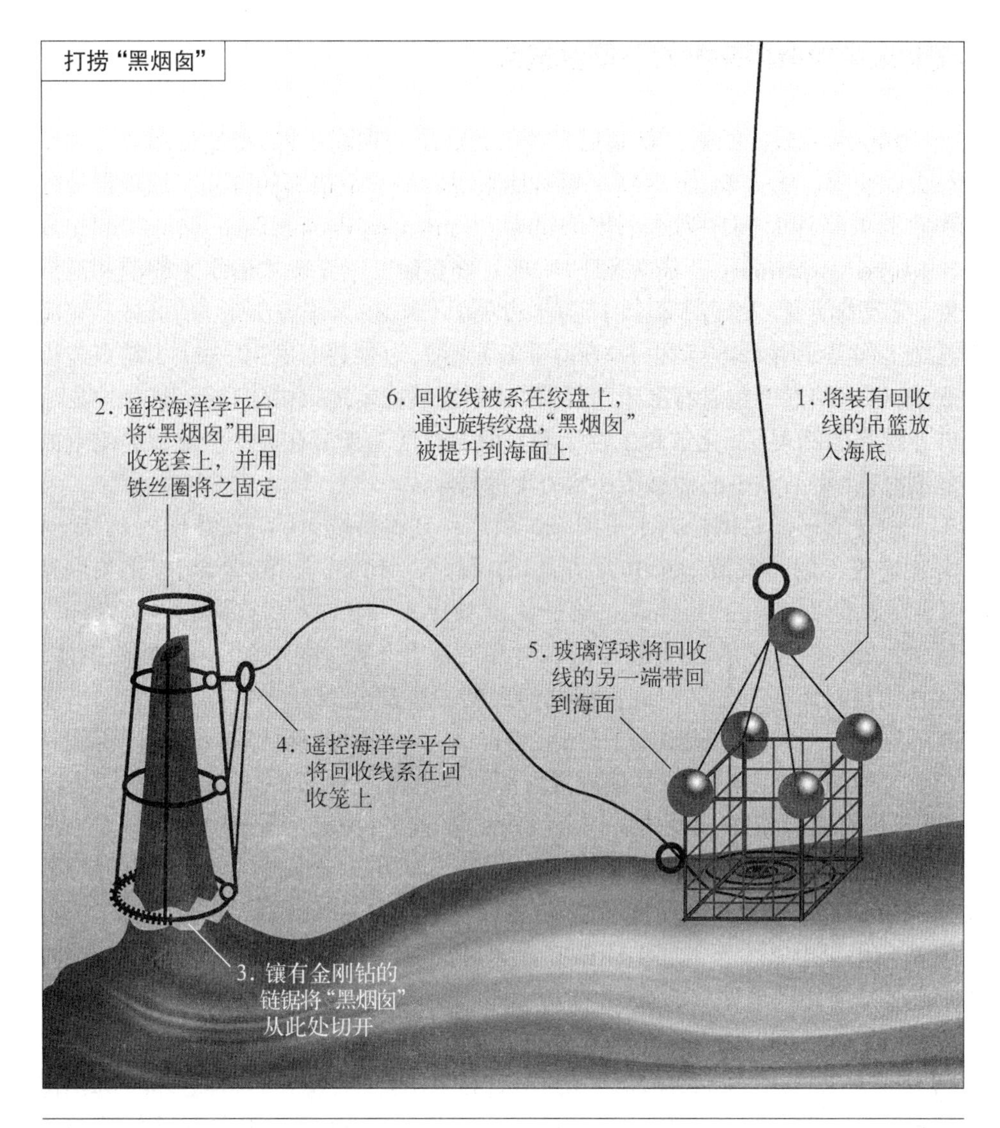

图中显示的是约翰·德莱尼在遥控机器人——遥控海洋学平台的帮助下，将“黑烟囱”从海底分离的步骤。

在探险结束后，德莱尼说，“严格地说，我们得到了我们想要的所有东西。”研究小组的另一位成员，约翰·巴洛斯对此完全同意。他对《新星》的记者说，“从这些‘黑烟囱’中，我们获得了有史以来最多最好的、也是最易分析的样本。对我来说，这次探险的感觉极好，如果打个比方的话，这种感觉就像登上火星，并在上面钻了10 000米深的洞来寻找水源和生命。”

东北太平洋时间序列水下网络试验

2000年前后，约翰·德莱尼又着手开展了一项新工程，虽然他的毅力和领导力在业界广为人知，但这项工程对他来说还是一个很大的挑战。该工程被称作东北太平洋时间序列水下网络试验（North-East Pacific Time-Series Undersea Networked Experiments，简称NEPTUNE），旨在建立一个庞大的水下能源和通信网，覆盖着胡安·德富卡板块15万平方英里（38.85万平方千米）的区域。完成这个工程需使用1 863英里（3 000千米）光缆，以便将海底30—50个结点连接起来，这些结点中包含有上千个仪器，它们能够稳定地提供信息流，这些信息流涉及深海的物理学、化学和生物学等方面的特性。光缆在为这些仪器提供电能的同时，也将结点中的信息传送给海上的科学家。

东北太平洋时间序列水下网络试验原计划将持续30年，在此期间，需要对海底进行不间断观测。2000年春夏，在《海洋》刊发的一篇文章中，德莱尼和艾伦·D.萨夫（Alan D. Chave）将此次试验比作"伸向内部空间的一架光纤望远镜"。现在，深海探测主要是依靠机器人或者是像"阿尔文"号这样的潜艇，这种研究只能在有限的时间内研究海底的一小部分，与此不同，在东北太平洋时间序列水下网络试验系统下，研究者可以对一个大的区域进行长时间不间断观测。当海底火山爆发或其他短暂性深海活动发生时，研究者可以通过这个网络，将带有摄像机等设备的遥控潜艇送到事件发生地点。最终，在东北太平洋时间序列水下网络试验系统下，学生、普通人以及科学家通过网络就可以聆听德莱尼所谓的"地球的心跳声"，在这方面，它与罗伯特·巴拉德的"杰森"工程倒是有几分相似。德莱尼希望以此为契机，提高大家对海洋研究的兴趣，同时加强公众海洋环境保护的意识。

在《海洋》的那篇文章中，德莱尼和萨夫解释道，东北太平洋时间序列水下网络试验"将检验我们对海底塑造、地震和火山发生、矿物和石油形成、沉积物转移、洋流循环、气候变化、鱼类数量变化、在海底极端恶劣环境生命维持等各种现象之间复杂的相互作用的理解"。它也为我们提供了一个检验新设备的场所，这些设备可以是深海潜艇或勘测恶劣环境的自动化设备，也可以是用来探测其他星球的设备。

建造东北太平洋时间序列水下网络试验系统原计划耗资约2亿美元。从2005年末开始，美国政府停止资助这个项目，不过加拿大却一直提供赞助，并继续实施这个项目中的加拿大部分。

有科学家担心东北太平洋时间序列水下网络试验会面临无法解决的技术

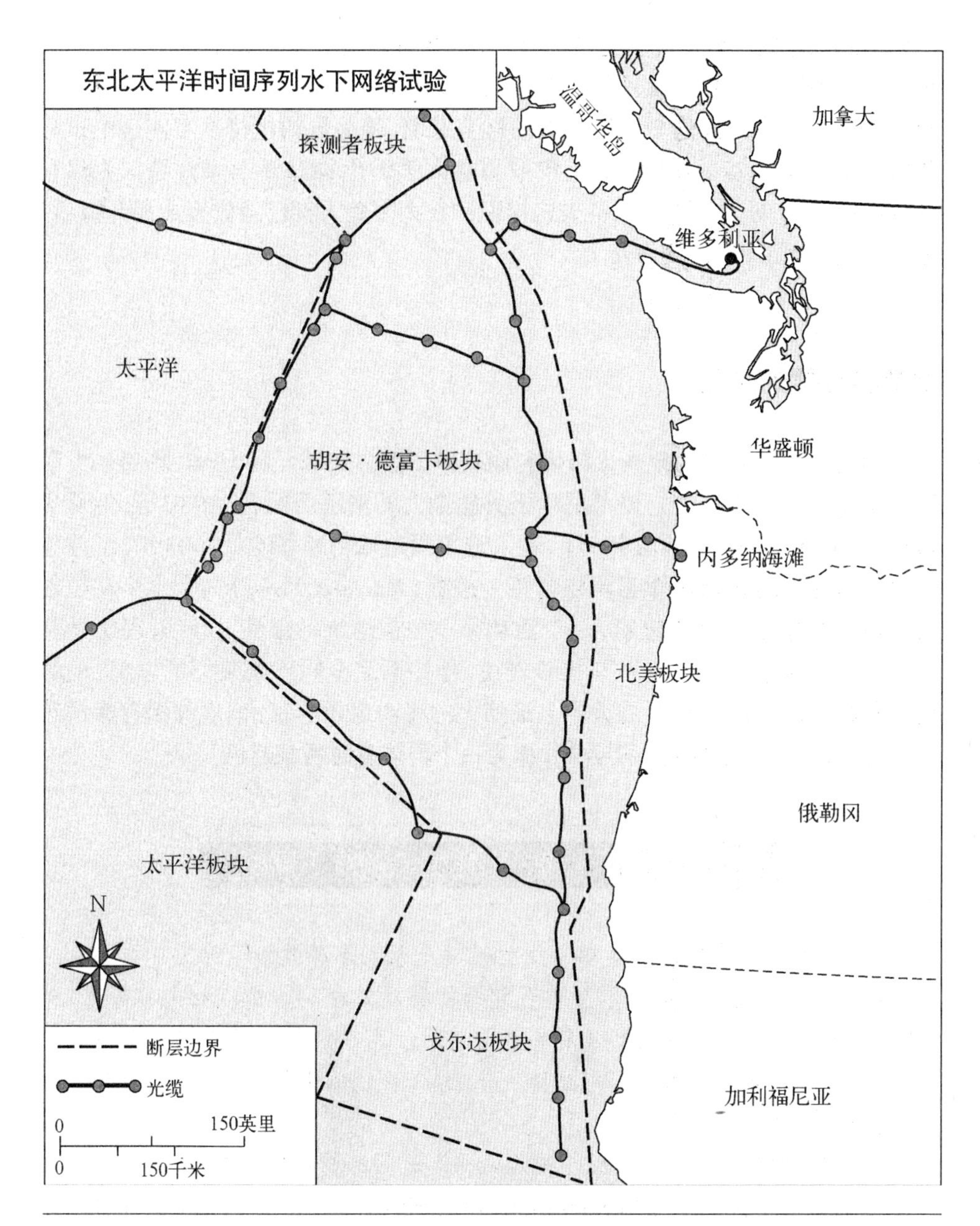

东北太平洋时间序列水下网络试验，是约翰·德莱尼等人设计的水下观测和通信网络。它需使用1 863英里（3 000千米）的光缆，以便将分布在胡安·德富卡板块上的30—50个结点连接起来（胡安·德富卡板块位于美国东北岸和加拿大西南岸之间，是一个很小的构造板块）。每个节点所包含的仪器能够记录海洋物理、化学和生物学方面的变化，并将这些信息实时传送给陆上的科学家。

难题，或者是占用本来就不充足的资金，这些资金对其他有价值的实验可能更重要。作为这个试验的项目负责人及执行小组的主席，德莱尼尽一切努力使大家相信这个试验的价值。与他共事的科学家说，德莱尼的坚持不懈使这个试验离实现更近了一步。2004年，南佛罗里达大学的生物海洋学家肯德拉·戴利（Kendra Daly）对大卫·马拉科夫这样说："在大多数人都已经放弃或离开以后，他还一直积极工作、四处奔走。"

激情和智慧的火花

约翰·德莱尼因为他的火山研究而获得了很多荣誉。1991年，华盛顿大学给他颁发了杰出研究奖。德莱尼以极具感染力的演讲而闻名，1980年，他从华盛顿大学获得了教学奖。1995年，他入选美国地球物理联盟。2004年，伍兹霍尔海洋研究所的地球化学家玛格利特·蒂维（Margaret Tivey）向大卫·马拉科夫说道，"约翰是一个梦想家，一个活动家……他拒绝局限性"。麻省理工学院物理海洋学家卡尔·文施对马拉科夫说，他并不完全同意德莱尼的思想，但却仍然敬佩他，"约翰可能不是世界上最伟大的海洋地质学家，但他却拥有激情和智慧的火花，而这是我们（科学家）作为一个群体有时所缺乏的"。

相关发明：亨利·施托梅尔的水下网络

约翰·德莱尼并不是第一个尝试建立水下海洋观测网的人。在20世纪50年代初，伍兹霍尔海洋研究所的科学家亨利·施托梅尔（他也是世界海洋水循环主要模式的制作者）设计了一个系统，和德莱尼的东北太平洋时间序列水下网络试验一样，这个系统的预期功能也是提供稳定而长期的海洋数据流。

施托梅尔网络的核心没有东北太平洋时间序列水下网络试验的工程复杂，它被称作水电站（Hydrostation S），位于百慕大东南方12.4英里（20千米）处9 840英尺（3 000米）深的水下。与东北太平洋时间序列水下网络试验的结点一样，水电站也包括了很多仪器，可以测量从海面到海底各个深度海水的盐度（即盐分和矿物含量）、温度和氧气含量。同样地，施托梅尔的网络也包含有光缆，它们不仅提供电能，而且保证了深海仪器和海面工作人员之间的通信联系。除水电站外，施托梅尔的网络还包括一组漂流浮标，它们上面装有无线电发射机，可以跟踪水流运动。

施托梅尔的学生——麻省理工学院物理海洋学家卡尔·文施对大卫·马拉科夫说，技术难题和资金困难很快就使施托梅尔的梦想破灭。天气很糟糕，接线板开始漏电并最终坏掉，施托梅尔既没有资金也没有工作人员，观测工作无法继续下去。结果施托梅尔刚建造几年的网络大部分都被迫放弃了。不过，2004年时水电站还在继续运行，它也因此成为世界上为数不多的长期记录海洋变化数据的仪器。

二十

凡多弗之光

——辛迪·凡多弗和水下光线

通常情况下，乘“阿尔文”号探险的科学家，除了被告知一些必要知识外，他们对这艘伍兹霍尔海洋研究所的潜艇知之甚少。他们过多地依赖潜艇驾驶员，首先，驾驶员要将他们送到预期的勘测地点，然后再操纵机械臂和设备来收集所需要的样本，最重要的是，驾驶员还需要将他们安全送回海面。只有一个研究者像潜艇的驾驶者一样，对“阿尔文”号的螺母和螺栓都了如指掌——因为她本人就是“阿尔文”号的驾驶员。辛迪·凡多弗（Cindy van Dover）是海军部任命的“阿尔文”号驾驶员中唯一的科学家和唯一的女性。

凡多弗的成就远不止这种学者兼潜艇驾驶员的双重身份。凭借职业敏感，她对在深海火山口发现的背部有奇怪花纹的虾进行了深入研究，结果发现，这些看似“盲眼”的虾实际是有眼睛的，更令人感到惊奇的是，在如此深的海底竟然有光线，否则即使有眼睛也毫无用武之地。这个发现后来被命名为“凡多弗之光”，它也再次证明了光合作用可能开始于深海的理论，而通常认为，作为基础的生物化学进程，光合作用必须有阳光才能发生。

“不是上大学的料”

1954年5月16日，辛迪·凡多弗在新泽西州雷德班克（Red Bank）出生，并一直在那里长大，那里离大海只有5英里的距离。她的父亲是一个电子学技师，在政府工作，母亲则是家庭主妇。

凡多弗曾说，她所受的教育以及父母对她的期望和普通孩子一样，没有什么特别之处，但她对自己的将来却有不一样的计划。当她还是一个孩子时，就开始研究大自然，从鸟类到昆虫再到树木，几乎无所不包，而且，她尤其喜欢夏天的海滩。20世纪60年代末，还在上中学的她读到了“阿尔文”号探险的故事，并梦想有一天也能乘“阿尔文”号潜入深海。但在当时，这种梦想显得遥不可及，在记录她深海科学职业生涯的论文集——《章鱼的花园》(*The Octopus's Garden*)中，她写道，当时的她“认为这个梦想的实现比登月还难”。

辛迪·凡多弗，第一位驾驶“阿尔文”号潜艇的科学家和女性，她提出，海底火山口会发射一种可视光线，生活在周围的一些微生物和动物可以感知这些光线(克里斯蒂·K.布尔[Christie K. Buie]、C.里奇[C. Ritchie]图片提供)。

在2001年的一次采访中，凡多弗讲道，高中时她参加了一个夏令营，并在一个海洋生物学实验室工作，之后的1970年她就决心成为一名科学家。她告诉美国国家海洋大气管理局的记者说，她一直没有放弃自己的计划，尽管她高中的辅导员曾说她“不是上大学的料”。她认为，可能正是这个原因，导致“我经常尝试去完成别人认为我不可能完成的工作”。

她在夏令营期间工作过的实验室属于罗格斯大学，在那里遇到的人给她留下了深刻印象，因此她选择了罗格斯大学来完成自己的大学教育。1977年，她获得罗格斯大学动物学学士学位。之后，她申请了由伍兹霍尔海洋研究所和麻省理工学院联合建立的研究生培养计划，在她看来，这个计划对深海研究来说是完美的。不过，让她失望的是，这个计划拒绝了她的申请。

一次改变人生的旅行

由于不确定如何继续自己的科学生涯，辛迪·凡多弗好几年的时间都在各种各样的机构做技术员，她做过各种工作，从用显微镜研究刚出生的小螃蟹到翻译俄语文章，每件事她都尽量去尝试。不过，就在她完成第一次海洋探险之后，1982年，她开始重新考虑自己的学术发展。

凡多弗之所以会参加这次探险，是因为她听说了一种新的螃蟹品种，这也是科学家在深海热液口发现的众多不平常生物的一种。过去她的工作与螃蟹有关，因此，她希望有机会能够研究这些新生物品种。在一个科学家的帮助下（这个科学家也是这些螃蟹的发现者之一），她获得了一个研究职位，从而可以参加这次研究之旅，他们的目的地是东太平洋海岭的火山口。在这次旅行中，她第一次亲眼见到了“阿尔文”号，虽然最终她也没能乘这艘潜艇下潜。在2001年的一次采访中，凡多弗说，虽然她之前从未坐过船，但这次旅行对她来说却是“天堂”。

凡多弗在《章鱼的花园》中写道：“当旅行结束时，我知道，我再也无法回到过去的生活中去了。”“我受到鞭策：我需要对海底和它的生态圈有更多的了解。”她再次回到学校，这次她来到位于洛杉矶的加利福尼亚大学来学习系统的专业科学理论，因为这是她之前所缺乏的。在1995年取得生态学硕士学位之后，她再次向伍兹霍尔海洋研究所和麻省理工学院研究生计划提出了申请，这次她的申请终于被接受。

在获得硕士学位的同一年，凡多弗乘“阿尔文”号完成了她的第一次潜水，并第一次看到了热液口。这个被称为“玫瑰园”的热液口，曾是加拉帕戈斯峡谷中最壮观的地点之一，但当凡多弗看到它时，原来生长在这里的巨大红尾管虫群已经被稍不壮观的贝类群取而代之了。凡多弗困惑于这种变化的发生，于是，她决定将热液口生态系统作为自己的主要研究课题。

不那么瞎的虾

1986年，当凡多弗还在攻读博士期间，她完成了关于热液口虾的新发现，从而为她的研究奠定了坚实的基础。就在之前一年，这种2英寸（5厘米）长的虾在大西洋中脊被发现，由于它们缺少浅水中的同类都拥有的眼柄，所以被命名为“喷口盲虾（Rimicaris exoculata）”。

当从热液口录像带中看到这种活生生的虾时，她注意到，有两条明亮的光线从上面射下，打到这个虾背部的前三分之一段。在收藏的样本中，这些光线已经消失不见了，但凡多弗还是对条纹应该出现的区域进行了检测，在那里她发现了两个条状身体组织，这些组织与一大条神经相连。神经的存在使她猜测，这个身体组织可能是一个官能器官。尽管按照当时的常识来看，热液口的世界应该是完全黑暗的，但她仍然认为，这个器官可能就是眼睛。后来她对记者、探险家费尔·特鲁普（Phil Trupp）说："我之所以可以看出它的本质，一方面是因为我有无脊椎动物学的丰富知识，一方面是因为我有很强的好奇心。"

为了寻找证据证明她的这个看起来很奇怪的想法，凡多弗将这种虾的部分样本送到了纽约的锡拉库扎大学，那里有一位研究无脊椎动物眼睛的专家——斯蒂文·张伯伦（Steven Chamberlain）。虽然这些样本保存不善，但当他用显微镜检测时，张伯伦还是在这些器官中发现了一些与眼睛类似的特性。他这样对凡多弗说，"如果你将一只眼睛毁坏，它看起来就是这样的"。

凡多弗之后又把一些虾组织交给了艾迪·肖茨（Ete Szuts），他是伍兹霍尔海洋研究所的感官生理学家。在这些虾的组织中，肖茨发现了一种化合物，它吸收光线的方式与视紫红质几乎完全相同，而视紫红质是大部分动物眼睛中都有的感光色素。虾的器官中没有晶状体，因此，凡多弗知道它不会形成图像，但这种视紫红质类似物的出现表明，这些虾组织可以感知到光的存在。事实上，这个器官中包含了如此多的化学物质，所以，它的感光能力可能要强过普通的眼睛。

在之后的几年中，斯蒂文·张伯伦和他的同事对虾器官进行了更多研究。1993年，在对更好的样本进行研究后，他们发现，这种虾拥有超大型的感光器，可以调动几乎所有的组织，因此，这些器官可以完美地感知暗光。同时，研究者还在这些器官中发现了神经递质（通过神经传送信息的化学物质），浅水虾只有在它们的眼睛里才有这种物质。张伯伦认为，这些漫布在热液口周围的虾以附近的微生物为食，在捕食时它们利用这些器官进行自我定位，以免走得太远。同时，它们也要避免离热液口顶部太近，因为那里的温度高得吓人。科学家在热液口附近的另一种虾和螃蟹上也发现了类似的器官。

发光的热液口

在确定这些热液口虾拥有感光器官后，辛迪·凡多弗面临的下一个问题就很明显了：什么光能被它们感知？热液口位于深海之下，阳光根本无法直射，但凡多弗知道一个常识：当一个物体被加热到极高的温度时，它就会放射可视光。例如，在开启的电热器和电炉中，线圈会发出红色的光芒。热液口周围的物理和化学进程也可能会产生微弱的光线。此前从未有热液口光线的报道，但凡多弗认为，这是因为从来没有人去寻找的缘故。她认为，即使这些热液口光线确实存在，它们也太微弱了，完全淹没在“阿尔文”号明亮的外灯光线中了。

凡多弗得知，华盛顿大学水下火山研究专家约翰·德莱尼将在1988年6月进行一次“阿尔文”号潜水，目的是检测一种超灵敏的数字摄像机。在她的请求下，当潜艇到达离热液口只有18英寸（46厘米）的距离时，德莱尼命令驾驶员将“阿尔文”号所有的外灯和内灯都关闭。然后，这个火山专家开始用他新发明的摄像机，对着这个热液口拍摄了10秒。不久后，就在潜艇开始回航时，在“阿尔文”号母舰“亚特兰蒂斯Ⅱ”号上焦急等待的凡多弗收到了德莱尼的简短信息：“热液口发光”。

凡多弗在《章鱼的花园》中写道，当潜艇回来以后，她在“亚特兰蒂斯Ⅱ”号的电脑屏幕上查看摄像机的记录：

> 我本以为会看到一些若隐若现的光点，可能只有把图像放大，它们才能被称为光线……但事实相反，屏幕上出现了醒目的、明确的光线，而且在硫化物烟囱和喷出的热水之间，有一道界限分明的边界。

之后，在许多热液口周围都发现了类似的“凡多弗之光”。

“阿尔文”号驾驶员

1989年，就在自己以“盲眼”虾研究获得博士学位后不久，为了追逐另一个梦想，辛迪·凡多弗毅然中断了自己的科学生涯。一般情况下，其他科学家都是每年乘“阿尔文”号进行1到2次潜水，但凡多弗不满足于这样，她希望自己每天都能探访深海，她下决心要成为一名潜艇驾驶员。在“潜水和发现”网站的采访中，她解释道：“我是一个生态学家，而作为一个生态学家，你就会希望置身于自己所研究的环境之中。”

要成为“阿尔文”号的驾驶员需要经过严苛的筛选，在至少9个月的实地培训后，还有一系列严格的面试。从来没有一个科学家、一个女性尝试过这种挑战，而且，许多凡多弗的同事都对此表示反对。“阿尔文”号后援小组的观点也发生了分歧，一些人认为，付钱使用“阿尔文”号的科学家将被这名科学家驾驶员所激励，另一些人则担心凡多弗难以兼顾这两种职业（事后有人对菲尔·特鲁普转述，“你［凡多弗］无法既做科研又开潜艇”）。“阿尔文”号驾驶员小组的一些成员也不欢迎一个女性进入这个“男人的世界”。

凡多弗在《章鱼的花园》中写道，由于面临如此多的阻力，为期几个月的驾驶员训练不仅“高强度和极具挑战性”，而且“有时痛苦异常”。有些科学家说，他们不会乘坐她驾驶的潜艇，这使她非常沮丧。有些艇上人员会责备她的任何一个过失，并无形中给她灌输一些错误的信息，希望她制造更严重的错误。然而，无论是这些外部阻力，还是她自己对失败的恐惧，反而使她更坚定了成功的决心。一些年长的驾驶员也鼓励她，同时，她总是愿意干最苦、最脏的活，比如搬运潜艇沉重的压舱物，对此，那些批评者也深受感动。1990年，她获得驾驶“阿尔文”号的资格。

在一年半的潜艇驾驶员工作期间，凡多弗指挥“阿尔文”号共进行了48次潜水。她在许多采访中都曾说过，在潜水中自己很少感到害怕。她清楚地知道潜艇及艇上乘客可能面临的危险，但她也知道，有许多安全装置和程序可以在大多数情况下保证他们的安全。

凡多弗是如此享受驾驶“阿尔文”号的过程，她发现自己反而无法对所到之处的环境有更多的了解，于是她决定重新回到学术的道路上。1991年12月，她最后一次以驾驶员的身份进行了潜水。在《章鱼的花园》中她回忆道，接下来的几年中，“阿尔文”号管理小组曾不止一次地邀请她“再次成为一个驾驶员”，“迄今为止，我都拒绝了，但却一直感到遗憾”。

驾驭光

1993年，在早期研究的基础上，凡多弗开始实施另一个想法，这个想法乍看起来好像和她的虾和热液口光线的理论一样重要。当时的研究认为，所有的热液口微生物都靠分解硫化氢和甲烷来维生。不过，当凡多弗发现热液口可以发出光线时，她就在猜想，某些微生物的新陈代谢可能建立在另一种过程之上：光合作用。虽然光合作用早已闻名，但它在深海出现还是有些让人难以理解的。

在光合作用中，植物和一些细菌利用叶绿素或其他色素分子从阳光中获取能量，然后将这些能量运用到制造食物的化学作用中。因此，所有已知的光合

争论焦点：海洋学考察中的女性

到20世纪70年代为止，无论作为科学家她们多么成功，女性科学家还是很少被允许参加海洋学考察。据维多利亚·A.卡哈尔《水之子："阿尔文"号的故事》记载，这种禁忌可以追溯到一个古老的水手迷信：女性在船上会招来厄运。此外，长久以来，研究考察团队全部由男性组成已经形成一个传统。从本质来说，出海进行海洋学研究也是充满男子气。他们的工作不但辛苦，而且常常发生危险——需要在摇摆不定的甲板上搬运重型仪器（更不用说TNT了[一种炸药，用于制作海底地震剖面图]）；需要操作机器；常常弄得脏兮兮、湿漉漉，有时还会被刮伤；要挤在一个狭窄床铺上，晕船带来的痛苦让人意识模糊，甚至没有时间去害怕海上的狂风巨浪。即使那些没有（或者不承认曾有过）这种感受的男人，他们也无法用那些借口来使这种对女性的禁忌合理化，他们的借口通常是，女性可能处于危险中（这种危险来自自然或者男性船员），或者是，合理安排住宿和洗浴简直太麻烦了。

卡哈尔说，在对女性的政策上，伍兹霍尔海洋研究所比其他大多数研究机构要更开明。例如，在1959年的一次探险中，它任命地球物理学家贝蒂·邦斯（Betty Bunce）为首席科学家，在20世纪60年代，它允许女性参与旅行，条件是必须同时有至少2个女性在船上（对于此项规定，伍兹霍尔给出的理由是，如果一个女性病了，另一个女性可以照顾她）。不过，很长时间以来，乘"阿尔文"号探险都是男性的特权。20世纪60年代，邦斯和一个女记者乘"阿尔文"号进行了一次短暂的潜水，但直到1971年以后，女性科学家才被允许进行科研潜水。

作用生物都是从阳光中获取能量的。尽管如此，但凡多弗听说有些微生物可以在像热液口光这样微弱的光线下进行光合作用，因此，她想知道微生物能否将热液口光线转变为能量。1994年，她和伦敦大学古生物学家尤安·尼斯贝特（Euan Nisbet）联合提出，光合作用可能从深海起源，然后才逐渐转移到陆上，变得与阳光相适应。

20世纪90年代末，凡多弗致力于为自己的理论搜集证据，试图证明光合作用可以在热液口发生。例如，她和其他科学家共同发现，最原始形态的细菌叶

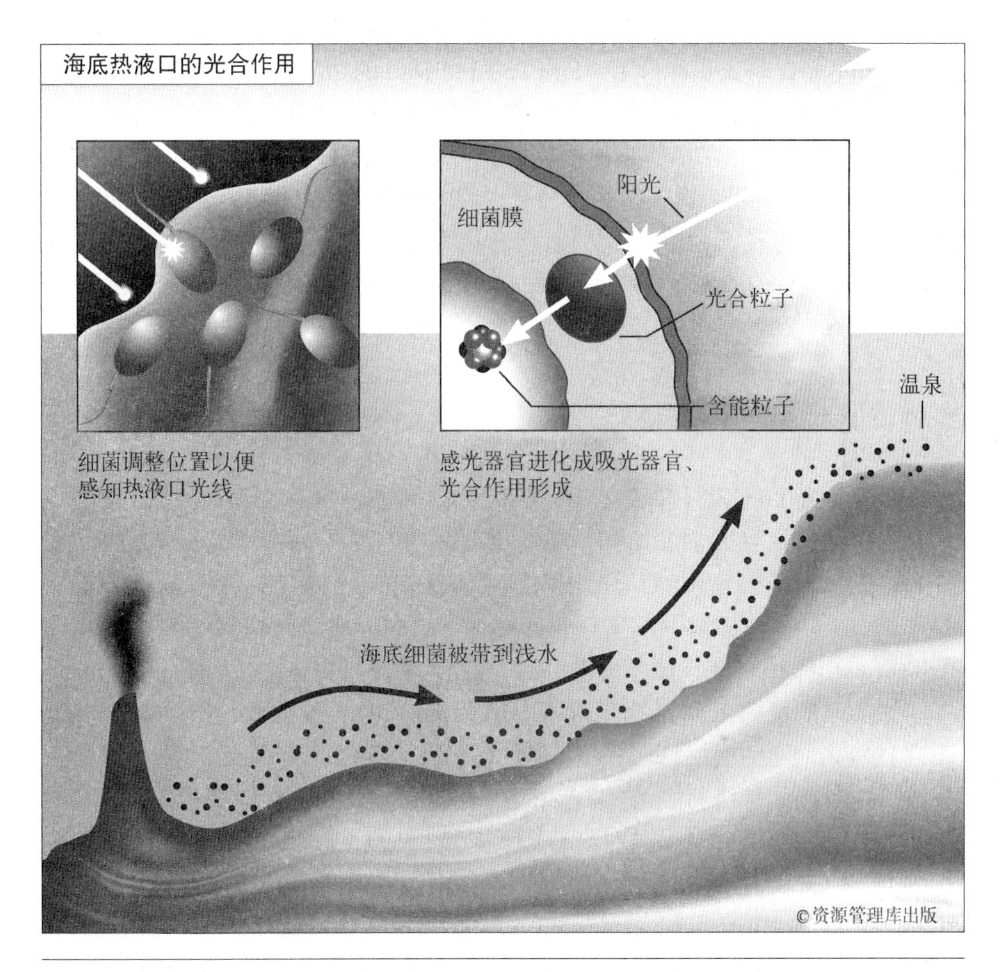

20世纪90年代中期，辛迪·凡多弗和尤安·尼斯贝特提出，光合作用可能起源于深海热液口，之后才转移到浅水中。根据他们的理论，生活在热液口的某些细菌能够感受到来自热液口的柔弱光线，并利用这些信息调整自己在热液口的位置，以便既能获得最佳的食物（热液口喷出的溶解化学物质），又不至于被高温伤害。之后，一些细菌就会浮游而上进入浅水，并在温泉附近重新安营扎寨，因为那里含有和热液口相似的化学物质。就在这些细菌变更居住点前后，它们的感光器官进化成了一种新的器官，从而使这些微生物能够将太阳光转化为身体中的能量，也就能够进行光合作用。

绿素所吸收的光线，其光频与热液口光线的光频吻合。此外，他们指出，热液口周围大量存在的化学物质，如铁、锰和硫黄，它们都是光合作用所必需的成分。

21世纪初，凡多弗和来自亚利桑那州立大学的罗伯特·布兰肯希普（Robert Blankenship），在东太平洋隆起（East Pacific Rise）的“黑烟囱”附近发现了可以进行光合作用的细菌，由此凡多弗的理论得到最终的印证。这些微生物是一种绿色硫细菌，与凡多弗早前听说的可以在极微弱光线下进行光合作用的细菌非常接近，但它们实际上属于新的品种。它们的细胞中拥有一种叫绿色体的成分，这种成分可以将光子（光能单位）直接转化为分子，从而启动光合反应。这些新发现的细菌是目前所知的唯一利用非太阳光线进行光合作用的生物。

多样性研究

从20世纪90年代中期开始，凡多弗就离开了伍兹霍尔海洋研究所。她历任北卡罗来纳州杜克大学的访问学者（1994—1995年）、阿拉斯加大学的副教授（1995—1998年），还曾在西海岸国家海底研究中心（West Coast National Undersea Research Center）担任科学部主任。1998年，她成为威廉与玛丽学院（College of William and Mary）的副教授。现在，她是杜克大学海洋实验室的主任。

凡多弗的努力工作使她获得了多项荣誉。例如，她被《女士》（*Ms.*）杂志评为1988年年度女性。此外，她还获得了科学界的肯定，1990年，伍兹霍尔海洋研究所授予她维特勒森奖（Vetlesen Award）。1996年，她获得美国国家海洋和大气局颁发的人与生物圈方案研究奖（NOAA / MAB Reasearch Award）。2004年，她被罗格斯大学库克学院校友协会授予乔治·哈姆杰出校友奖（George Hamme Distinguished Alumni Award）。在她获得这项奖励时，新闻报道有这样的评论：凡多弗是“世界公认的深海热液口地质学研究的真正先锋”。

凡多弗不仅继续着热液口生态学的研究，而且将之不断深化，比如，在2001年进行的世界首次印度洋热液口探险中，她担任首席科学家。在探险中，凡多弗和其他科学家发现，印度洋海域的热液口生物大多都和太平洋中的物种有亲缘关系，但在那里生活的小虾却和凡多弗之前研究的大西洋物种相似，而且这些小虾的数量极其庞大。2005年，凡多弗的研究小组首次对太平洋–南极海岭的热液口进行了研究，这也是“阿尔文”号有史以来航行的最南地点。以这些研究为基础，2000年，凡多弗完成了《深海热液口环境生态学》（*The Ecology of Deep-Sea Hydrothermal Vents*）一书。

科学成果：水下光学传感器（OPUS）和环境光成像和光谱系统（ALISS）

如果要确定热液口周围是否会发生光合作用，凡多弗需要搜集关于热液口光线的更多信息。在1993—1997年间，借助一种叫水下光学传感器（Optical Properties Underwater Sensor）的设备，她如愿达到了这个目的。此设备由伍兹霍尔海洋研究所的海洋物理学家阿伦·蔡夫（Alan Chave）发明，为了更好地侦测光线，它安装有4个光敏二极管。在每个光敏二极管前，蔡夫安装的滤光器都不同，这样，传感器在同一时间就可以从4个不同的光频范围对光线进行测量。

尽管水下光学传感器非常有用，但由于它不能拍摄图像，因此也就无法显示热液口的发光部位。为了弥补这个不足，伍兹霍尔海洋研究所在20世纪90年代末又建造了一个仪器，即环境光成像和光谱系统（Ambient Light Imaging and Special System）。与约翰·德莱尼的数字摄像机以及水下光学传感器一样，环境光成像和光谱系统也使用电荷耦合原件（Charge-coupled Devices），这种设备对光的灵敏度远远超过了胶片。环境光成像和光谱系统拥有两组部件，每组都有9个镜头和滤光器，因此，它一次拍摄就能获得18种不同光频的图像。之后，计算机对这些数据进行综合，从而形成合成图像。在1997年的东太平洋海岭探测中，环境光成像和光谱系统投入使用。此外，它也参与了1998年胡安·德富卡山脊的测量。

这两种设备的应用所产生的一系列研究成果，使凡多弗和她的共事者明白，虽然热能是热液口光线的主要能量来源，却不是唯一的能量来源。他们发现，热液口附近所发生的一些物理过程，例如晶体的形成和崩裂、一些小气泡的破裂等，都会发射出光线。然而，没有人可以肯定，这些就是凡多弗光线形成的全部原因。

在1998年《海洋》（伍兹霍尔海洋研究所刊物）秋冬刊的一篇文章中，蔡夫和莎瑞·N.怀特（Sheri N. White）指出，环境光成像和光谱系统还有潜在的用途有待发掘。例如，它可以摄制热液口热柱的能量图，此图可以显示热柱中能量的分布。这些图片可以完全排除热液口化学作用所产生的光线，并能进一步揭示热液口流动以及海水混合的方式。环境光成像和光谱系统所拍摄的图片还可以有别的用途，它可以帮助科学家了解凡多弗所发现的虾和其他热液口生物拥有感光能力的原因，即它们以此能力需要达到的目的。

现在，凡多弗的研究方向是蚌类和生活在蚌床上的微小无脊椎动物，尤其是热液口附近的这类生物。她试图找出热液口的类型与物种类型及其数量之间的关系。在2001年接受美国国家海洋大气管理局的采访中，她如是说："我的实验室专注于物种的分布样式——生物地质学和生物多样性方面——并希望获得物种如此分布的原因。"

在演讲以及一些科普著作中，例如《章鱼的花园》，辛迪·凡多弗努力为深海探险摇旗呐喊，并试图唤起大众对海洋污染的重视。海洋环境极其富饶，但也可能非常脆弱。在她的论文集中，她这样写道："事实上，与我们对火星和金星的了解相比，我们反而对自己星球的海底地貌所知甚少。"然而，海洋生物群的健康"可能与世界海洋的平衡"密切相关，而且对陆地生物来说，它们的存在也至关重要。